建筑消防给水和灭火设施

侯耀华　编著

化学工业出版社
·北京·

内容提要

本书系统地介绍了建筑消防给水设施、消火栓给水系统、自动喷水灭火系统、水喷雾灭火系统、细水雾灭火系统、泡沫灭火系统、气体灭火系统、干粉灭火系统及灭火器，从系统的类型、组成、工作原理、操作使用、适用范围、主要组件及设置要求、系统设计计算、安装调试与检测验收、系统维护管理等方面进行阐述。本书内容丰富，具有很强的针对性和适用性。

本书可供从事建筑消防工程设计、施工监理和检测的人员，建筑给排水工程设计、施工人员使用，也可供包括消防技术服务机构在内的企事业单位消防安全管理人员、消防设施操作员、注册消防工程师，住房和城乡建设部门、消防救援机构及高等院校建筑、消防专业师生等阅读参考。

图书在版编目（CIP）数据

建筑消防给水和灭火设施/侯耀华编著. —北京：化学工业出版社，2020.3（2025.2重印）
ISBN 978-7-122-35136-4

Ⅰ.①建… Ⅱ.①侯… Ⅲ.①建筑物-消防给水系统②建筑物-消防设备 Ⅳ.①TU998.13②TU892

中国版本图书馆 CIP 数据核字（2019）第 192834 号

责任编辑：张双进　　文字编辑：林　丹
责任校对：李雨晴　　装帧设计：王晓宇

出版发行：化学工业出版社（北京市东城区青年湖南街 13 号　邮政编码 100011）
印　　装：河北延风印务有限公司
710mm×1000mm　1/16　印张 19½　字数 384 千字　2025 年 2 月北京第 1 版第 9 次印刷

购书咨询：010-64518888　　售后服务：010-64518899
网　　址：http://www.cip.com.cn
凡购买本书，如有缺损质量问题，本社销售中心负责调换。

定　　价：78.00 元

前　言

随着经济的发展和社会的进步，人们对消防安全提出越来越高的要求。严重的火灾事故也迫使社会各方必须重视消防安全，因此确保消防安全，最大限度地减少火灾损失，是我们面临的艰巨而又富有挑战的任务。设置消防给水和灭火设施是提高抵御火灾能力的重要手段，是火灾防范体系中的重要一环。掌握消防给水系统和灭火设施相关理论知识和实际应用，对消防从业人员从事相关消防工程的设计、施工、监理和技术服务或住房和城乡建设主管部门开展建设工程消防设计审查验收工作，以及消防设施投入使用后的检测和维修保养或消防救援机构开展监督管理工作有着很大的影响。为满足业界需要，编著者吸收了国内外最新的消防科技成果，结合国家最新消防技术规范，如 2014 年发布的《消防给水及消火栓系统技术规范》和《水喷雾灭火系统技术规范》，2017 年发布的《自动喷水灭火系统设计规范》和《自动喷水灭火系统施工及验收规范》等，撰写了本书。

本书系统地介绍了消防给水设施、消火栓给水系统、自动喷水灭火系统、水喷雾灭火系统、细水雾灭火系统、泡沫灭火系统、气体灭火系统、干粉灭火系统及灭火器，从系统的类型、组成、工作原理、适用范围、主要组件及设置要求、系统设计计算、安装调试与检测验收、系统维护管理等方面进行阐述。编写时，力求突出实用性，使理论与实际紧密结合。在内容表达方面，努力做到简洁而通俗易懂，图文并茂，图表结合。在内容编排上，做到循序渐进、层次清楚，便于阅读。

本书在编写过程中，得到有关各方人员的大力支持，借鉴了其他学者的成果，在此表示感谢。由于编著者水平所限，书中难免出现不妥之处，恳求广大读者批评指正。

编著者

2019 年 7 月

目 录

第一章　概述及消防设施的设置

导读

1. 初步认识建筑火灾及配套设置的消防给水和灭火设施。
2. 明确建筑消防给水和灭火设施的选择原则。

第一节　概　述

一、建筑火灾与灭火设施

由于人的大部分时间都待在建筑物内，频繁地用火用电，建筑物内又有可燃物，存在发生火灾的可能性。仅近几年就发生了多起典型建筑火灾案例：2010年11月15日上海静安区教师公寓火灾，该建筑共有28层，建筑面积17965m^2，火灾导致58人遇难，70余人受伤，损失接近5亿元；2012年6月30日天津蓟州区莱德商厦火灾，造成过火面积约5000m^2，10人死亡，16人受轻伤；2018年8月25日，哈尔滨北龙汤泉休闲酒店发生重大火灾事故，过火面积约400m^2，造成20人死亡，23人受伤，直接经济损失2504.8万元。虽然目前的技术还不能根除建筑火灾带来的威胁，但设置建筑消防给水系统和相应的灭火设施，且保证其完好有效性，对增强建筑物自身防护能力，防止和减少火灾损失起着十分重要的作用，是建筑防火工程的重要组成部分。

通过对建筑火灾的分析研究，其发展过程经过：初起⟶初（中）期（发展蔓延）⟶较大火势（猛烈燃烧）⟶完全失控这几个阶段。不同类型的建筑物，由于具体情况不同，火灾发展各阶段经过的时间长短可能不一样。因此，在建筑物内预先需设置相应的灭火设施，以便直接有效地扑灭不同阶段的火灾，最大限度地减少火灾损失。

1. 初起火灭火设施

火灾初起阶段一般火势较小，仅是局部、小范围的燃烧，适用的灭火设施有灭火器、消防水喉或轻便消防水龙等设施，现场人员（一般为非专业消防人员）

可使用这些灭火设施，及时有效地扑灭火灾。由于火灾在初起阶段积蓄的能量少，燃烧范围小，若能及时发现和扑救，火灾损失将大大减少。分析国内外火灾统计资料，其设置不仅能防止小火蔓延成大火，减少火灾损失和人员伤亡，而且还可节省自动灭火系统启动的耗费。因此，如何结合各类建筑物及场所的使用性质和安全要求，正确合理地设置初起火灾灭火设施，则是消防实战的客观需求，亦是重要的消防措施。

2. 初（中）期火灾灭火设施

（1）自动灭火设施　火灾在初、中期阶段，火势虽然有所增大，但还未蔓延失控，通过其内部设置的自动灭火系统，可自动探测火灾并自动启动释放灭火剂灭火。自动喷水灭火系统、气体灭火系统、干粉灭火系统、智能水炮系统等自动灭火系统扑救建筑物初期火灾最常用、最主要的灭火设施。以最常用的湿式自动喷水灭火系统为例，其闭式喷头既是灭火喷射器具，实现均匀布水控火灭火特性，也是探测元件，受限于火灾发生发展的顶棚射流效应而顶板安装，且应在火灾全面发展（轰然）之前动作，以便有效控制初期火灾。

（2）手动灭火设施　建筑物火灾还未发展到失控以前，可利用室内消火栓给水系统或消防炮灭火系统扑救。因为水枪（或水炮）使用方便、机动灵活、射程远、水量大、机械破坏力强、能将燃烧积聚的热量冲散，对扑救火灾效果较好，消防队员到达火场后，往往使用其灭火。特别是当建筑物起火并已发展到猛烈燃烧阶段，有可能会造成建筑构件塌陷，自动灭火系统难以控制火势，甚至部分或全部失去作用，这种情况下，设置在建筑物内的消火栓给水系统或消防水炮系统成为灭火的主体。

二、建筑灭火设施标准规范体系

1. 建筑设计防火规范

建筑是否设置灭火设施或设置何种灭火设施由各建筑设计防火规范确定，其中最主要的是《建筑设计防火规范》（以下简称《建规》）。其次，还有《人民防空工程设计防火规范》《汽车库、修车库、停车场设计防火规范》《飞机库设计防火规范》《石油库设计规范》《农村防火规范》《石油天然气工程设计防火规范》《石油化工企业设计防火标准》《钢铁冶金企业设计防火标准》等。

2. 各类系统设计与施工验收规范

如何设置灭火系统由各类系统设计与施工验收规范确定。主要有《消防给水及消火栓系统技术规范》（以下简称《消规》）《自动喷水灭火系统设计规范》（以下简称《喷规》）《水喷雾灭火系统技术规范》《泡沫灭火系统设计规范》《气体灭火系统设计规范》《二氧化碳灭火系统设计规范》《干粉灭火系统设计规范》《建筑灭火器配置设计规范》《自动喷水灭火系统施工及验收规范》《泡沫灭火系统施工及验收规范》《气体灭火系统施工及验收规范》《建筑灭火器配置验收及检查规范》等。

3. 产品标准

灭火系统由各部件集合而成，每一个部件都有相应的产品标准。如：《室外消火栓》《室内消火栓》《自动喷水灭火系统　第1部分：洒水喷头》及报警阀组、末端试水装置等其他部分标准，《自动喷水灭火系统　湿式报警阀的性能要求和试验方法》《七氟丙烷（HFC227ea）灭火剂》《二氧化碳灭火系统及部件通用技术条件》《手提式水型灭火器》等。

上述三类标准构成了建筑灭火设施的标准规范体系，规范了灭火系统的设置、选型、设计、安装及生产等各个环节，确保这些灭火系统的安全可靠性。

三、本书特点与学习策略

1. 本书特点

（1）章节内容多　本书涉及消防给水基础设施、室内外消火栓系统、自动喷水灭火系统、水雾系统、细水雾系统、泡沫灭火系统、气体灭火系统、干粉灭火系统及灭火器配置等，每个系统都是相对独立的子系统，各自有其特定的组件、设置要求和维护管理，需要记忆的内容比较多。

（2）各章知识内容相对独立　每个系统都有相对完整的设计理论和相对完善的设计体系，需要的基础理论也是各不相同的，涉及单相流、多相流等流体力学基础理论。每个系统对应有专门的系统设计规范和系统施工及验收规范。

（3）与实际工程结合紧密　建筑灭火设施是建（构）筑物固有的、必备的安全设施，应按照相应的系统设计规范结合建（构）筑物的特点，按照施工验收规范进行施工安装、检测验收与维护管理。因此，在学习过程中，应利用一切条件到实际场所见习，特别是到一些大型的、多功能的公共建筑和一些工业企业的大型工业建筑，增加一线认知和培养工程概念。不仅要知道对其有何要求，还要知道为何这么要求。

（4）计算内容多且计算过程较为复杂　本书涉及灭火剂用量、管道直径、喷头（嘴）口径、系统工作压力、管道压力损失等的计算，计算内容较多。而且，不论是自动喷水灭火系统的单相流计算，还是气体灭火系统、干粉灭火系统等的两相流计算，计算过程都很复杂，可根据实际需求有选择性地学习和借鉴。

（5）概念较抽象　本书各灭火系统都有其自己特定的技术性能参数和名称概念，如：设计作用面积、充装量等概念，比较抽象，需要仔细揣摩，深入思考，以达到真正领会。

2. 学习策略

本书涵盖各类灭火系统的组成、原理、特点和设计要求，是从设计规范角度出发的，偏重设计的人员可集中学习此部分；系统的安装前检查涉及产品标准，安装调试与检测验收以及维护管理是施工验收规范内容，偏重于工程和后期维护管理的人员可多阅读此部分。两部分是前后呼应、相互促进的关系，在阅读或学习时既可以有选择性地重点研读，也可以全面阅读，各知识点可起到相互促进作用。

学习和理解各个系统时，可建立共性和特性知识的概念框架，知识系统图谱见图 1-1。灭火介质、输送系统和喷射器具是各个灭火系统的共性组成。特性上灭火介质是水、泡沫、气体、干粉四大类；输送系统主要是指管网，特性上是管网组件设置会有特性要求，如自动喷水灭火系统需设置报警阀组；喷射器具特性上可具体到消火栓系统的栓口或其他灭火系统的喷头，还可以更具体是开式喷头或闭式喷头。反过来喷射器具均具有压力和流量的共性要求，以压力为例，能够理解自动喷水灭火系统喷头的压力要求，就可以推想水喷雾灭火系统喷头或气体灭火系统的喷头都有类似要求。在熟悉各系统共性知识的同时，注意掌握各系统的特定知识内容，通过对照学习的方法加深对各系统知识体系的理解。

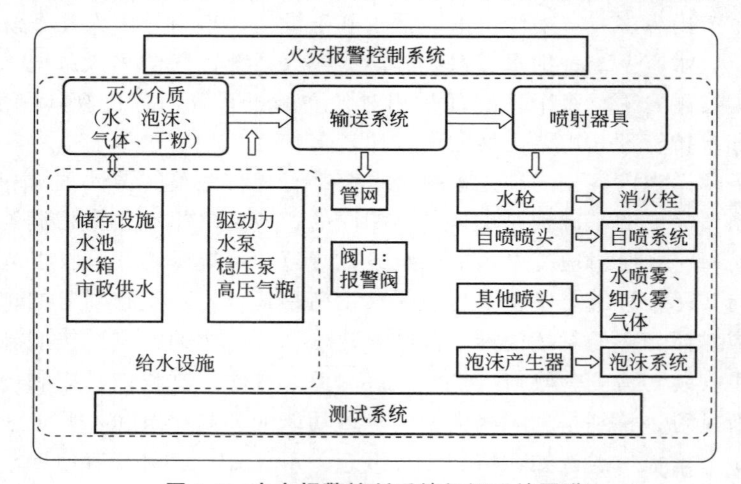

图 1-1　火灾报警控制系统知识系统图谱

第二节　消防设施的设置

灭火系统选择的依据是《建规》，《建规》确定了何种场合因为具备了何种条件需要设置何种灭火系统。

一、建筑分类

在设计工程项目时，根据《建规》规定，首先要进行工程分类，确定工程项目适用于《建规》涵盖的范围内，确定工程项目的建筑分类，如确定其属于厂房、仓库或者民用建筑，进而正确地进行灭火系统的选择和设计。

二、灭火系统选择

《建规》规定了各种灭火系统设置的场所，见表 1-1～表 1-7。

表 1-1　室外消火栓设置场所

消防设施	设置场所
市政消火栓	城镇（包括居住区、商业区、开发区、工业区等）应沿可通行消防车的街道设置市政消火栓系统
室外消火栓	1. 民用建筑、厂房、仓库、储罐（区）和堆场周围应设置室外消火栓系统； 2. 用于消防救援和消防车停靠的屋面上，应设置室外消火栓系统

注：耐火等级不低于二级且建筑体积不大于 3000m^3 时的戊类厂房，居住区人数不超过 500 人且建筑层数不超过两层的居住区，可不设置室外消火栓系统。

表 1-2　室内消火栓设置场所

消防设施	设置场所
室内消火栓	1. 建筑占地面积大于 300m^2 的厂房和仓库； 2. 高层公共建筑和建筑高度大于 21m 的住宅建筑； 3. 体积大于 5000m^3 的车站、码头、机场的候车（船、机）建筑、展览建筑、商店建筑、旅馆建筑、医疗建筑、老年人照料设施和图书馆建筑等单、多层建筑； 4. 特等、甲等剧场，超过 800 个座位的其他等级的剧场和电影院等以及超过 1200 个座位的礼堂、体育馆等单、多层建筑； 5. 建筑高度大于 15m 或体积大于 10000m^3 的办公建筑、教学建筑和其他单、多层民用建筑
	国家级文物保护单位的重点砖木或木结构的古建筑，宜设置室内消火栓系统

注：建筑高度不大于 27m 的住宅建筑，设置室内消火栓系统确有困难时，可只设置干式消防竖管和不带消火栓箱的 *DN*65 的室内消火栓。

表 1-3　消防软管卷盘或轻便消防水龙设置场所

消防设施	设置场所
宜设置消防软管卷盘或轻便消防水龙（可不设室内消火栓）	1. 耐火等级为一、二级且可燃物较少的单、多层丁、戊类厂房（仓库）； 2. 耐火等级为三、四级且建筑体积不大于 3000m^3 丁类厂房；耐火等级为三、四级且建筑体积不大于 5000m^3 戊类厂房（仓库）； 3. 粮食仓库、金库、远离城镇且无人值班的独立建筑； 4. 存有与水接触能引起燃烧爆炸的物品的建筑； 5. 室内无生产、生活给水管道，室外消防用水取自储水池且建筑体积不大于 5000m^3 的其他建筑
宜设置消防软管卷盘或轻便消防水龙（室内消火栓基础上）	1. 人员密集的公共建筑、建筑高度大于 100m 的建筑和建筑面积大于 200m^2 的商业服务网点内应设置消防软管卷盘或轻便消防水龙； 2. 高层住宅建筑的户内宜配置轻便消防水龙； 3. 老年人照料设施内应设置与室内供水系统直接连接的消防软管卷盘，消防软管卷盘的设置间距不应大于 30.0m

表 1-4 自动喷水灭火系统设置场所

消防设施	设置场所
自动喷水灭火系统（厂房）	下列厂房或生产部位应设置自动灭火系统，并宜采用自动喷水灭火系统： 1. 不小于 50000 纱锭的棉纺厂的开包、清花车间，不小于 5000 锭的麻纺厂的分级、梳麻车间，火柴厂的烤梗、筛选部位； 2. 占地面积大于 $1500m^2$ 或总建筑面积大于 $3000m^2$ 的单、多层制鞋、制衣、玩具及电子等类似生产的厂房； 3. 占地面积大于 $1500m^2$ 的木器厂房； 4. 泡沫塑料厂的预发、成型、切片、压花部位； 5. 高层乙、丙类厂房； 6. 建筑面积大于 $500m^2$ 的地下或半地下丙类厂房
自动喷水灭火系统（仓库）	1. 每座占地面积大于 $1000m^2$ 的棉、毛、丝、麻、化纤、毛皮及其制品的仓库（单层占地面积不大于 $2000m^2$ 的棉花库房，可不设置自动喷水灭火系统）； 2. 每座占地面积大于 $600m^2$ 的火柴仓库； 3. 邮政建筑内建筑面积大于 $500m^2$ 的空邮袋库； 4. 可燃、难燃物品的高架仓库和高层仓库； 5. 设计温度高于 0℃ 的高架冷库，设计温度高于 0℃ 且每个防火分区建筑面积大于 $1500m^2$ 的非高架冷库； 6. 总建筑面积大于 $500m^2$ 的可燃物品地下仓库； 7. 每座占地面积大于 $1500m^2$ 或总建筑面积大于 $3000m^2$ 的其他单层或多层丙类物品仓库
自动喷水灭火系统（高层民用建筑）	1. 一类高层公共建筑（除游泳池、溜冰场外）及其地下、半地下室； 2. 二类高层公共建筑及其地下、半地下室的公共活动用房、走道、办公室和旅馆的客房、可燃物品库房、自动扶梯底部； 3. 高层民用建筑内的歌舞娱乐放映游艺场所； 4. 建筑高度大于 100m 的住宅建筑
自动喷水灭火系统（单、多层民用建筑）	1. 特等、甲等剧场，超过 1500 个座位的其他等级的剧场，超过 2000 个座位的会堂或礼堂，超过 3000 个座位的体育馆，超过 5000 人的体育场的室内人员休息室与器材间等； 2. 任一层建筑面积大于 $1500m^2$ 或总建筑面积大于 $3000m^2$ 的展览、商店、餐饮和旅馆建筑以及医院中同样建筑规模的病房楼、门诊楼和手术部； 3. 设置送回风道（管）的集中空气调节系统且总建筑面积大于 $3000m^2$ 的办公建筑等； 4. 藏书量超过 50 万册的图书馆； 5. 大、中型幼儿园，老年人照料设施； 6. 总建筑面积大于 $500m^2$ 的地下或半地下商店； 7. 设置在地下或半地下或地上四层及以上楼层的歌舞娱乐放映游艺场所（除游泳场所外），设置在首层、二层和三层且任一层建筑面积大于 $300m^2$ 的地上歌舞娱乐放映游艺场所（除游泳场所外）

表 1-5 水喷雾和细水雾灭火系统设置场所

消防设施	设置场所
水喷雾灭火系统和细水雾灭火系统	下列场所应设置自动灭火系统，并宜采用水喷雾灭火系统： 1. 单台容量在 40MV·A 及以上的厂矿企业油浸变压器，单台容量在 90MV·A 及以上的电厂油浸变压器，单台容量在 125MV·A 及以上的独立变电站油浸变压器； 2. 飞机发动机试验台的试车部位； 3. 充可燃油并设置在高层民用建筑内的高压电容器和多油开关室

注：设置在室内的油浸变压器、充可燃油的高压电容器和多油开关室，可采用细水雾灭火系统。

表 1-6　气体灭火系统设置场所

消防设施	设置场所
气体灭火系统	1.国家、省级或人口超过 100 万的城市广播电视发射塔内的微波机房、分米波机房、米波机房、变配电室和不间断电源（UPS）室； 2.国际电信局、大区中心、省中心和一万路以上的地区中心内的长途程控交换机房、控制室和信令转接点室； 3.两万线以上的市话汇接局和六万门以上的市话端局内的程控交换机房、控制室和信令转接点室； 4.中央及省级公安、防灾和网局级及以上的电力等调度指挥中心内的通信机房和控制室； 5.A、B级电子信息系统机房内的主机房和基本工作间的已记录磁（纸）介质库； 6.中央和省级广播电视中心内建筑面积不小于 $120m^2$ 的音像制品库房； 7.国家、省级或藏书量超过 100 万册的图书馆内的特藏库；中央和省级档案馆内的珍藏库和非纸质档案库；大、中型博物馆内的珍品库房；一级纸绢质文物的陈列室； 8.其他特殊重要设备室

注：1.本表第 1、4、5、8 项规定的部位，可采用细水雾灭火系统。

2.当有备用主机和备用已记录磁（纸）介质，且设置在不同建筑内或同一建筑内的不同防火分区内时，本表第 5 项规定的部位可采用预作用自动喷水灭火系统。

表 1-7　灭火器设置场所

消防设施	设置场所
灭火器	1.高层住宅建筑的公共部位和公共建筑内应设置灭火器，其他住宅建筑的公共部位宜设置灭火器； 2.厂房、仓库、储罐（区）和堆场，应设置灭火器

第二章　消防给水设施

导读

1. 消防水池的设置要求和容积计算。
2. 消防供水设施的设置要求。
3. 消防给水系统的安装与检测验收。

消防给水基础设施是消火栓给水系统、自动喷水灭火系统等水灭火系统的基本保证，对这些系统的正常工作有直接的影响。

第一节　消防水源

消防水源是重要的消防基础设施，其可为消防给水设备提供足够的消防用水，是成功灭火的基础保障。市政给水、消防水池、天然水源等可作为消防水源，并宜采用市政给水。在城乡规划区域范围内，市政消防给水应与市政给水管网同步规划、设计与实施。加强消防水源的规划、建设和管理，具有非常重要的意义。

一、消防水源

1. 天然水源

利用自然界中的江、河、湖、泊、池塘、水库及井水等作为消防水源，既经济又安全。在一些城镇，当天然水源较丰富，且与建筑物紧邻时，可优先利用其作为消防水源。为确保消防水源安全可靠，利用天然水源作为消防水源时，应满足以下要求。

① 天然水源应保证常年有足够的水量，即在枯水期最低水位时，仍能保证足够的消防用水，其设计枯水流量保证率宜为90％～97％。

② 应采取防止冰凌、漂浮物、悬浮物等物质堵塞消防水泵的技术措施，并应采取确保安全取水的措施。

当地表水作为室外消防水源时，应采取确保消防车、固定和移动消防水泵在枯水位取水的技术措施，设有消防车取水口的天然水源，应设置消防车到取水口的消防车道和消防车回车场或回车道。当消防车取水时，最大吸水高度不应超过6.0m。

③ 当井水作为消防水源向消防给水系统直接供水时，其最不利水位应满足水泵吸水要求，其最小出水流量和水泵扬程应满足消防要求，还应设置探测水井水位的水位测试装置。

2. 市政给水

一般情况下，设置有给水系统的城市，消防用水应由市政给水管网供给。大部分城市市政给水管网遍布各个街区，可通过进户管为建筑物提供消防用水，或通过其上设置的室外消火栓为火场提供灭火用水。利用市政给水管网提供消防用水时，消防给水宜与生产、生活给水管道系统合并。

3. 消防水池

消防水池是人工建造的储存消防用水的构筑物，一般设置在消防给水系统或建筑物的低处，消防时由消防水泵加压达到灭火所需要的压力和流量。

具有下列情况之一者应设消防水池：

① 当生产、生活用水量达到最大时，市政给水管网或入户引入管不能满足室内、室外消防给水设计流量；

② 当采用一路消防供水或只有一条入户引入管，且室外消火栓设计流量大于20L/s或建筑高度大于50m；

③ 市政消防给水设计流量小于建筑室内外的消防给水设计流量。

二、消防用水量和消防水池设计

1. 消防用水量

建筑消防给水一起火灾灭火用水量应按需要同时作用的室内外消防给水用水量之和计算，两栋或两座及以上建筑合用时，应取其最大者，并应按下列公式计算：

$$V=V_1+V_2 \tag{2-1}$$

$$V_1=3.6\sum_{i=1}^{i=n}q_{1i}t_{1i} \tag{2-2}$$

$$V_2=3.6\sum_{i=1}^{i=m}q_{2i}t_{2i} \tag{2-3}$$

式中 V——建筑消防给水一起火灾灭火用水总量，m^3；

V_1——室外消防给水一起火灾灭火用水量，m^3；

V_2——室内消防给水一起火灾灭火用水量，m^3；

q_{1i}——室外第 i 种水灭火系统的设计流量，L/s；

t_{1i}——室外第 i 种水灭火系统的火灾延续时间，h；

n——建筑需要同时作用的室外水灭火系统数量；

q_{2i}——室内第 i 种水灭火系统的设计流量 L/s；

t_{2i}——室内第 i 种水灭火系统的火灾延续时间，h；

m——建筑需要同时作用的室内水灭火系统数量。

火灾延续时间是指扑灭火灾所需的最短时间间隔。根据火灾统计资料、经济发展水平、消防队力量等情况确定。不同场所的火灾延续时间见表 2-1。

表 2-1　不同场所的火灾延续时间

<table>
<tr><th colspan="3">建筑</th><th>场所与火灾危险性</th><th>火灾延续时间/h</th></tr>
<tr><td rowspan="10">建筑物</td><td rowspan="4">工业建筑</td><td rowspan="2">仓库</td><td>甲、乙、丙类仓库</td><td>3.0</td></tr>
<tr><td>丁、戊类仓库</td><td>2.0</td></tr>
<tr><td rowspan="2">厂房</td><td>甲、乙、丙类厂房</td><td>3.0</td></tr>
<tr><td>丁、戊类厂房</td><td>2.0</td></tr>
<tr><td rowspan="3">民用建筑</td><td rowspan="2">公共建筑</td><td>高层建筑中的商业楼、展览楼、综合楼，建筑高度大于 50m 的财贸金融楼、图书馆、书库、重要的档案楼、科研楼和高级宾馆等</td><td>3.0</td></tr>
<tr><td>其他公共建筑</td><td rowspan="2">2.0</td></tr>
<tr><td colspan="2">住宅</td></tr>
<tr><td colspan="2" rowspan="2">人防工程</td><td>建筑面积小于 3000m²</td><td>1.0</td></tr>
<tr><td>建筑面积大于等于 3000m²</td><td rowspan="2">2.0</td></tr>
<tr><td colspan="3">地下建筑、地铁车站</td></tr>
<tr><td rowspan="12">构筑物</td><td colspan="3">煤、天然气、石油及其产品的工艺装置</td><td>3.0</td></tr>
<tr><td colspan="2" rowspan="3">甲、乙、丙类可燃液体储罐</td><td>直径大于 20m 的固定顶罐和直径大于 20m 浮盘用易熔材料制作的内浮顶罐</td><td>6.0</td></tr>
<tr><td>其他储罐</td><td rowspan="2">4.0</td></tr>
<tr><td>覆土油罐</td></tr>
<tr><td colspan="3">液化烃储罐、沸点低于 45℃甲类液体、液氨储罐</td><td>6.0</td></tr>
<tr><td colspan="3">空分站，可燃液体、液化烃的火车和汽车装卸栈台</td><td>3.0</td></tr>
<tr><td colspan="3">变电站</td><td>2.0</td></tr>
<tr><td colspan="2" rowspan="5">装卸油品码头</td><td>甲、乙类可燃液体油品一级码头</td><td>6.0</td></tr>
<tr><td>甲、乙类可燃液体油品二、三级码头，丙类可燃液体油品码头</td><td>4.0</td></tr>
<tr><td>海港油品码头</td><td>6.0</td></tr>
<tr><td>河港油品码头</td><td>4.0</td></tr>
<tr><td>码头装卸区</td><td>2.0</td></tr>
</table>

续表

建筑		场所与火灾危险性	火灾延续时间/h
构筑物		装卸液化石油气船码头	6.0
	液化石油气加气站	地上储气罐加气站	3.0
		埋地储气罐加气站	1.0
		加油和液化石油气加气合建站	
	易燃、可燃材料露天或半露天堆场，可燃气体罐区	粮食土圆囤、席穴囤	6.0
		棉、麻、毛、化纤百货	
		稻草、麦秸、芦苇等	
		木材等	
		露天或半露天堆放煤和焦炭	3.0
		可燃气体储罐	

2. 消防水池的有效容积

当市政或室外消防给水管网能保证建筑物室外消防用水量时，消防水池的有效容积应满足在火灾延续时间内室内消防用水量的要求；当市政或室外消防给水管网不能保证建筑物室外消防用水量时，消防水池的有效容积应满足在火灾延续时间内，室内消防用水量和室外消防用水量不足部分之和的要求。若市政消防给水管网供水较充足，在发生火灾的情况下能保证采用两路消防供水的消防水池得到连续补水时，其有效容积可减去火灾延续时间内的补充水量。

消防水池的有效容积可按下式计算：

$$V=3.6(\sum_{i=1}^{n}q_it_i-q_bt_{ij}) \tag{2-4}$$

式中　V——消防水池的有效容积，m^3；

q_i——第 i 种水灭火系统的设计秒流量，L/s；

t_i——第 i 种水灭火系统的火灾延续时间，h；

n——同时开启的水灭火系统数量；

q_b——火灾延续时间内外网可靠连续补充水量，L/s，一般按消防水池最不利给水管供水量计算；

t_{ij}——t_i 中的最大者，h。

3. 消防水池设置要求

① 消防水池的进水管应根据其有效容积和补水时间确定，补水时间不宜大于 48h，但当消防水池有效总容积大于 $2000m^3$ 时不应大于 96h。消防水池进水管管径应经计算确定，且不应小于 $DN100$。

② 当消防水池采用两路供水且在火灾发生的情况下连续补水能满足消防要

求时，消防水池的有效容积应根据计算确定，但不应小于 100m^3，当仅设有消火栓系统时不应小于 50m^3。

③ 消防水池进水管管径和流量应根据市政给水管网或其他给水管网的压力、入户引入管管径、消防水池进水管管径，以及火灾时其他用水量等经水力计算确定，当计算条件不具备时，给水管的平均流速不宜大于 1.5m/s。

④ 消防水池的有效容积大于 500m^3 时，宜设 2 格能独立使用的消防水池；当大于 1000m^3 时，应设置能独立使用的两座消防水池。每格（或座）消防水池应设置独立的出水管，并应设置满足最低有效水位的连通管。

⑤ 储存室外消防用水的消防水池或供消防车取水的消防水池，应设置取水口（井），且吸水高度不应大于 6.0m；取水口（井）与建筑物（水泵房除外）的距离不宜小于 15m，与甲、乙、丙类液体储罐等构筑物的距离不宜小于 40m，与液化石油气储罐的距离不宜小于 60m（当采取防止辐射热保护措施时，可为 40m）。

⑥ 消防用水与生产、生活用水合并的水池，应采取确保消防用水不作他用的技术措施。如图 2-1 所示。

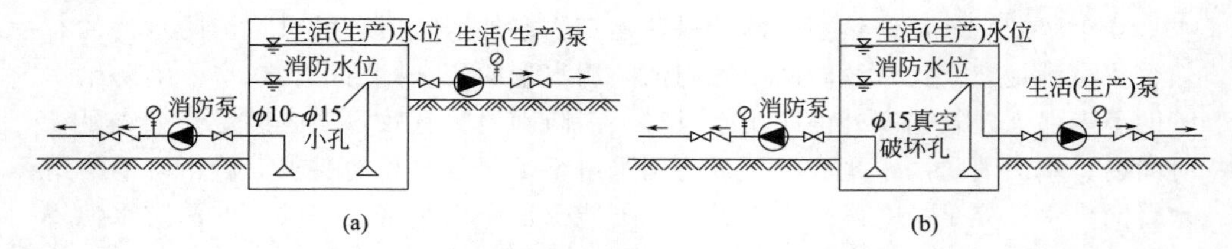

图 2-1　合用水池保证消防用水不作他用的技术措施

⑦ 消防水池的出水管应保证消防水池的有效容积能被全部利用。

⑧ 消防水池应设置就地水位显示装置，并应在消防控制中心或值班室等地点设置显示消防水池水位的装置，同时应有最高和最低报警水位。

⑨ 消防水池应设置溢流水管和排水设施，并应采用间接排水。

⑩ 严寒和寒冷地区的消防水池应采取防冻保护措施。

4. 高位消防水池

高位消防水池是指设置在消防给水系统或建筑物的最高处，其最低有效水位应能满足最不利点水灭火设施压力和流量的储水装置。其设置应满足以下要求。

① 除可一路消防供水的建筑物外，向高位消防水池供水的给水管应至少有两条独立的给水管道。

② 高位消防水池设置在建筑物内时，应采用耐火极限不低于 2.00h 的隔墙和 1.50h 的楼板与其他部位隔开，并应设甲级防火门，且与建筑构件应连接牢固。

③ 当高层民用建筑采用高位消防水池供水的高压消防给水系统时，高位消防水池储存室内消防用水量确有困难，但火灾发生时补水可靠，其总有效容积不应小于室内消防用水量的 50%。

④ 当高层民用建筑高压消防给水系统的高位消防水池总有效容积大于 200m^3 时，宜设置蓄水有效容积相等且可独立使用的两格；但当建筑高度大于 100m 时应设置独立的两座，且每座应有一条独立的出水管向系统供水。

三、高位消防水箱

1. 设置原则

当室内采用临时高压消防给水系统时，应设置高位消防水箱，并应符合下列规定：

① 高层民用建筑、总建筑面积大于 10000m^2 且层数超过 2 层的公共建筑和其他重要建筑，必须设置高位消防水箱；

② 其他建筑应设置高位消防水箱，但当设置高位消防水箱确有困难，且采用安全可靠的消防给水形式时，可不设置高位消防水箱，但应设置稳压泵。

2. 高位消防水箱的设置及有效容积

临时高压消防给水系统应设置高位消防水箱，其有效容积应满足初期火灾消防用水量的要求。一类高层公共建筑不应小于 36m^3，但当建筑高度大于 100m 时不应小于 50m^3，大于 150m 时不应小于 100m^3；多层公共建筑、二类高层公共建筑和一类高层住宅不应小于 18m^3，当一类住宅高度超过 100m 时不应小于 36m^3；二类高层住宅不应小于 12m^3；建筑高度大于 21m 的多层住宅不应小于 6m^3；工业建筑室内消防给水设计流量当小于等于 25L/s 时不应小于 12m^3，大于 25L/s 时不应小于 18m^3；总建筑面积大于 10000m^2 且小于等于 30000m^2 的商店建筑不应小于 36m^3，总建筑面积大于 30000m^2 的商店不应小于 50m^3。

3. 高位消防水箱设置高度

高位消防水箱的设置位置应高于其所服务的水灭火设施，且最低有效水位应满足水灭火设施最不利点处的静水压力。一类高层民用公共建筑不应低于 0.10MPa，但当建筑高度超过 100m 时不应低于 0.15MPa；高层住宅、二类高层公共建筑、多层公共建筑不应低于 0.07MPa，多层住宅不宜低于 0.07MPa；工业建筑不应低于 0.10MPa；自动水灭火系统应根据喷头灭火需求压力确定，但最小不应小于 0.10MPa；当高位消防水箱设置高度不能满足静压要求时，应设稳压泵。

4. 高位消防水箱设置要求

① 消防用水与其他用水合用的水箱应采取消防用水不作他用的技术措施；

② 高位消防水箱的有效容积、出水、排水和水位等，应符合前述消防水池的设置要求，如应设置水位显示装置，并在最高和最低水位能够报警；

③ 进水管的管径应满足消防水箱 8h 充满水的要求，但管径不应小于 *DN*32，进水管宜设置液位阀或浮球阀；

④ 进水管应在溢流水位以上接入，进水管口的最低点高出溢流边缘的高度应等于进水管管径，但最小不应小于 100mm，最大不应大于 150mm；

⑤ 出水管管径应满足消防给水设计流量的出水要求，且不应小于 *DN*100；

⑥ 出水管应位于最低水位以下，并应设防止消防用水进入高位消防水箱的止回阀；

⑦ 进、出水管应设置带有指示启闭装置的阀门。

第二节 消防供水设施

一、消防给水系统

消防给水系统分为高压消防给水系统、临时高压消防给水系统和低压消防给水系统三种形式。

1. 高压消防给水系统

高压消防给水系统能始终保持满足水灭火设施所需的工作压力和流量，发生火灾时无需消防水泵直接加压的供水系统。

2. 临时高压消防给水系统

临时高压消防给水系统是指平时不能满足水灭火设施所需的工作压力和流量，发生火灾时能自动启动消防水泵以满足水灭火设施所需的工作压力和流量的供水系统。

3. 低压消防给水系统

低压消防给水系统是指能满足车载或手抬移动消防水泵等取水所需的工作压力和流量的供水系统。系统管网内平时水压较低，一般只负责提供消防用水量，火场上灭火设备所需的压力，由消防车或其他移动式消防水泵加压产生。一般城镇和居住区多为这种管网。建筑物室外宜采用低压消防给水系统，当采用市政给水管网供水时，应采用两路消防供水，除建筑高度超过 54m 的住宅外，室外消火栓设计流量小于等于 20L/s 时可采用一路消防供水，室外消火栓应由市政给水管网直接供水。

二、消防水泵

水泵是通过叶轮旋转等方式将能量传递给水，使之动能和压力能增加，并将其输送到用水设备处，以满足各种用水设备的水量和水压要求。

1. 水泵机组构成与工作原理

由于离心泵具有较宽的流量和压力范围，能较好地满足消防需要，因此，在消防给水系统中常采用离心式消防水泵。离心泵机组包括水泵、驱动器（电动机或柴油机）、控制柜和管道等。水泵外壳是球墨铸铁或不锈钢，叶轮是青铜或不锈钢，构造如图 2-2 所示。

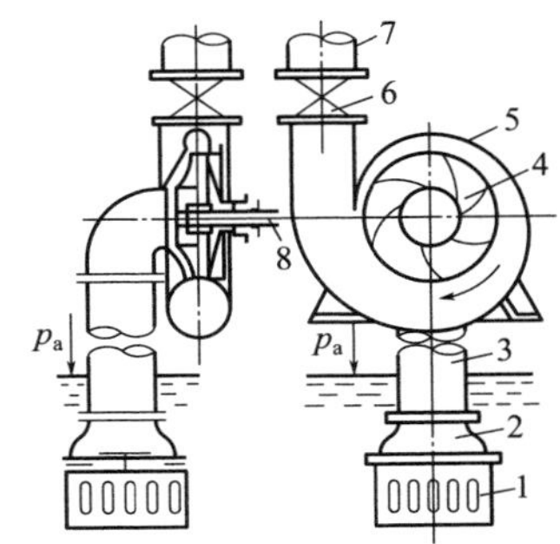

图 2-2　离心泵构造示意图

1—滤网；2—底阀；3—吸水管；4—叶轮；5—泵壳；6—调节阀；7—出水管；8—泵轴

离心泵的工作过程是靠离心力进行的。水泵启动前，需灌水将叶轮淹没，原动机通过泵轴带动叶轮旋转，叶片迫使水随着叶轮一起旋转，在离心力的作用下，水由中心甩向外圈，并高速从叶轮流出，而后被抛入出水管中。此时，由于叶轮内部构成稀薄空间，使吸水管内造成负压形成真空，外部水在大气压的作用下经吸水管进入稀薄空间，被抛入出水管。这样，水就会源源不断地进入水泵，形成连续的水流，达到了输送水的目的。

2. 水泵的基本性能

（1）水泵的性能参数

① 流量。水泵单位时间内所输送液体体积。用字母 Q 表示，常用的单位是 m^3/h 或 L/s。

② 扬程。水泵对单位重量液体所作之功，即单位重量液体通过水泵后其能量的增值。用字母 H 表示，单位常用 m。

③ 轴功率与有效功率。轴功率是原动机输送给水泵的功率。用字母 N 表示，常用的单位是 kW。有效功率是单位时间内通过水泵的液体从水泵那里得到的能量，用字母 N_e 表示。

④ 效率。水泵的有效功率与轴功率之比值，以字母 η 表示。由于水泵不可能将原动机输入的功率完全传递给液体，在水泵内部有损失，这个损失通常就以效率来衡量。

⑤ 转速。单位时间内水泵叶轮转动的次数，以字母 n 表示。常用的单位为 r/min。各种水泵都是按一定的转速来设计的，当实际转速发生改变时，水泵的性能参数值将会改变。

⑥ 允许吸上真空高度。水泵在标准状态下（即水温为 20℃，表面压力为一个标准大气压）运转时，水泵所允许的最大真空度，用字母 H_S 表示，单位为 m。该值反映了水泵的吸水效能，决定水泵的安装高度。

（2）水泵型号编制与水泵铭牌　水泵的型号种类很多，各种水泵的型号都有其特定的含义，从水泵的型号就可知道水泵的性能。消防泵组型号由泵特征代号、泵组特征代号、主参数、用途特征代号、辅助特征代号及企业自定义代号六个部分组成。例如，XB7.8/20 表示：工程用消防泵，额定压力为 0.78MPa，额定流量为 20L/s。

为了方便用户了解水泵的性能，通常将水泵的型号和流量、扬程、轴功率、转速、效率及允许吸入真空高度六项主要性能参数标注在水泵泵壳的标牌上，即水泵的铭牌。其上所列出的这些性能参数是该水泵在设计转速下运转时，效率为最高时的数值。

（3）水泵性能曲线　实际使用中，常把水泵的扬程、轴功率、效率、允许吸入真空高度与流量之间的关系用曲线来表示，称为水泵性能曲线，如图 2-3 所示。

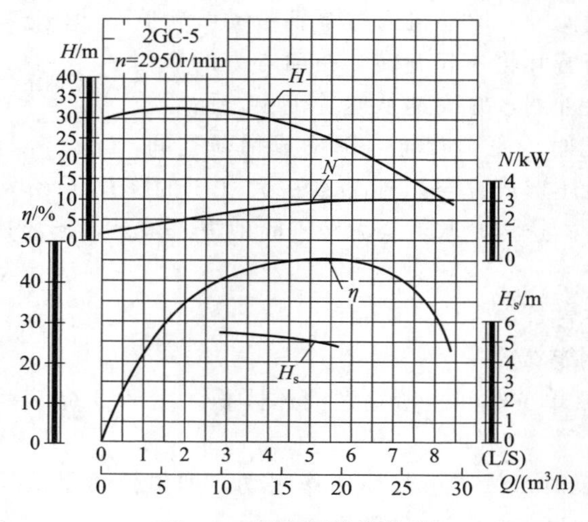

图 2-3　某水泵性能曲线

从图 2-3 中可以看出，流量与扬程、轴功率、效率等都是一一对应的关系，确定了其中的一个值，其余的也都相应地确定下来。

流量-扬程曲线（Q-H 曲线）是一条不规则的曲线，从图中可见扬程随流量的增大而减小。

流量-轴功率曲线（Q-N 曲线）反映出离心泵的轴功率随着流量增大而逐渐增加。当流量为零时，轴功率最小，所以水泵启动一般采用“关闸启动”，以减少电机的启动电流，待水泵正常运转后，再开启闸阀。这种运行短时间可以，长时间运行将损坏水泵。

流量-效率曲线（Q-η 曲线）反映每台水泵都有一个高效段，应使水泵在高效段运行。

（4）水泵工况点　水泵本身的性能曲线只反映了水泵的潜在工作能力，而水泵要发挥这种能力还必须与管路系统结合起来。水泵与管路系统连接后的实际工作状态就是水泵工况点，即水泵装置在某瞬时的实际出水量、扬程、轴功率、效率以及允许吸入真空高度等。

① 管路系统特性曲线。管路系统输送水的流量（Q）与所需要的扬程（H）可由下式表示：

$$H=H_{ST}+SQ^2 \tag{2-5}$$

式中，SQ^2 是通过管路系统时的水头损失，H_{ST} 是管路系统中的水所需的提升高度，也就是水泵的静扬程。按此方程绘出的图，就称为管路系统特性曲线，如图 2-4 所示。其中 H_k，表示管路系统输送流量 Q_k 并将水提升高度为 H_{ST} 时，管道中每单位重量液体需消耗的能量值。

② 水泵工况点的确定。水泵工况点是水泵实际工作点，此时水泵所提供的能量与管路系统所消耗的能量相等，因此水泵工况点就是水泵性能曲线和管路特性曲线的交点，在工程上多用图解法来求得。具体方法是：首先画出水泵的 Q-H 曲线，然后按照公式 $H=H_{ST}+SQ^2$ 画出管路系统特性曲线，两条曲线的交点 M 即水泵的工况点，如图 2-5 所示。

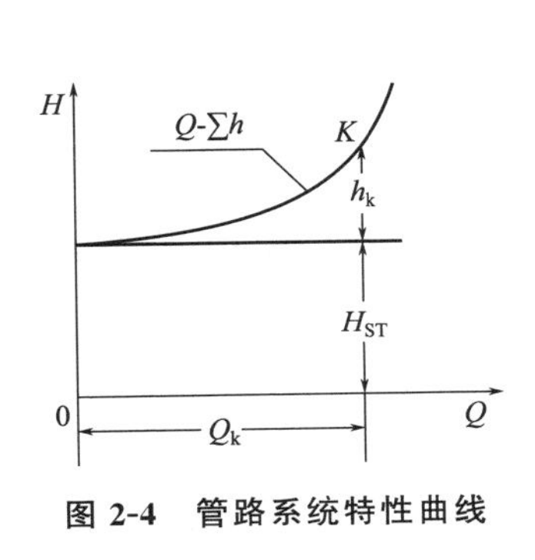

图 2-4 管路系统特性曲线

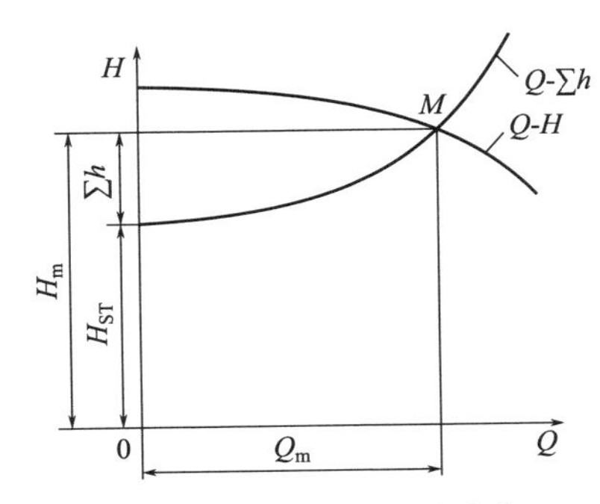

图 2-5 水泵工况点的确定

（5）水泵的联合工作 由于水泵性能不同，有时单台水泵无法满足实际需求，就需要多台水泵联合工作，由此就形成水泵的并联或串联。

① 水泵并联。两台及两台以上水泵共同使用公共输水管路工作的供水形式。同型号、同水位、管道对称布置的两台水泵并联运行工作情况如图 2-6 所示。水泵并联是同一扬程下流量的叠加，图中的 M 点是并联工作点，N 点是并联工作时每台水泵的工作点，S 点是一台泵单独工作时的工作点。水泵并联工作时：扬程相等，总流量则为各泵在协调工作中输水量之和（$Q_m=2Q_n$）；总流量大于任何一台泵单独工作时输水量（$Q_m>Q_s$）；每台泵在并联工作时输水量均小于它单独工作时的输水量（$Q_n<Q_s$）。

② 水泵串联。前泵出水管直接与后泵的吸水管连接，两台水泵同时运转的联合供水形式。两台同型号水泵串联工作情况如图 2-7 所示。水泵串联是在同一流量下扬程的叠加，图中的点 2 为水泵串联的工况点，点 1 是一台泵单独工作时的工况点。两台同型号水泵串联后，扬程比任一台泵单独使用时增高（$H_{1+2}>H_{1,2}$），但并不是增大一倍（$H_{1+2}\neq 2H_1$）。串联后泵在管路中的工况点已由原来

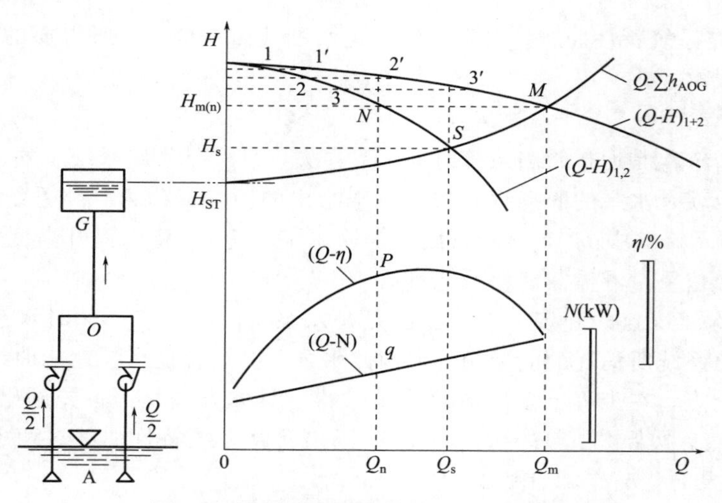

图 2-6 同型号水泵的并联运行工作情况

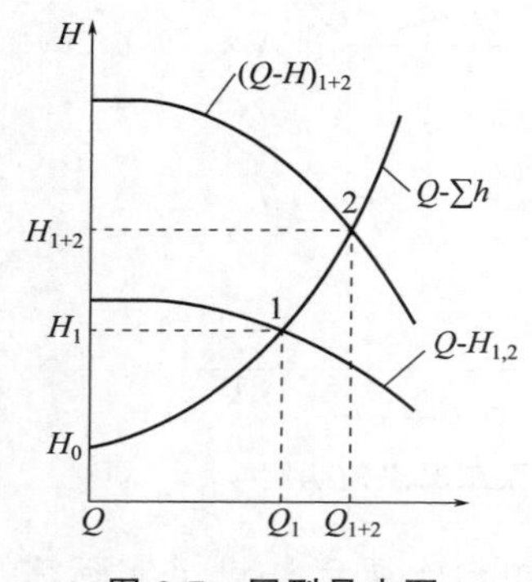

图 2-7 同型号水泵串联工作情况

单独使用时的点 1 移至点 2，此点 2 所对应的流量亦较每台水泵单独工作时有所增加（$Q_{1+2}>Q_1$）。

3. 消防水泵的选择

宜根据水泵性能参数及安装场所的环境要求确定消防水泵型号。单台消防水泵的最小额定流量不应小于 10L/s，最大额定流量不宜大于 320L/s。

（1）消防水泵选择时的基本要求

① 应满足消防给水系统所需流量和压力的要求。

② 所配电动机的功率应满足所选水泵流量-扬程曲线上任何一点运行所需功率的要求。

③ 当采用电动机驱动的消防水泵时，应选择电动机干式安装的消防水泵。

④ 流量-扬程性能应为无驼峰、无拐点的光滑曲线，零流量时的压力不应超过设计工作压力的 140%，且宜大于设计工作压力的 120%。

⑤ 当出口流量为设计流量的 150%时，其出口压力不应低于设计工作压力的 65%。

⑥ 泵轴的密封方式和材料应满足消防水泵在低流量时运转的要求。

⑦ 消防给水同一泵组的消防水泵型号宜一致，且工作泵不宜超过 3 台。

⑧ 多台消防水泵并联时，应校核流量叠加对消防水泵出口压力的影响。

（2）柴油机消防水泵的有关规定

① 柴油机消防水泵应采用压缩式点火型柴油机。

② 柴油机的额定功率应校核海拔高度和环境温度对柴油机功率的影响。

③ 柴油机消防水泵应具备连续工作的性能，试验运行时间不应小于 24h。

④ 柴油机消防水泵的蓄电池应保证消防水泵随时自动启泵的要求。

⑤ 柴油机消防水泵的供油箱应根据火灾延续时间确定，且油箱最小有效容积应按 1.5L/kW 配置，柴油机消防水泵油箱内储存的燃料不应小于 50%的储量。

(3) 轴流深井泵安装的有关规定　轴流深井泵在我国常称为深井泵，是一种电机干式安装的水泵，在国际上称为轴流泵，因其出水管内含有水泵的轴而得名。有电动驱动，也有柴油机驱动两种型式。可在水井和在消防水池上面安装。

① 轴流深井泵安装于水井时，其淹没深度应满足其可靠运行的要求，在水泵出流量为 150%设计流量时，其最低淹没深度应是第一个水泵叶轮底部水位线以上不少于 3.20m，且海拔高度每增加 300m，深井泵的最低淹没深度应至少增加 0.30m。

② 轴流深井泵安装在消防水池等消防水源上时，其第一个水泵叶轮底部应低于消防水池的最低有效水位线，且淹没深度应根据水力条件经计算确定，并应满足消防水池等消防水源有效储水量或有效水位能全部被利用的要求；当水泵设计流量大于 125L/s 时，应根据水泵性能确定淹没深度，并应满足水泵汽蚀余量的要求。

③ 当消防水池最低水位低于离心水泵出水管中心线或水源水位不能保证离心水泵吸水时，可采用轴流深井泵，并应采用湿式深坑的安装方式安装于消防水池等消防水源上。

④ 当轴流深井泵的电动机露天设置时，应有防雨功能。

4. 消防备用泵

消防备用泵是指消防工作泵发生故障或停泵检修时可立即替代其投入运行的泵。消防备用泵的工作能力不应小于其中工作能力最大的一台消防工作泵。但具备下列条件之一者可不设备用泵：

① 建筑高度小于 54m 的住宅和室外消防给水设计流量小于等于 25L/s 的建筑。

② 室内消防给水设计流量小于等于 10L/s 的建筑。

5. 消防水泵管路及附件

(1) 吸水管路　为保证消防水泵及时可靠地启动，应采用自灌式吸水。离心式消防水泵吸水管应保证不漏气，且在布置时还应注意以下几点。

① 一组消防水泵，吸水管不应少于两条，当其中一条损坏或检修时，其余吸水管应仍能通过全部消防给水设计流量。

② 消防水泵吸水管布置应避免形成气囊。

③ 一组消防水泵应设不少于两条输水干管与消防给水环状管网连接，当其中一条输水管检修时，其余输水管应仍能供应全部消防给水设计流量。

④ 吸水口的淹没深度应满足消防水泵在最低水位运行安全的要求，吸水管喇叭口在消防水池最低有效水位下的淹没深度应根据吸水管喇叭口的水流速度和水力条件确定，但不应小于 600mm，当采用旋流防止器时，淹没深度不应小

于 200mm。

⑤ 吸水管上应设置明杆闸阀或带自锁装置的蝶阀，但当设置暗杆阀门时应设有开启刻度和标志；当管径超过 $DN300$ 时，宜设置电动阀门。

⑥ 吸水管可设置管道过滤器，管道过滤器的过水面积应大于管道过水面积的 4 倍，且孔径不宜小于 3mm。

⑦ 吸水管的管径小于 $DN250$ 时，其流速宜为 1.0～1.2m/s；管径大于 $DN250$ 时，宜为 1.2～1.6m/s。

⑧ 当吸水管穿越消防水池时，应采用柔性套管；采用刚性防水套管时应在水泵吸水管上设置柔性接头，且管径不应大于 $DN150$。

⑨ 吸水管上宜设置真空表、压力表或真空压力表，压力表的最大量程应根据工程具体情况确定，但不应低于 0.70MPa，真空表的最大量程宜为－0.10MPa。

（2）出水管路　消防水泵出水管路应能够承受一定的压力，不漏水。布置时应注意以下几点：

① 消防水泵从市政管网直接抽水时，应在消防水泵出水管上设置空气隔断的倒流防止器。

② 消防水泵房应设不少于两条出水管与供水管网或室内环状管网相连接，当其中一条出水管关闭时，其余的出水管应仍能供应全部用水量。泵房出水管应与环状管网的不同管段连接，以确保可靠供水，如图 2-8 所示。

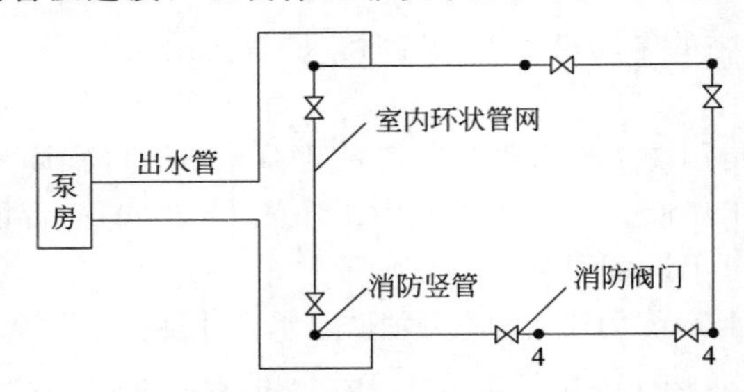

图 2-8　消防水泵出水管与室内环状管网的连接

③ 出水管上应设止回阀、明杆闸阀；当采用蝶阀时，应带有自锁装置；当管径大于 $DN300$ 时，宜设置电动阀门。

④ 出水管的管径小于 $DN250$ 时，其流速宜为 1.5～2.0m/s；管径大于 $DN250$ 时，宜为 2.0～2.5m/s。

⑤ 出水管上应设置压力表，压力表的最大量程不应低于水泵额定工作压力的 2 倍，且不应低于 1.60MPa。

（3）流量与压力测试装置

① 每台消防水泵出水管上应设置 $DN65$ 的试水管，并应采取排水措施。

② 单台消防给水泵的流量不大于 20L/s，压力不大于 0.50MPa 时，泵组应预留流量计和压力计接口，其他泵组宜设置泵组流量和压力测试装置。

（4）附件布置要求

① 消防水泵吸水管和出水管上应设置压力表。压力表的直径不应小于100mm，应采用直径不小于6mm的管道与消防水泵进出口管相接，并应设置关断阀门。

② 临时高压消防给水系统应采取防止消防水泵低流量空转过热的技术措施。如可采取超压泄压阀、旁通管等技术措施，选用超压泄压阀时，其泄压值不应小于设计扬程的120％。

6. 消防水泵的启动控制及动力装置

① 消防水泵应能手动启停和自动启动。

② 不应设置自动停泵的控制功能，停泵应由具有管理权限的工作人员根据火灾扑救情况确定。

③ 消防水泵控制柜在平时应使消防水泵处于自动启泵状态。当自动水灭火系统为开式系统，且设置自动启动确有困难时，经论证后消防水泵可设置在手动启动状态，并应确保24h有人工值班。

④ 消防水泵应保证从接到启泵信号到水泵正常运转的自动启动时间不应大于2min。

⑤ 消防水泵应由水泵出水干管上设置的压力开关、高位消防水箱出水管上的流量开关，或报警阀压力开关等开关信号直接自动启动消防水泵。消防水泵房内的压力开关宜引入控制柜内。

⑥ 消防水泵控制柜应设置机械应急启泵功能，并应保证在控制柜内的控制线路发生故障时由有管理权限的人员在紧急时启动消防水泵。机械应急启动时，应确保消防水泵在报警后5min内正常工作。

⑦ 消防水泵控制柜应采取防水淹没的技术措施。消防水泵控制柜设置在专用消防水泵控制室时，其防护等级不应低于IP30；与消防水泵设置在同一空间时，其防护等级不应低于IP55。

⑧ 消防水泵驱动宜采用电动机或柴油机直接传动，不应采用双电动机或基于柴油机等组成的双动力驱动水泵。

⑨ 当建筑物的室内临时高压消防给水系统仅采用稳压泵稳压，且建筑物室外消火栓设计流量大于20L/s和建筑高度大于54m的住宅时，消防水泵的供电或备用动力应安全可靠，其供电应按一级负荷要求，当不能满足一级负荷要求供电时应采用柴油发电机组作备用动力。工业建筑备用泵宜采用柴油机消防水泵。

⑩ 消防水泵的双路电源自动切换时间不应大于2s；当一路电源与内燃机动力的切换时间不应大于15s。

7. 消防水泵房

消防水泵房是安装消防水泵的场所。泵房内一般包括消防水泵、吸水管路、出水管路、动力设备、排水设备、采暖通风设备、起重设备等。

消防水泵房可独立建造也可附设在其他建筑物内，应符合下列规定。

① 独立建造的消防水泵房耐火等级不应低于二级。

② 附设在建筑物内的消防水泵房，应采用耐火极限不低于 2.0h 的隔墙和 1.50h 的楼板与其他部位隔开，其疏散门应直通安全出口，且开向疏散走道的门应采用甲级防火门。

③ 附设在建筑物内的消防水泵房，不应设置在地下三层及以下，或室内地面与室外出入口地坪高差大于 10m 的地下楼层。

④ 采用柴油机消防水泵时，宜设置独立消防水泵房，并应满足柴油机运行的通风、排烟和阻火设施。

⑤ 消防水泵房应采取防水淹没的技术措施。

⑥ 消防水泵和控制柜应采取安全保护措施。

消防水泵房应设有直通本单位消防控制中心或消防救援机构的联络通信设备，以便于发生火灾后及时与消防控制中心或消防救援机构取得联系。

三、稳压泵（稳压设备）

对于采用临时高压消防给水系统的高层或多层建筑，当消防水箱设置高度不能满足系统最不利点灭火设备所需的水压要求时，应设置稳压泵。当稳压泵的控制不能实现防止频繁启动时，通常增加隔膜式气压罐。

（一）稳压泵

1. 稳压泵的选用

稳压泵宜采用单吸单级或单吸多级离心泵，泵外壳和叶轮等主要部件的材质宜采用不锈钢。

2. 稳压泵的设计流量

稳压泵的设计流量不应小于消防给水系统管网的正常泄漏量和系统自动启动流量。消防给水系统管网的正常泄漏量应根据管道材质、接口形式等确定，当没有管网泄漏量数据时，稳压泵的设计流量宜按消防给水设计流量的 1%～3%计，且不宜小于 1L/s。消防给水系统自动启动流量应根据压力开关等产品确定。

3. 稳压泵的设计压力

稳压泵的设计压力应满足系统自动启动和管网充满水的要求。应保持系统自动启泵压力设置点处的压力在准工作状态时大于系统设置自动启泵压力值，且增加值宜为 0.07～0.10MPa；稳压泵的设计压力应保持系统最不利点处水灭火设施在准工作状态时的静水压力应大于 0.15MPa。

4. 设置要求

稳压泵吸水管应设置明杆闸阀，稳压泵出水管应设置消声止回阀和明杆闸阀。

（二）气压罐（稳压罐）

实际运行中，由于各种原因，稳压泵常常频繁启动，不但泵易损坏，且对整个管网系统和电网系统不利，因此稳压泵常与小型气压罐配合使用。当采用气压水罐时，其调节容积应根据稳压泵启泵次数不大于 15 次/h 计算确定，但有效储水容积不宜小于 150L。

（三）稳压设备工作原理

如图 2-9 所示，在气压罐内设定的 p_0、p_{s1}、p_{s2} 三个压力控制点中，p_0 为气压罐充气压力，p_{s1} 为稳压泵启泵压力，p_{s2} 为稳压泵停泵压力。系统设有消防主泵启泵压力点 p_2。当罐内压力为 p_{s2} 时，消防给水管网处于较高工作压力状态时，稳压泵和消防水泵均处于停止状态；随着管网渗漏或其他原因泄压，罐内压力从 p_{s2} 降至 p_{s1} 时，便自动启动稳压泵，向气压罐补水，直到罐内压力增加到 p_{s2} 时，稳压泵停止。若建筑发生火灾，随着灭火设备出水，气压罐内储水减少，压力下降，当压力从 p_{s2} 降至 p_{s1} 时，稳压泵启动，但稳压泵流量较小，其供水全部用于灭火设备，气压罐内的水得不到补充，罐内压力继续下降到 p_2 时，消防泵启动向管网供水，同时向控制中心报警。消防给水稳压设备应有与消防主泵的联动接口，当消防主泵投入运行状态后，稳压泵自动停止工作。待火情消除后，手动恢复消防稳压给水设备的控制功能。当临时高压消防给水系统仅设置稳压泵时，其工作原理类似。

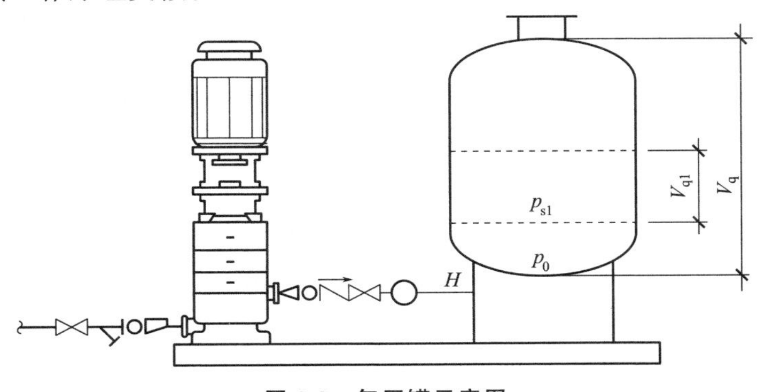

图 2-9　气压罐示意图

四、水泵接合器

水泵接合器是供消防车往建筑物内消防给水管网输送消防用水的预留接口。设置水泵接合器的主要原因是考虑当建筑物发生火灾，室内消防水泵因检修、停电或出现其他故障停止运转期间，或建筑物发生较大火灾，室内消防用水量显现不足时，利用消防车从室外消防水源抽水，通过水泵接合器向室内消防给水管网提供或补充消防用水。

1. 设置

下列场所的室内消火栓给水系统应设置消防水泵接合器：高层民用建筑；设有消防给水的住宅、超过五层的多层民用建筑；超过 2 层或建筑面积大于

$10000m^2$ 的地下或半地下建筑（室）、室内消火栓设计流量大于 10L/s 平战结合的人防工程；高层工业建筑和超过四层的多层工业建筑；城市交通隧道。

自动喷水灭火系统、水喷雾灭火系统、泡沫灭火系统和固定消防炮灭火系统等水灭火系统，均应设置消防水泵接合器。

消防给水为竖向分区供水时，在消防车供水压力范围内的分区，应分别设置水泵接合器；当建筑高度超过消防车供水高度时，消防给水应在设备层等方便操作的地点设置手抬泵或移动泵接力供水的吸水和加压接口。

2. 类型

水泵接合器是将止回阀、安全阀（用于限压）、闸阀等串接在一起，有地上式、地下式和墙壁式三种。一种新型水泵接合器是将多个控制阀集成在一起，便于安装。

3. 设置数量

消防水泵接合器的给水流量宜按每个 10～15L/s 计算。消防水泵接合器设置的数量应按系统设计流量经计算确定，但当计算数量超过 3 个时，可根据供水可靠性适当减少。

4. 设置要求

① 临时高压消防给水系统向多栋建筑供水时，消防水泵接合器宜在每栋单体建筑附近就近设置。

② 水泵接合器应设在室外便于消防车使用的地点，且距室外消火栓或消防水池的距离不宜小于 15m，并不宜大于 40m。

③ 墙壁消防水泵接合器的安装高度距地面宜为 0.7m；与墙面上的门、窗、孔、洞的净距离不应小于 2.0m，且不应安装在玻璃幕墙下方；地下消防水泵接合器的安装，应使进水口与井盖底面的距离不大于 0.4m，且不应小于井盖的半径。

④ 水泵接合器处应设置永久性标志铭牌，并应标明供水系统、供水范围和额定压力。

五、室外给水管网

室外给水管网包括城市给水管网和建筑物外给水管网。该类给水管网遍布城市各个街区，一方面可通过其进户管为建筑物提供消防用水，另一方面也可通过其上设置的室外消火栓为火场提供灭火用水。

（一）管网类型

1. 按管网平面布置形式分类

（1）环状消防给水管网　管网平面布置，干线形成若干闭合环。由于环状管网的干线彼此相通，水流四通八达，供水安全可靠。在管径和供水压力相同的条件下，环状管网的供水能力比枝状管网供水能力大 1.5～2.0 倍。因此，在一般情况下，凡负担有消防给水任务的管网均应布置成环状管网，以确保消防用水安全。

（2）枝状消防给水管网　管网平面布置，干线呈分散状，分枝后干线彼此无连接。由于枝状管网内，水流从水源地向用水对象单一方向流动，当某段管网检修或损坏时，其后方无水，就会造成火场供水中断。因此，室外消防给水管网应限制枝状管网的使用范围。

2. 按用途分类

（1）合用消防给水管网　合用消防给水管网是指生活、生产、消防合用或生产、消防合用或生活、消防合用的管网系统。一般城镇、居住区和工厂的室外管网常采用该形式。这种管网的设计大大简化了管网布置形式，具有较高的经济性，且水经常处于流动状态，有利于水质的保持。

（2）独立的消防给水管网　当工业企业内生活、生产用水量较小而消防用水量较大合并在一起不经济，或者三种用水合并在一起技术上不可能，或者生产用水可被易燃、可燃液体污染时，常采用独立的消防给水管网，以保证消防用水。独立的消防给水管网常采用临时高压给水管网。

（二）管网设置要求

1. 市政给水管网设置要求

① 设有市政消火栓的市政给水管网宜为环状管网，但当城镇人口小于 2.5 万人时，可为枝状管网。

② 接市政消火栓的环状给水管网的管径不应小于 $DN150$，枝状管网的管径不宜小于 $DN200$。当城镇人口小于 2.5 万人时，接市政消火栓的给水管网的管径可适当减少，环状管网的管径不应小于 $DN100$，枝状管网的管径不宜小于 $DN150$。

③ 工业园区和商务区等区域采用两路消防供水，当其中一条引入管发生故障时，其余引入管在保证满足 70%生产、生活给水的最大小时设计流量条件下，应仍能满足规定的消防给水设计流量。

④ 向室外、室内环状消防给水管网供水的输水干管不应少于两条，当其中一条发生故障时，其余的输水干管应仍能满足消防给水设计流量。

2. 室外消防给水管网设置要求

① 室外消防给水采用两路消防供水时应采用环状管网，但当采用一路消防供水时可采用枝状管网。

② 管道的直径应根据流量、流速和压力要求经计算确定，但不应小于 $DN100$。

③ 环状管道应采用阀门分成若干独立段，每段内室外消火栓的数量不宜超过 5 个。为保证环状管网供水的可靠性，规定管网上应设消防分隔阀门。阀门应设在管道的三通、四通分水处，阀门的数量按“$n-1$”原则确定（三通 n 为 3，四通 n 为 4）。

④ 消防给水管道的设计流速不宜大于 2.5m/s，自动水灭火系统管道设计流速应符合现行国家标准《自动喷水灭火系统设计规范》（GB 50084）、《泡沫灭火系统设计规范》（GB 50151）、《水喷雾灭火系统技术规范》（GB 50219）和《固定消防炮灭火系统设计规范》（GB 50338）的有关规定，但任何消防管道的给水流速不应大于 7m/s。

3. 敷设

埋地管道的地基、基础、垫层、回填土压实度等的要求，应根据刚性管或柔性管管材的性质，结合管道埋设处的具体情况，按《给水排水管道工程施工及验收规范》(GB 50268—2008）和《给水排水工程管道结构设计规范》(GB 50332—2002）的有关规定执行。当埋地管管径不小于 $DN100$ 时，应在管道弯头、三通和堵头等位置设置钢筋混凝土支墩。消防给水管道不宜穿越建筑基础，当必须穿越时，应采取防护套管等保护措施。埋地钢管和铸铁管应根据土壤和地下水腐蚀性等因素确定管外壁防腐措施；海边、空气潮湿等空气中含有腐蚀性介质的场所的架空管道外壁应采取相应的防腐措施。

六、室内消防给水管网

① 室内消火栓系统管网应布置成环状，当室外消火栓设计流量不大于 20L/s，且室内消火栓不超过 10 个时，除规范专门规定（《消规》8.1.2 条）外，可布置成枝状。

② 当由室外生产、生活消防合用系统直接供水时，合用系统除应满足室外消防给水设计流量以及生产和生活最大小时设计流量的要求外，还应满足室内消防给水系统的设计流量和压力要求。

③ 室内消防管道管径应根据系统设计流量、流速和压力要求经计算确定；室内消火栓竖管管径应根据竖管最低流量经计算确定，但不应小于 $DN100$。

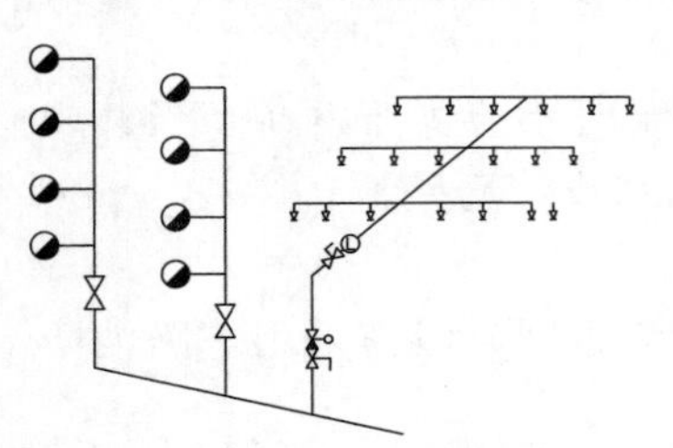

图 2-10 室内消火栓与自动喷水灭火系统合用管网布置图

④ 室内消火栓竖管应保证检修管道时关闭停用的竖管不超过 1 根，当竖管超过 4 根时，可关闭不相邻的 2 根。

⑤ 每根立管上下两端与供水干管相接处应设置阀门。

⑥ 室内消火栓给水管网宜与自动喷水等其他水灭火系统的管网分开设置；当合用消防泵时，供水管路沿水流方向应在报警阀前分开设置，如图 2-10 所示。

七、消防管道及常用阀门

消防给水管道及阀门是消防给水系统中负责输送消防用水和调整、控制水流的重要部件，其管材、连接方式和维护管理关系到系统的质量及应用效果。

（一）管道公称直径与公称压力

1. 公称直径

为了实行管道和管路附件的标准化，对管道和管路附件规定一种标准直径。这种标准直径或公称通径称为公称直径。公称直径用 DN 表示。

2. 公称压力

管道的公称压力是指与管道元件的机械强度有关的设计给定压力，是仅针对金属管道元件而言的。我国金属管道元件压力分级标准确定的公称压力分级从0.05～335MPa，共30个压力分级。公称压力用 pN 表示，在其后附加压力分级的数值，并用MPa表示。

（二）管道的材料及连接方式

1. 管道材料

消防给水系统中常用的管材有钢管、铸铁管、不锈钢管等。随着技术的发展，涂覆钢管、钢丝网骨架塑料复合管和氯化聚氯乙烯（PVC-C）管也逐渐应用到消防给水系统中。钢管有无缝钢管和焊接钢管，是消防给水系统中应用最多的一类管材，为了提高该管材的耐腐蚀性，必须对其内、外壁进行防腐处理。

埋地管道宜采用球墨铸铁管、钢丝网骨架塑料复合管和加强防腐的钢管等管材，室内外架空管道应采用热浸镀锌钢管等金属管材，并应考虑系统工作压力、覆土深度、土壤的性质、管道的耐腐蚀能力，可能受到土壤、建筑基础、机动车和铁路等其他附加荷载的影响以及管道穿越伸缩缝和沉降缝等综合影响，合理选择管材和设计管道。

（1）埋地管道　当系统工作压力不大于1.2MPa时，宜采用球墨铸铁管或钢丝网骨架塑料复合管；当系统工作压力大于1.2MPa且小于1.6MPa时，宜采用钢丝网骨架塑料复合管、加厚钢管和无缝钢管；当系统工作压力大于1.6MPa时，宜采用无缝钢管。

（2）架空管道　当系统工作压力小于或等于1.2MPa时，可采用热浸镀锌钢管；当系统工作压力大于1.2MPa且小于1.6MPa时，应采用热浸镀锌加厚钢管或热浸镀锌无缝钢管；当系统工作压力大于1.6MPa时，应采用热浸镀锌无缝钢管。

2. 管道连接

管道与管道之间常采用螺纹、沟槽式管接头或法兰连接，球墨铸铁管采用承插连接，塑料管多采用粘接，钢管也可焊接（焊接后作防腐处理）。沟槽式管路连接目前应用非常广泛，当给水系统中直径等于或大于100mm的管道连接时，常采用该种方式。

（三）阀门

1. 常用阀门

（1）截断阀　截断阀用于开启或关闭管道，也可作一定程度的节流。包括闸阀、截止阀、旋塞阀、蝶阀和球阀等。

(2) 止回阀　止回阀(又称单向阀或逆止阀)启闭件靠介质流动的力量自行开启或关闭，其作用是阻止介质倒流，主要用于介质单向流动的管道上。有旋启式和升降式两类，升降式止回阀的阀瓣沿着通道中心线作升降运动，动作可靠，但流体阻力较大，适用于较小口径的管道；旋启式止回阀的阀瓣绕转轴作旋转运动，流体阻力较小，适用于较大口径的管道。

(3) 安全阀　安全阀主要用于防止管网或密闭用水设备压力过高而导致系统或设备损坏的装置。安全阀能在定压下自动开启，泄放压力，并能在定压下自动关闭，维持所保护设备和管网的压力不超过允许值。安全阀有弹簧式、杠杆式、先导式三种，在消防给水管道上应用最多的是弹簧式，常被安装在水泵的出水短管上，用于水泵的超压保护。

2. 阀门选择与设置要求

(1) 消防给水系统的阀门选择应符合的规定

① 埋地管道的阀门宜采用带启闭刻度的暗杆闸阀，当设置在阀门井内时可采用耐腐蚀的明杆闸阀。

② 室内架空管道的阀门宜采用蝶阀、明杆闸阀或带启闭刻度的暗杆闸阀等。

③ 室外架空管道宜采用带启闭刻度的暗杆闸阀或耐腐蚀的明杆闸阀。

消防给水系统管道的最高点处宜设置自动排气阀。消防水泵出水管上的止回阀宜采用水锤消除止回阀，当消防水泵供水高度超过 24m 时，应采用水锤消除器。当消防水泵出水管上设有囊式气压水罐时，可不设水锤消除设施。在寒冷和严寒地区，室外阀门井应采取防冻措施。消防给水系统的室内外消火栓、阀门等设置位置，应设置永久性固定标志。

(2) 减压阀的设置应符合的规定

① 减压阀应设置在报警阀组入口前，当连接两个及以上报警阀组时，应设置备用减压阀。

② 减压阀的进口处应设置过滤器，过滤器的孔网直径不宜小于 4～5 目/cm^2，过流面积不应小于管道截面面积的 4 倍。

③ 过滤器和减压阀前后应设压力表，压力表的表盘直径不应小于 100mm，最大量程宜为设计压力的 2 倍。

④ 过滤器前和减压阀后应设置控制阀门。

⑤ 减压阀后应设置压力试验排水阀。

⑥ 减压阀应设置流量检测测试接口或流量计。

⑦ 垂直安装的减压阀，水流方向宜向下。

⑧ 比例式减压阀宜垂直安装，可调式减压阀宜水平安装。

⑨ 减压阀和控制阀门宜有保护或锁定调节配件的装置。

⑩ 接减压阀的管段不应有气堵、气阻。

第三节　室外消防给水系统设计流量

室外消防给水系统设计流量指火场上保证灭火所必需的最小供水强度，是确定消防给水管道管径、消防水泵流量和消防水池容积的依据。就城镇而言，室外消防设计流量指扑救火灾所必需的总供水强度，其大小与城市人口数、城市规划等因素有关。

一、城镇、居住区市政消防给水设计流量

城镇市政消防给水设计流量按同一时间内的火灾次数和一次消防设计流量经计算确定：

$$Q=\sum_{i=1}^{n}Q_i \tag{2-6}$$

式中　Q——城镇市政消防给水设计流量，L/s；

n——城镇同一时间内火灾次数，次；

Q_i——城镇一次消防设计流量，L/s。

同一时间内火灾次数指火灾延续时间内可能同时发生火灾的次数，一次消防设计流量指扑灭一场火灾所需的供水强度。城镇同一时间内火灾次数与一次消防设计流量，是综合考虑我国消防安全需求和经济发展水平，可根据城镇的人口数确定，具体确定时不应小于表 2-2 中规定。

表 2-2　城镇、居住区同一时间内的火灾次数和一次消防设计流量

<table>
<tr><th>人数 N/万人</th><th>同一时间内的火灾次数/次</th><th>一次消防设计流量/(L/s)</th></tr>
<tr><td>$N\leqslant 1.0$</td><td rowspan="2">1</td><td>15</td></tr>
<tr><td>$1.0<N\leqslant 2.5$</td><td>20</td></tr>
<tr><td>$2.5<N\leqslant 5.0$</td><td rowspan="5">2</td><td>30</td></tr>
<tr><td>$5.0<N\leqslant 10.0$</td><td>35</td></tr>
<tr><td>$10.0<N\leqslant 20.0$</td><td>45</td></tr>
<tr><td>$20.0<N\leqslant 30.0$</td><td>60</td></tr>
<tr><td>$30.0<N\leqslant 40.0$</td><td rowspan="2">75</td></tr>
<tr><td>$40.0<N\leqslant 50.0$</td><td rowspan="3">3</td></tr>
<tr><td>$50<N\leqslant 70.0$</td><td>90</td></tr>
<tr><td>$N>70.0$</td><td>100</td></tr>
</table>

工业园区、商务区、居住区等市政消防给水设计流量，宜根据其规划区域的

规模和同一时间的火灾次数，以及规划中的各类建筑室内外同时作用的水灭火系统设计流量之和经计算分析确定。

二、民用建筑和工厂、仓库、堆场、储罐（区）室外消防给水设计流量

民用建筑和工厂、仓库、堆场、储罐（区）室外消防给水设计流量，应按同一时间内的火灾次数和建筑物室外消火栓设计流量确定。同一时间内火灾的次数见表 2-3。

表 2-3 民用建筑和工厂、仓库、堆场、储罐（区）在同一时间内的火灾次数

<table>
<tr><th>名称</th><th>占地面积/hm²</th><th>附有居住区人数/万人</th><th>同一时间内的火灾次数/次</th><th>备 注</th></tr>
<tr><td rowspan="3">工厂、堆场和储罐区等构筑物场所</td><td rowspan="2">≤100</td><td>≤1.5</td><td>1</td><td>按需水量最大的一座建筑物(或装置、堆场、储罐)计算</td></tr>
<tr><td>>1.5</td><td>2</td><td>居住区 1 次,工厂、堆场或储罐区计 1 次</td></tr>
<tr><td>>100</td><td>不限</td><td>2</td><td>按需水量最大的两座建筑(或堆场、储罐)各计 1 次</td></tr>
<tr><td>仓库、民用建筑</td><td>不限</td><td>不限</td><td>1</td><td>按需水量最大的一座建筑物计算。仓库为仅有仓库的场所</td></tr>
</table>

建筑物室外消火栓设计流量，应根据建筑物的用途功能、体积、耐火等级、火灾危险性等因素综合分析确定，建筑物室外消火栓设计流量见表 2-4。

表 2-4 建筑物室外消火栓设计流量 单位：L/s

<table>
<tr><th rowspan="2">耐火等级</th><th rowspan="2" colspan="3">建筑物名称及类别</th><th colspan="6">建筑体积 V/m^3</th></tr>
<tr><th>$V\leqslant 1500$</th><th>$1500<V\leqslant 3000$</th><th>$3000<V\leqslant 5000$</th><th>$5000<V\leqslant 20000$</th><th>$20000<V\leqslant 50000$</th><th>$V>50000$</th></tr>
<tr><td rowspan="10">一、二级</td><td rowspan="6">工业建筑</td><td rowspan="3">厂房</td><td>甲、乙</td><td colspan="2">15</td><td>20</td><td>25</td><td>30</td><td>35</td></tr>
<tr><td>丙</td><td colspan="2">15</td><td>20</td><td>25</td><td>30</td><td>40</td></tr>
<tr><td>丁、戊</td><td colspan="5">15</td><td>20</td></tr>
<tr><td rowspan="3">仓库</td><td>甲、乙</td><td colspan="2">15</td><td colspan="2">25</td><td colspan="2">—</td></tr>
<tr><td>丙</td><td colspan="2">15</td><td colspan="2">25</td><td>35</td><td>45</td></tr>
<tr><td>丁、戊</td><td colspan="5">15</td><td>20</td></tr>
<tr><td rowspan="3">民用建筑</td><td colspan="2">住宅</td><td colspan="6">15</td></tr>
<tr><td rowspan="2">公共建筑</td><td>单层及多层</td><td colspan="3">15</td><td>25</td><td>30</td><td>40</td></tr>
<tr><td>高层</td><td colspan="3">—</td><td>25</td><td>30</td><td>40</td></tr>
<tr><td colspan="3">地下建筑（包括地铁）、平战结合的人防工程</td><td colspan="3">15</td><td>20</td><td>25</td><td>30</td></tr>
</table>

续表

耐火等级	建筑物名称及类别		建筑体积 V/m^3					
			$V\leqslant 1500$	$1500<V\leqslant 3000$	$3000<V\leqslant 5000$	$5000<V\leqslant 20000$	$20000<V\leqslant 50000$	$V>50000$
三级	工业建筑	乙、丙	15	20	30	40	45	—
		丁、戊	15			20	25	35
	单层及多层民用建筑		15		20	25	30	—
四级	丁、戊类工业建筑		15		20	25	—	
	单层及多层民用建筑		15		20	25	—	

确定建筑物室外消火栓设计流量时应注意以下几点。

① 室外消火栓设计流量应按室外消火栓设计流量最大的一座建筑物计算，成组布置的建筑物应按消火栓设计流量较大的相邻两座建筑物的体积之和确定。

② 火车站、码头和机场的中转库房，其室外消火栓设计流量应按相应耐火等级的丙类物品库房确定。

③ 国家级文物保护单位的重点砖木、木结构的建筑物室外消火栓设计流量，按三级耐火等级民用建筑物消火栓设计流量确定。

④ 当单座建筑的总建筑面积大于 500000m² 时，建筑物室外消火栓设计流量应按表 2-4 规定的最大值增加一倍。

三、甲、乙、丙类可燃液体储罐消防给水设计流量

甲、乙、丙类可燃液体储罐的消防给水设计流量应按最大罐组确定，并应按泡沫灭火系统设计流量、固定冷却水系统设计流量与室外消火栓设计流量之和确定。

1. 地上立式储罐

甲、乙、丙类可燃液体地上立式储罐冷却水系统保护范围和喷水强度见表 2-5。

表 2-5 地上立式储罐冷却水系统的保护范围和喷水强度

项目	储罐型式		保护范围	喷水强度
移动式冷却	着火罐	固定顶罐	罐周全长	0.8L/（s·m）
		浮顶罐、内浮顶罐	罐周全长	0.6L/（s·m）
	邻近罐		罐周半长	0.7L/（s·m）
固定式冷却	着火罐	固定顶罐	罐壁表面积	2.5L/（min·m²）
		浮顶罐、内浮顶罐	罐壁表面积	2.0L/（min·m²）
	邻近罐		不应小于罐壁表面积的½	与着火罐相同

几种具体情况说明如下。

① 浮盘用易熔材料制作的内浮顶罐按固定顶罐计算。

② 浅盘式内浮顶罐按固定顶罐计算。

③ 1.5倍着火罐（固定顶）直径范围内的邻近罐应设置冷却水系统，当邻近罐超过3个时，冷却水系统可按3个罐的设计流量计算。

④ 当着火罐为浮顶、内浮顶罐（浮盘用易熔材料制作的储罐除外）时，距其罐壁大于等于0.4D（D为着火油罐与相邻油罐两者中较大油罐的直径），邻近罐可不考虑冷却；小于0.4D范围内的相邻油罐受火焰辐射热影响比较大的局部应设置冷却水系统，且所有相邻油罐的冷却水系统设计流量之和不应小于45L/s。

2. 卧式储罐、无覆土地下及半地下立式储罐

卧式储罐、无覆土地下及半地下立式储罐冷却水系统保护范围和喷水强度见表2-6。着火罐直径与长度之和的一半范围内的邻近卧式罐应进行冷却，着火罐直径1.5倍范围内的邻近地下、半地下立式罐应冷却。

表2-6 卧式储罐、无覆土地下及半地下立式储罐冷却水系统的保护范围和喷水强度

项目	储罐型式	保护范围	喷水强度
移动式冷却	着火罐	罐壁表面积	0.10L/(s·m^2)
	邻近罐	罐壁表面积的一半	0.10L/(s·m^2)
固定式冷却	着火罐	罐壁表面积	6.0L/(min·m^2)
	邻近罐	罐壁表面积的一半	6.0L/(min·m^2)

在确定冷却水系统设计流量时应注意以下几点。

① 当计算出的着火罐冷却水系统设计流量小于15L/s时，应采用15L/s。

② 当邻近储罐超过4个时，冷却水系统可按4个罐的设计流量计算。

③ 当邻近罐采用不燃材料作绝热层时，其冷却水系统喷水强度可按表2-6减少50%，但设计流量不应小于7.5L/s。

3. 罐区室外消火栓设计流量

地上立式储罐区室外消火栓设计流量应以罐组内最大单罐计，见表2-7。

表2-7 地上立式储罐区的室外消火栓设计流量

单罐储存容积W/m^3	室外消火栓设计流量/(L/s)
$W \leqslant 5000$	15
$5000 < W \leqslant 30000$	30
$30000 < W \leqslant 100000$	45
$W > 100000$	60

覆土油罐的室外消火栓设计流量应按最大单罐周长和喷水强度计算确定，喷水强度不应小于 0.30L/（s·m）；当计算设计流量小于 15L/s 时，应采用 15L/s。

四、液化烃罐区消防给水设计流量

液化烃罐区的消防给水设计流量应按最大罐组确定，并应按固定冷却水系统设计流量与室外消火栓设计流量之和确定。固定冷却水系统设计流量应按表 2-8 规定的设计参数经计算确定。全冷冻式液化烃储罐，当双防罐、全防罐外壁为钢筋混凝土结构时，罐顶和罐壁的冷却水量可不计，管道进出口等局部危险处应设置水喷雾系统冷却，供水强度不应小于 20.0L/(min·m^2)；距着火罐罐壁 1.5 倍着火罐直径范围内的邻近罐应计算冷却水系统，当邻近罐超过 3 个时，冷却水系统可按 3 个罐的设计流量计算；当储罐采用固定消防水炮作为固定冷却设施时，其设计流量不宜小于按表 2-8 计算出计算流量的 1.3 倍。

表 2-8 液化烃储罐固定冷却水系统设计参数

<table>
<tr><th>项目</th><th colspan="2">储罐型式</th><th>保护范围</th><th>喷水强度
/[L/(min·m^2)]</th></tr>
<tr><td rowspan="4">全冷冻式</td><td rowspan="3">着火罐</td><td rowspan="2">单防罐外壁为钢制</td><td>罐壁表面积</td><td>2.5</td></tr>
<tr><td>罐顶表面积</td><td>4.0</td></tr>
<tr><td>双防罐、全防罐外壁为钢筋混凝土结构</td><td>—</td><td>—</td></tr>
<tr><td colspan="2">邻近罐</td><td>罐壁表面积</td><td>2.5</td></tr>
<tr><td rowspan="2">全压力式及半冷冻式</td><td colspan="2">着火罐</td><td>罐体表面积</td><td>9.0</td></tr>
<tr><td colspan="2">邻近罐</td><td>罐体表面积</td><td>9.0</td></tr>
</table>

罐区的室外消火栓设计流量应按罐组内最大单罐计，室外消火栓设计流量见表 2-9。当储罐区四周设固定消防水炮作为辅助冷却设施时，辅助冷却水设计流量不应小于室外消火栓设计流量。

表 2-9 液化烃罐区的室外消火栓设计流量

单罐储存容积 W/m^3	室外消火栓设计流量/(L/s)
$W \leqslant 100$	15
$100 < W \leqslant 400$	30
$400 < W \leqslant 650$	45
$650 < W \leqslant 1000$	60
$W > 1000$	80

在确定罐区室外消火栓设计流量时，应注意以下几点。

① 当企业设有独立消防站，且单罐容积小于或等于 100m³ 时，可采用室外消火栓等移动式冷却水系统，其罐区消防给水设计流量应按表 2-8 的规定经计算确定，但不应低于 100L/s；

② 沸点低于 45℃甲类液体压力球罐的消防给水设计流量，应按全压力式储罐的要求经计算确定；

③ 全压力式、半冷冻式和全冷冻式液氨储罐的消防给水设计流量，应按全压力式及半冷冻式储罐的要求经计算确定，但喷水强度应按不小于 6.0L/(min·m²)计算，全冷冻式液氨储罐的冷却水系统设计流量应按全冷冻式液化烃储罐外壁为钢制单防罐的要求计算。

五、空分站，可燃液体、液化烃火车和汽车装卸栈台，变电站等室外消火栓设计流量

空分站，可燃液体、液化烃的火车和汽车装卸栈台，变电站等室外消火栓设计流量见表 2-10。当室外变压器采用水喷雾灭火系统全保护时，其室外消火栓给水设计流量可按表 2-10 规定值的 50%计算，但不应小于 15L/s。

表 2-10　空分站，可燃液体、液化烃的炼和汽车装卸栈台，变电站等室外消火栓设计流量

名称		室外消火栓设计流量/（L/s）
空分站产氧气能力/(m^3/h)	$3000 < Q \leqslant 10000$	15
	$10000 < Q \leqslant 30000$	30
	$30000 < Q \leqslant 50000$	45
	$Q > 50000$	60
专用可燃液体、液化烃的火车和汽车装卸栈台		60
变电站单台油浸变压器含有量/t	$5 < W \leqslant 10$	15
	$10 < W \leqslant 50$	20
	$W > 50$	30

注：当室外油浸变压器单台功率小于 300MV·A，且周围无其他建筑物和生产生活给水时，可不设置室外消火栓。

六、装卸油品码头的消防给水设计流量

装卸油品码头的消防给水设计流量应按着火油船泡沫灭火设计流量、冷却水系统设计流量、隔离水幕系统设计流量和码头室外消火栓设计流量之和确定。

1. 油船冷却水系统设计流量

油船冷却水系统设计流量应按着火油舱冷却水保护范围内的油舱甲板面冷却用水量计算确定，冷却水系统保护范围、喷水强度和火灾延续时间见表 2-11。当油船发生火灾时，陆上消防设备所提供的冷却油舱甲板面的冷却设计流量不应小

于全部冷却水用量的50%；当配备水上消防设施进行监护时，陆上消防设备冷却水供给时间可缩短至4h。

表2-11　油船冷却水系统的保护范围、喷水强度和火灾延续时间

项目	船型	保护范围	喷水强度/[L/(min·m²)]	火灾延续时间/h
甲、乙类可燃液体油品一级码头	着火油船	着火油舱冷却范围内的油舱甲板面	2.5	6.0
甲、乙类可燃液体油品二、三级码头 丙类可燃液体油品码头				4.0

冷却范围按下式计算：

$$F = 3L_{max}B_{max} - f_{max} \tag{2-7}$$

式中　F——着火油船的冷却面积，m^2；

B_{max}——最大船宽，m；

L_{max}——最大船的最大舱纵向长度，m；

f_{max}——最大船的最大舱面积，m^2。

2. 隔离水幕系统的设计流量应符合的要求

① 喷水强度宜为1.0～2.0L/(s·m)。

② 保护范围宜为装卸设备的两端各延伸5m，水幕喷射高度宜高于被保护对象1.50m。

③ 火灾延续时间不应小于1.0h。

3. 油品码头的室外消火栓设计流量

油品码头的室外消火栓设计流量见表2-12。

表2-12　油品码头的室外消火栓设计流量

名称	室外消火栓设计流量/(L/s)	火灾延续时间/h
海港油品码头	45	6.0
河港油品码头	30	4.0
码头装卸区	20	2.0

七、液化石油气船、加气站室外消防给水设计流量

1. 液化石油气船

液化石油气船的消防给水设计流量应按着火罐与距着火罐1.5倍着火罐直径范围内罐组的冷却水系统设计流量与室外消火栓设计流量之和确定。着火罐和邻近罐的冷却面积均应取设计船型最大储罐甲板以上部分的表面积，并不应小于储

罐总表面积的1/2，着火罐冷却水喷水强度应为10.0L/(min·m²)，邻近罐冷却水喷水强度应为5.0L/(min·m²)。

2. 液化石油气加气站

液化石油气加气站消防给水设计流量，应按固定式冷却水系统设计流量与室外消火栓设计流量之和经计算确定。固定式冷却水系统设计流量按表2-13规定的设计参数经计算确定。室外消火栓设计流量见表2-14；但当仅采用移动式冷却时室外消火栓的设计流量应按表2-13规定的设计参数经计算确定。

表2-13 地上储罐冷却系统保护范围和喷水强度

项目	储罐型式	保护范围	喷水强度
移动式冷却	着火罐	罐壁表面积	0.15L/(s·m²)
	邻近罐	罐壁表面积的1/2	0.15L/(s·m²)
固定式冷却	着火罐	罐壁表面积	9.0L/(min·m²)
	邻近罐	罐壁表面积的1/2	9.0L/(min·m²)

注：着火罐的直径与长度之和0.75倍范围内的邻近地上罐应进行冷却。

表2-14 加气站室外消火栓设计流量

名称	室外消火栓设计流量/(L/s)
地上储罐加气站	20
埋地储罐加气站	15
加油和液化石油气加气合建站	

八、易燃、可燃材料露天、半露天堆场与可燃气体罐区室外消火栓设计流量

易燃、可燃材料露天、半露天堆场与可燃气体罐区的室外消火栓设计流量，见表2-15。

表2-15 易燃、可燃材料露天、半露天堆场与可燃气体罐区的室外消火栓设计流量

名称		总储量或总容量	室外消火栓设计流量/(L/s)
粮食 W/t	土圆囤	$30<W\leqslant500$ $500<W\leqslant5000$ $5000<W\leqslant20000$ $W>20000$	15 25 40 45
	席穴囤	$30<W\leqslant500$ $500<W\leqslant5000$ $5000<W\leqslant20000$	20 35 50

续表

名称		总储量或总容量	室外消火栓设计流量/（L/s）
棉、麻、毛、化纤百货 W/t		10＜W≤500 500＜W≤1000 1000＜W≤5000	20 35 50
稻草、麦秸、芦苇等易燃材料 W/t		50＜W≤500 500＜W≤5000 5000＜W≤10000 W＞10000	20 35 50 60
木材等可燃材料 V/m^3		50＜V≤1000 1000＜V≤5000 5000＜V≤10000 V＞10000	20 30 45 55
煤和焦炭 W/t	露天或半露天堆放	100＜W≤5000 W＞5000	15 20
可燃气体储罐或储罐区 V/m^3		500＜V≤10000 10000＜V≤50000 50000＜V≤100000 100000＜V≤200000 V＞200000	15 20 25 30 35

注：固定容积的可燃气体储罐的总容积按其几何容积（m^3）和设计工作压力（绝对压力，10^5Pa）的乘积计算。

九、城市交通隧道洞口室外消火栓设计流量

城市交通隧道洞口室外消火栓设计流量见表2-16。

表2-16　城市交通隧道洞口室外消火栓设计流量

名称	类别	长度/m	室外消火栓设计流量/（L/s）
可通行危险化学品等机动车	一、二	L＞500	30
	三	L≤500	20
仅限通行非危险化学品等机动车	一、二、三	L≥1000	30
	三	L＜1000	20

第四节　系统（设备）施工验收

一、消防水源

（一）消防水源的检查

消防给水系统的水源应无污染、无腐蚀、无悬浮物，消防给水管道内平时所

充水的 pH 值应为 6.0～9.0。给水水源的水质不应堵塞消火栓、报警阀、喷头等消防设施，影响其运行。通常，消防给水系统的水质基本上要达到生活水质的要求，消防水源的水量应充足、可靠。

1. 市政给水管网作为消防水源的条件

① 市政给水管网可以连续供水。

② 用作两路消防供水的市政给水管网（图 2-11）应符合下列规定：

a. 市政给水厂至少有两条输水干管向市政给水管网输水；

b. 市政给水管网布置成环状管网；

c. 有不同市政给水干管上不少于两条引入管向消防给水系统供水，当其中一条发生故障时，其余引入管应仍能保证全部消防用水量。

若达不到以上描述的市政两路消防供水条件时，则应视为一路消防供水。

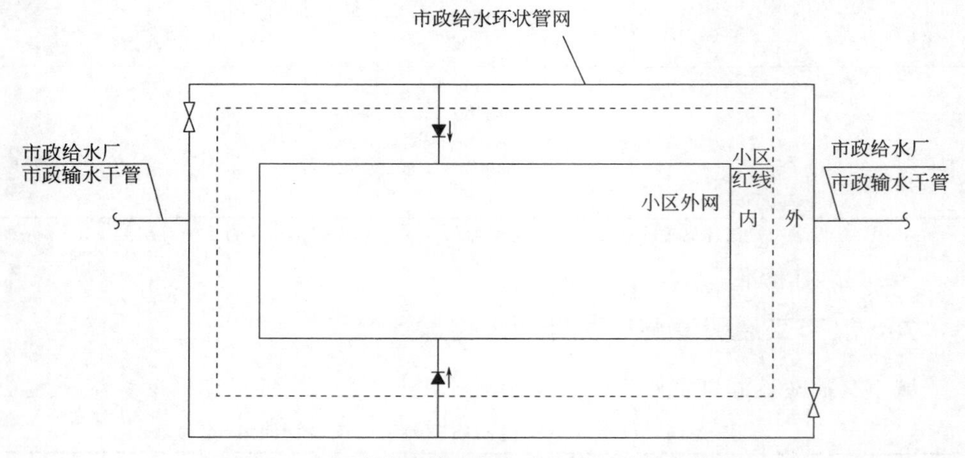

图 2-11 两路消防供水的市政给水系统给水管网

2. 消防水池作为消防水源的条件

① 消防水池有足够的有效容积。只有在能可靠补水的情况下（两路进水），才可减去持续灭火时间内的补水容积。

② 供消防车取水的消防水池应设取水口（井）。

③ 在与生活或其他用水合用时，消防水池应有确保消防用水不被挪用的技术措施。

④ 严寒寒冷等结冰地区的消防水池还应采取相应的防冻措施。

⑤ 取水设施有相应保护措施。

3. 天然水源作为消防水源的条件

应符合本章第一节“一、消防水源”中有关天然水源的要求。

4. 其他水源作为消防水源的条件

其他水源可以是雨水清水池、中水清水池、水景和游泳池等，一般只宜作为备用消防水源使用。但当以上所列的水源必须作为消防水源时，应有保证在任何情况下都能满足消防给水系统所需的水量和水质的技术措施。

（二）消防水源安装调试与检测验收

1. 消防水池、消防水箱的施工、安装

消防水池、消防水箱的施工、安装要求见表 2-17。

表 2-17　消防水池、消防水箱的施工、安装要求

项目	技术要求
场所	便于维护、通风良好、不结冰、不受污染的场所； 在寒冷的场所，消防水箱应保温或在水箱间设置采暖（室内气温大于 5℃）
安装间距	无管道的侧面，净距不宜小于 0.7m；有管道的侧面，净距不宜小于 1.0m 且管道外壁与建筑本体墙面之间的通道宽度不宜小于 0.6m；设有人孔的池顶，顶板面与上面建筑本体板底的净空不应小于 0.8m
材料	消防水箱采用钢筋混凝土时，在消防水箱的内部应贴白瓷砖或喷涂瓷釉涂料。采用其他材料时消防水箱宜设置支墩，支墩的高度不宜小于 600mm，以便于管道、附件的安装和检修。在选择材料时，除了考虑强度、造价、材料的自重、不易产生藻类外，还应考虑到消防水箱的耐腐蚀性（耐久性）

2. 消防水池、消防水箱的检测验收

消防水池、消防水箱的检测验收，应符合现行国家标准《给水排水构筑物工程施工及验收规范》（GB 50141）、《建筑给水排水及采暖工程施工质量验收规范》（GB 50242）等标准的有关规定。具体见表 2-18。

表 2-18　消防水池、消防水箱的检测验收要求

检查项目	技术要求
组件	水池容量应用测量工具检查是否符合要求，观察有无补水措施、防冻措施以及消防用水的保证措施，测量取水口的高度和位置是否符合技术要求，查看溢流管、排水管的安装位置是否正确
	水箱需测量水箱的容积、安装标高及位置是否符合技术要求；查看水箱的进出水管、溢流管、泄水管、水位指示器、单向阀、水箱补水及增压措施是否符合技术要求；查看管道与水箱之间的连接方式及管道穿楼板或墙体时的保护措施
密封性	敞口水箱装满水静置 24h 后观察，若不渗不漏，则敞口水箱的满水试验合格；而封闭水箱在试验压力下保持 10min，压力不降、不渗不漏则封闭水箱的水压试验合格

二、消防供水设施

（一）消防水泵（设备）检查

1. 消防水泵的外观质量要求

① 所有铸件外表面不应有明显的结疤、气泡、砂眼等缺陷。

② 泵体以及各种外露的罩壳、箱体均应喷涂大红漆。涂层质量应符合相关规定。

③ 消防水泵的形状尺寸和安装尺寸与提供的安装图纸应相符。

④ 查看铭牌上标注的泵的型号、名称、特性应与设计说明一致（图 2-12）。

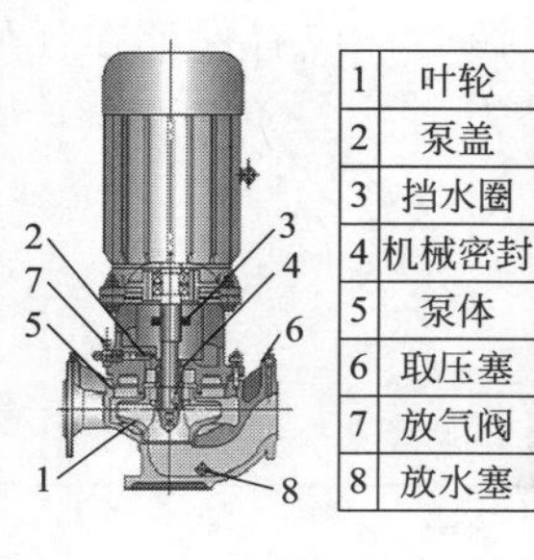

图 2-12 水泵结构示意与外观和铭牌

2. 消防水泵的材料要求

① 水泵外壳宜为球墨铸铁；水泵叶轮宜为青铜或不锈钢。

② 查看泵体、泵轴、叶轮等的材质合格证应符合要求。

3. 消防水泵的结构要求

① 泵的结构形式分为中开双吸泵、端吸泵、管道泵，卧式多级泵、立式长轴泵等，其选用应保证易于现场维修和更换零件。紧固件及自锁装置不应因振动等原因而产生松动。

② 消防泵体上应铸出表示旋转方向的箭头。

③ 泵应设置放水旋塞，放水旋塞应处于泵的最低位置以便排尽泵内余水（图 2-12）。

4. 消防水泵的力学性能要求

① 消防水泵的型号与设计型号一致，泵的流量、扬程、功率符合设计要求和国家现行有关标准的规定；

② 轴封处密封良好，无线状泄漏现象。

5. 消防水泵控制柜的要求

① 消防水泵控制柜的控制功能满足设计要求。

② 控制柜体端正，表面应平整，涂层颜色均匀一致，无眩光，并符合现行国家标准的有关规定，且控制柜外表面没有明显的磕碰伤痕和变形掉漆。

③ 控制柜面板设有电源电压、电流、水泵启停状况及故障的声光报警等显示（图 2-13）。

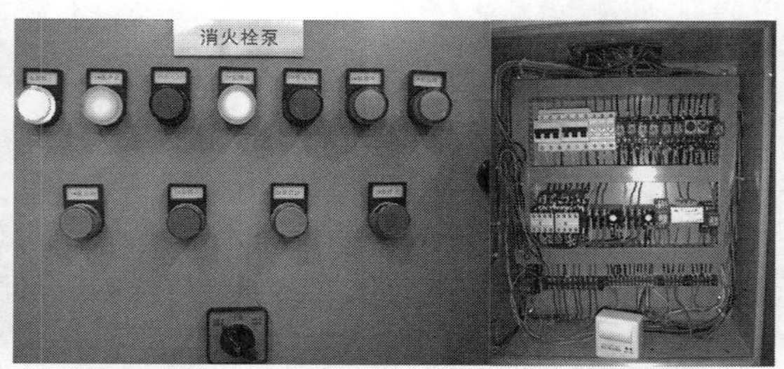

图 2-13 控制柜外观、面板和内部结构

④ 控制柜导线的规格和颜色符合现行国家标准的有关规定。

⑤ 面板上的按钮、开关、指示灯应易于操作和观察且有功能标示，并符合现行国家标准的有关规定。

⑥ 控制柜内的电气元件及材料应符合现行国家产品标准的有关规定，并安装合理，其工作位置符合产品使用说明书的规定。

⑦ 查看有没有可靠的双电源或双回路电源条件。

⑧ 机械应急开关是否合理。

⑨ IP 等级是否符合设计要求。

（二）消防水泵的安装调试与检测验收

1. 消防水泵的安装调试

（1）安装前要对水泵进行手动盘车，检查其灵活性 除小型管道泵可以将水泵直接安装在管道上而不做基础外，大多数水泵的安装需要设置混凝土基础。

（2）水泵的减振措施 当有减振要求时，水泵应配有减振设施，将水泵安装在减振台座上。减振台座是在水泵的底座下增设槽钢框架或混凝土板，框架或混凝土板通过地脚螺栓与基础紧固，减振台座下使用减振装置（图 2-14）。

图 2-14 减振装置

（3）水泵安装操作 水泵安装有整体安装和分体安装两种方式。水泵安装得好坏，对水泵的运行和寿命有重要影响。

① 分体水泵的安装。分体水泵安装时，应先安装水泵再安装电动机。

② 水泵的整体安装。整体安装时，首先清除泵座底面上的油腻和污垢，将水泵吊装放置在水泵基础上。

③ 消防水泵机组外轮廓面与墙和相邻机组间的间距应符合表 2-19 规定。

表 2-19 相邻两个机组及机组至墙壁间的净距

电动机容量/kW	相邻两个机组及机组至墙壁间的净距/m
<22	0.6
≥22 至≤55	0.8
>55 至<255	1.2
>255	1.5

除了以上机组间距要求外，泵房主要人行通道宽度不宜小于 1.2m，电气控制柜前通道宽度不宜小于 1.5m

④ 水泵机组基础的平面尺寸，有关资料如未明确，无隔振安装应较水泵机组底座四周各宽出 100～150mm；有隔振安装应较水泵隔振台座四周各宽

出 150mm。

⑤ 水泵机组基础的顶面标高，无隔振安装时应高出泵房地面不小于 0.10m；有隔振安装时可高出泵房地面不小于 0.05m。泵房内管道管外底距地面的距离，当管径 $DN<150$ 时，不应小于 0.20m；当管径 $DN>200$ 时，不应小于 0.25m。

⑥ 水泵吸水管水平段偏心大小头应采用管顶平接，避免产生气囊和漏气现象。

2. 消防水泵的检测验收要求

① 消防水泵运转应平稳，应无不良噪声的振动。

② 对照图纸，检查工作泵、备用泵、吸水管、出水管及出水管上泄压阀、水锤消除设施、止回阀、信号阀等的规格、型号、数量，应符合设计要求；吸水管、出水管上的控制阀应锁定在常开位置，并有明显标记。

③ 消防水泵应采用自灌式引水或其他可靠的引水措施。并保证全部有效储水被有效利用。

④ 分别开启系统中的每一个末端试水装置、试水阀和试验消火栓，水流指示器、压力开关、低压压力开关、高位消防水箱流量开关等信号的功能，均符合设计要求。

⑤ 打开消防水泵出水管上试水阀，当采用主电源启动消防水泵时，消防水泵应启动正常；关掉主电源，主、备电源应能正常切换；消防水泵就地和远程启停功能应正常，并向消防控制室反馈状态信号。

⑥ 在阀门出口用压力表检查消防水泵停泵时，水锤消除设施后的压力不应超过水泵出口设计额定压力的 1.4 倍。

⑦ 采用固定和移动式流量计和压力表测试消防水泵的性能，水泵性能应满足设计要求。

⑧ 消防水泵启动控制应置于自动启动挡。

⑨ 消防水泵控制柜的验收要求如下：

a. 控制柜的规格、型号、数量应符合设计要求；

b. 控制柜的图纸塑封后牢固粘贴于柜门内侧；

c. 控制柜的动作符合设计要求和有关规定；

d. 控制柜的质量符合产品标准；

e. 主、备用电源自动切换装置的设置符合设计要求。

（三）稳压设施检查

当稳压泵的控制功能不能满足防止频繁启动功能时，应设气压罐。

1. 消防稳压罐的质量要求

① 罐体外表面没有明显的结疤、气泡、砂眼等缺陷。

② 罐体以及各种外露的罩壳、箱体均喷涂大红漆。涂层质量应符合相关规定。

③ 消防稳压罐的型号与设计型号一致，工作压力不低于规定压力，流量应符合规定流量的要求。

④ 稳压罐的设计、材料、制造、检验与检验报告描述相符。

⑤ 气压罐有效容积、气压、水位及工作压力符合设计要求；气压水罐应有水位指示器；气压水罐上的安全阀、压力表、泄水管、压力控制仪表等应符合产品使用说明书的要求。

⑥ 气压罐的出水口公称直径按流量计算确定。应急消防气压给水设备其公称直径不宜小于100mm，出水口处应设有防止消防用水倒流进罐的措施。

2. 消防稳压泵的质量要求

① 查看消防稳压泵的泵体、电机外观是否有瑕疵，油漆是否完整，形状尺寸和安装尺寸与提供的安装图纸是否相符。

② 稳压泵的规格、型号、流量和扬程符合设计要求，并应有产品合格证和安装使用说明书。

③ 查看泵体、泵轴、叶轮等的材质是否符合要求。

（四）消防增（稳）压设施安装与检测验收

1. 气压水罐安装要求

① 气压水罐有效容积、气压、水位及设计压力符合设计要求。

② 气压水罐安装位置和间距、进水管及出水管方向符合设计要求。

③ 气压水罐宜有有效水容积指示器。

④ 气压水罐安装时其四周要设检修通道，其宽度不宜小于0.7m，消防气压给水设备顶部至楼板或梁底的距离不宜小于0.6m；消防稳压罐的布置应合理、紧凑。

⑤ 当气压水罐设置在非采暖房间时，应采取有效措施防止结冰。

2. 稳压泵验收要求

① 稳压泵的型号性能等符合设计要求。

② 稳压泵的控制符合设计要求并有防止稳压泵频繁启动的技术措施。

③ 稳压泵在1h内的启停次数符合设计要求，不大于15次/h。

④ 稳压泵供电应正常，自动手动启停应正常；关掉主电源，主、备电源能正常切换。

⑤ 稳压泵吸水管应设置明杆闸阀，稳压泵出水管应设置消声止回阀和明杆闸阀。

（五）水泵接合器检查

消防水泵接合器的检查方法和技术要求如下。

① 查看水泵接合器的外观是否有瑕疵，油漆是否完整，形状尺寸和安装尺寸与提供的安装图纸是否相符。

② 对照设计文件查看选择的水泵接合器的型号、名称是否准确、一致。

③ 水泵接合器的设置条件是否具备，其设置位置是否是在室外便于消防车

接近和使用的地点。

④ 检查水泵接合器的外形与室外消火栓是否雷同，以免混淆而延误灭火。

⑤ 检查水泵接合器组件（包括单向阀、安全阀、控制阀等）是否齐全。

（六）水泵接合器安装与检测验收

1. 水泵接合器的安装规定

① 组装式水泵接合器的安装，应按接口、本体、连接管、止回阀、安全阀、放空管、控制阀的顺序进行，止回阀的安装方向应使消防用水能从水泵接合器进入系统，整体式水泵接合器的安装，按其使用安装说明书进行。

② 水泵接合器接口的位置应方便操作，安装在便于消防车接近的人行道或非机动车行驶地段，距室外消火栓或消防水池的距离宜为15～40m。

③ 墙壁水泵接合器的安装应符合设计要求。设计无要求时，其安装高度距地面宜为0.7m；与墙面上的门、窗、孔、洞的净距离不应小于2.0m，且不应安装在玻璃幕墙下方。

④ 地下水泵接合器的安装，应使进水口与井盖底面的距离不大于0.4m，且不应小于井盖的半径。

⑤ 水泵接合器与给水系统之间不应设置除检修阀门以外其他的阀门；检修阀门应在水泵接合器周围就近设置，且应保证便于操作。

2. 水泵接合器的检测验收

① 消火栓水泵接合器与消防通道之间不应设有妨碍消防车加压供水的障碍物（用于保护接合器的装置除外）。

② 水泵接合器的安全阀及止回阀安装位置和方向应正确，阀门启闭应灵活。

③ 水泵接合器应设置明显的耐久性指示标志，当系统采用分区或对不同系统供水时，必须标明水泵接合器的供水区域及系统区别的永久性固定标志。

④ 地下消防水泵接合器应采用铸有“消防水泵接合器”标志的铸铁井盖，并在附近设置指示其位置的永久性固定标志。

⑤ 消防水泵接合器数量及进水管位置应符合设计要求，消防水泵接合器应采用消防车车载消防水泵进行充水试验，且供水最不利点的压力、流量应符合设计要求；当有分区供水时应确定消防车的最大供水高度和接力泵的设置位置的合理性。

三、管道阀门

给水管网包括室外管网和室内管网，包括消火栓给水管道、自动喷水灭火系统管道、泡沫灭火系统的给水管道、室内的水喷雾灭火系统管道等。

（一）管材管件的检查

1. 管道材质及连接方式

管道的连接形式与管道的材质、系统工作压力、温度、介质的理化特性、敷设方式等条件相适应。

2. 管网支、吊架及防晃支架

管网支、吊架是各种不同型式的支架和吊架的总称（图 2-15）。按照支吊架的功能和型式可分为：固定支架、滑动支架、导向支架、弹簧支吊架、吊架等。

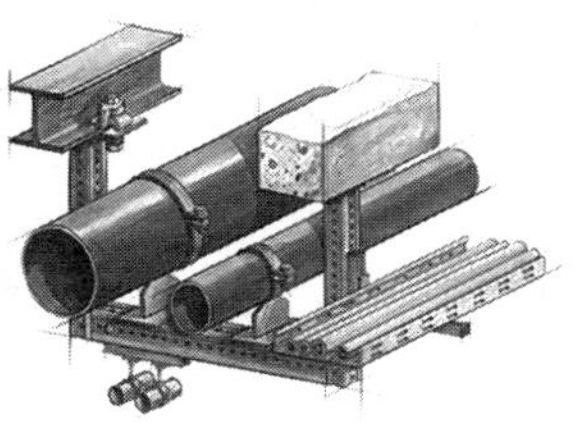

图 2-15　管网支、吊架

制作完成的管道支、吊架要求如下。

① 管道支、吊架的型式、材质、结构尺寸、加工精度及焊接质量等符合设计文件或有关施工验收规范的要求。

② 管道支、吊架材料除设计文件另有规定外，一般采用 Q235 普通碳素钢型材制作。

③ 管道支、吊架的切边均匀无毛刺，焊缝均匀完整，外观成形良好，没有欠焊、漏焊、裂纹和绞内等缺陷。

④ 管道支、吊架上面的孔洞采用电钻加工，不得用氧乙炔割孔。

⑤ 管道支、吊架上管卡、吊杆等部件的螺纹光洁整齐、无断丝和毛刺等缺陷。

⑥ 管道支、吊架成品后做防腐处理，防腐涂层完整、厚度均匀，当设计文件无规定时，除锈后涂防锈漆一道。

⑦ 管卡宜用镀锌成型件，当无成型件时可用圆钢或扁钢制作，其内圆弧部分应与管子外径相符。

3. 通用阀门的检查

阀门是控制消防系统管道内水的流动方向、流量及压力的，是具有可动机构的机械，是消防给水系统中不可缺少的部件。按照阀门在系统中的用途，可将阀门分为截断阀、止回阀、安全阀、减压阀等。阀门的选用，应当根据阀门的用途、介质的性质、最大工作压力、最高工作温度，以及介质的流量或管道的公称直径来选择。具体要求如下：

① 所选用阀门的型号、规格、压力、流量等符合设计要求；

② 所选用阀门及其附件配备齐全，没有加工缺陷和机械性损伤；

③ 对减压阀、泄压阀等重要阀门在现场要逐个进行强度试验和严密性试验，并符合现行国家标准《输油管道工程设计规范》（GB 50253—2014）中的有关

规定。

（二）管道安装

1. 管网支吊架的安装

① 架空管道支架、吊架、防晃（固定）支架的安装应固定牢固，其型式、材质及施工符合设计要求。

② 设计的吊架在管道的每一支撑点处应能承受5倍于充满水的管重，且管道系统支撑点应支撑整个消防给水系统。

③ 管道支架的支撑点宜设在建筑物的结构上，其结构在管道悬吊点应能承受充满水管道重量另加至少114kg的阀门、法兰和接头等附加荷载。

④ 当管道穿梁安装时，穿梁处宜作一个吊架。

⑤ 下列部位应设置固定支架或防晃支架：

a. 配水管宜在中点设一个防晃支架，当管径小于 $DN50$ 时可不设；

b. 配水干管及配水管，配水支管的长度超过15m，每15m长度内应至少设1个防晃支架，但当管径不大于 $DN40$ 可不设；

c. 管径大于 $DN50$ 的管道拐弯、三通及四通位置处应设1个防晃支架；

d. 防晃支架的强度，应满足管道、配件及管内水的重量再加50%的水平方向推力时不损坏或不产生永久变形。当管道穿梁安装时，管道再用紧固件固定于混凝土结构上，可作为1个防晃支架处理。

⑥ 架空管道每段管道设置的防晃支架不少于1个；当管道改变方向时，增设防晃支架；立管在其始端和终端设防晃支架或采用管卡固定。

2. 管道连接方式

目前消防管道工程常用的连接方式有螺纹连接、焊接连接、法兰连接、承插连接、沟槽式连接等形式。

（1）螺纹连接　螺纹连接用于低压流体输送用焊接钢管及外径可以攻螺纹的无缝钢管的连接，在消防上，当管径小于等于 $DN50$ 时，采用螺纹连接。

（2）焊接连接　焊接连接是管道工程中最重要而应用最广泛的连接方式。其主要优点是：接口牢固耐久，不易渗漏，接头强度和严密性高，使用后不需要经常管理。

（3）承插连接　消防上多用到铸铁管的承插连接，铸铁管的承插连接方式分为机械式接口和非机械式接口。

（4）法兰连接　法兰连接是将垫片放入一对固定在两个管口上的法兰的中间，用螺栓拉紧使其紧密结合起来的一种可拆卸的接头。按法兰与管子的固定方式分为螺纹法兰、焊接法兰、松套法兰等。

（5）沟槽式连接

① 沟槽式管件连接时，其管道连接沟槽和开孔应用专用滚槽机和开孔机加工，并应做防腐处理；连接前应检查沟槽和孔洞尺寸，加工质量应符合技术要

求；沟槽、孔洞处不应有毛刺、破损性裂纹和脏物（图 2-16）。

② 沟槽式管件的凸边应卡进沟槽后再紧固螺栓，两边应同时紧固，紧固时发现橡胶圈起皱应更换新橡胶圈。

图 2-16 沟槽式连接

③ 机械三通连接时，要检查机械三通与孔洞的间隙，各部位应均匀，然后再紧固到位；机械三通开孔间距不应小于 1m，机械四通开孔间距不应小于 2m。

④ 配水干管（立管）与配水管（水平管）连接，应采用沟槽式管件，不应采用机械三通（图 2-17）。

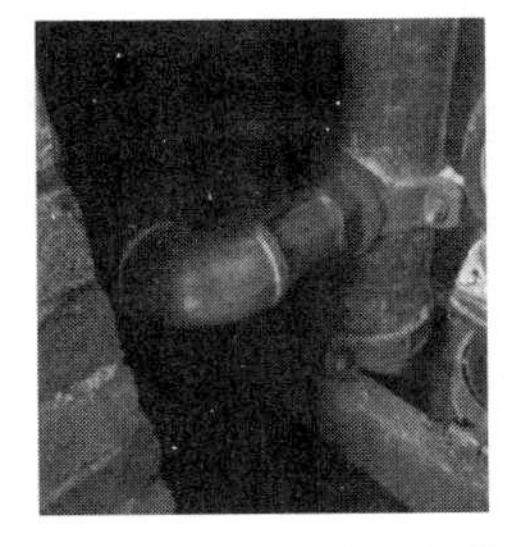

图 2-17 典型错误安装

⑤ 埋地的沟槽式管件的螺栓、螺母应做防腐处理。水泵房内的埋地管道连接应采用挠性接头。

⑥ 采用沟槽连接件连接管道变径和转弯时，宜采用沟槽式异径管件和弯头；当需要采用补芯时，三通上可用一个，四通上不应超过两个；公称直径大于 50mm 的管道不宜采用活接头。

⑦ 沟槽连接件要采用三元乙丙橡胶（EDPM）C 形密封胶圈，弹性应良好，无破损和变形，安装压紧后 C 形密封胶圈中间要有空隙。

3. 架空管道的安装

架空管道的安装位置符合设计要求，并应符合下列规定。

① 架空管道的安装不应影响建筑功能的正常使用，不应影响和妨碍通行以及门窗等开启。

② 消防给水管穿过地下室外墙、构筑物墙壁以及屋面等有防水要求处时，要设防水套管。

③ 消防给水管穿过建筑物承重墙或基础时，应预留洞口，洞口高度应保证管顶上部净空不小于建筑物的沉降量，不宜小于 0.1m，并应填充不透水的弹性材料（图 2-18）。

④ 消防给水管穿过墙体或楼板时要加设套管，套管长度不小于墙体厚度，或高出楼面或地面 50mm；套管与管道的间隙应采用不燃材料填塞，管道的接口不应位于套管内。

⑤ 消防给水管必须穿过伸缩缝及沉降缝时，应采用波纹管和补偿器等技术措施（图 2-19）。

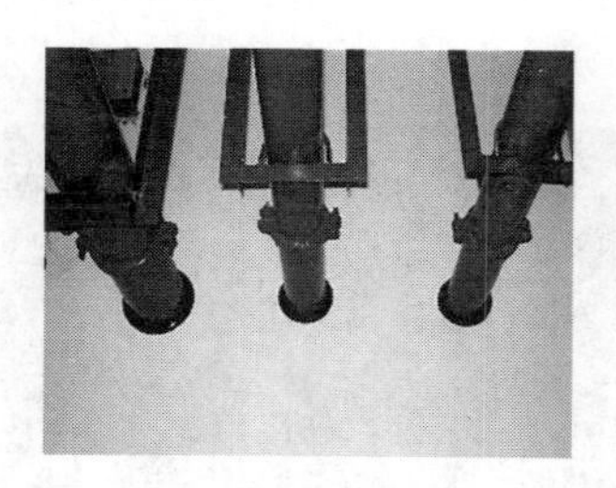

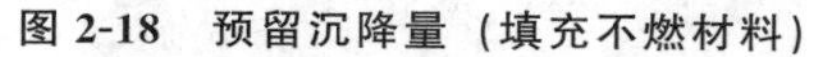

图 2-18 预留沉降量（填充不燃材料）

图 2-19 波纹管

⑥ 消防给水管可能发生冰冻时，要采取防冻技术措施。

⑦ 通过及敷设在有腐蚀性气体的房间内时，管外壁要刷防腐漆或缠绕防腐材料。

⑧ 架空管道外刷红色油漆或涂红色环圈标志，并注明管道名称和水流方向标识。红色环圈标志，宽度不应小于 20mm，间隔不宜大于 4m，在一个独立的单元内环圈不宜少于 2 处（图 2-20）。

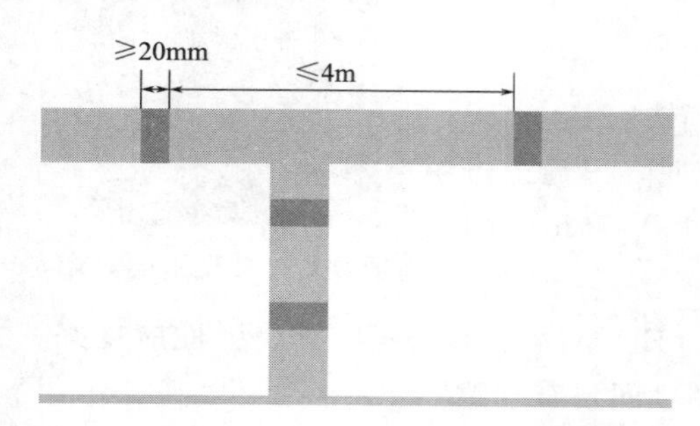

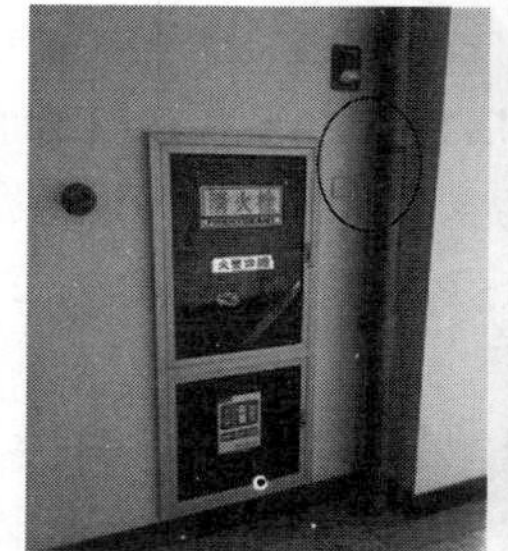

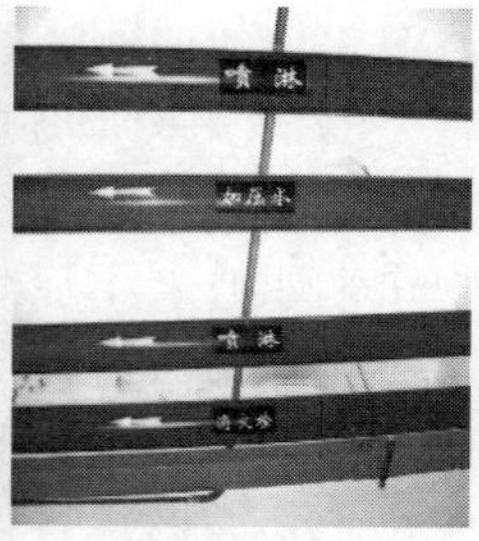

图 2-20 红色环圈标志示意与实例

4. 管网的试压和冲洗

消防给水管网施工完成后，要进行试压和冲洗，要求如下：

① 管网安装完毕后，要对其进行强度试验、冲洗和严密性试验。

② 强度试验和严密性试验宜用水进行。

③ 系统试压完成后，要及时拆除所有临时盲板及试验用的管道，并与记录核对无误。

④ 管网冲洗在试压合格后分段进行。冲洗顺序先室外，后室内；先地下，后地上；室内部分的冲洗应按配水干管、配水管、配水支管的顺序进行。

⑤ 系统试压前应具备下列条件：

a. 埋地管道的位置及管道基础、支墩等经复查应符合设计要求；

b. 试压用的压力表不少于 2 只，精度不低于 1.5 级，量程为试验压力值的 1.5～2 倍；

c. 对不能参与试压的设备、仪表、阀门及附件要加以隔离或拆除；加设的临时盲板具有突出于法兰的边耳，且应有明显标志，并记录临时盲板的数量。

⑥ 系统试压过程中，当出现泄漏时，要停止试压，并放空管网中的试验介质，消除缺陷后，重新再试。

⑦ 管网冲洗宜用水进行。冲洗前，应对系统的仪表采取保护措施。

⑧ 冲洗前，对管道防晃支架、支吊架等进行检查，必要时应采取加固措施。

⑨ 对不能经受冲洗的设备和冲洗后可能存留脏物、杂物的管段，应进行清理。

⑩ 冲洗管道的管径大于 $DN100$ 时，应对其死角和底部进行敲打，但不得损伤管道。

⑪ 水压试验和水冲洗宜采用生活用水进行，不得使用海水或含有腐蚀性化学物质的水。

⑫ 水压强度试验的测试点应设在系统管网的最低点。

⑬ 水压严密性试验在水压强度试验和管网冲洗合格后进行。

⑭ 水压强度试验和严密性试验要求见表 2-20。

表 2-20　水灭火系统水压强度试验和严密性试验要求

<table>
<tr><th>测试项目</th><th colspan="2">灭火系统</th><th>系统工作压力 p /MPa</th><th>试验压力 /MPa</th><th>测试要求</th></tr>
<tr><td rowspan="7">水压强度试验</td><td rowspan="5">消火栓、自喷</td><td rowspan="2">钢管</td><td>≤1.0</td><td>1.5p，且不小于 1.4</td><td rowspan="5">达到试验压力稳压 30min，管网应无泄漏、无变形，压力降不大于 0.05MPa</td></tr>
<tr><td>>1.0</td><td>p+0.4</td></tr>
<tr><td rowspan="2">球墨铸铁管</td><td>≤0.5</td><td>2p</td></tr>
<tr><td>>0.5</td><td>p+0.5</td></tr>
<tr><td>钢丝网骨架塑料复合管</td><td>p</td><td>1.5p，且不应小于 0.8</td></tr>
<tr><td colspan="2">细水雾</td><td rowspan="2">p</td><td rowspan="2">1.5p</td><td>压力升至试验压力后，稳压 5min，管道无损坏、变形，再将试验压力降至设计压力，稳压 120min，以压力不降、无渗漏、目测管道无变形为合格</td></tr>
<tr><td colspan="2">水喷雾、泡沫</td><td>压力升至试验压力后，稳压 10min，管道无损坏、变形，再将试验压力降至设计压力，稳压 30min，以压力不降、无渗漏为合格</td></tr>
</table>

续表

测试项目	灭火系统		系统工作压力 p /MPa	试验压力 /MPa	测试要求
水压严密性试验	消火栓、自喷		p	p	稳压 24h，应无泄漏
气压严密性试验	自喷	干式、预作用	—	0.28	稳压 24h，压力降不大于 0.01MPa（介质宜采用空气或氮气）
	消火栓	干式			

⑮ 水压试验时环境温度不宜低于 5℃，当低于 5℃时，水压试验应采取防冻措施。

⑯ 消防给水系统的水源干管、进户管和室内埋地管道在回填前单独或与系统一起进行水压强度试验和水压严密性试验。

⑰ 管网冲洗的水流流速、流量不应小于系统设计的水流流速、流量；管网冲洗宜分区、分段进行；水平管网冲洗时，其排水管位置低于配水支管。

⑱ 管网冲洗的水流方向要与灭火时管网的水流方向一致。

⑲ 管网冲洗应连续进行。当出口处水的颜色、透明度与入口处水的颜色、透明度基本一致时，冲洗方可结束。

⑳ 管网冲洗宜设临时专用排水管道，其排放应畅通和安全。排水管道的截面面积不小于被冲洗管道截面面积的 60%。

㉑ 管网的地上管道与地下管道连接前，应在配水干管底部加设堵头后，对地下管道进行冲洗。

㉒ 管网冲洗结束后，将管网内的水排除干净。

㉓ 干式消火栓系统管网冲洗结束，管网内水排除干净后，必要时可采用压缩空气吹干。

第五节 消防给水设施维护管理

一、消防水源的维护管理

① 消防水源是灭火救援专用设施，未经批准，任何单位或个人不准擅自动用。如因特殊情况确需使用消防水源，须经消防救援机构审查批准，规定使用时间和地点。

② 要制订和完善消防水源调查、检查工作制度，消防水源设施建设竣工后，消防救援机构应派人主动参加验收，以便登记备案。

③ 发现辖区内市政消防水源被擅自挪用、拆除、埋压、圈占，影响灭火救

援使用时，要及时报告上级消防救援机构，依照有关法规，对责任单位或责任人予以处罚，并责令其限期改正，恢复原状。

④ 发现市政消防水源有损坏、漏水等影响使用情况时，应尽快通知市政或自来水公司及时修理。

⑤ 要督促辖区内机关、团体、企业（包括私营、外资合资企业）、事业单位，严格按照有关规范的要求建设消火栓、消防水池及其他消防水源设施，并自行组织检查，保证完整好用。

⑥ 对可利用的天然水源，应督促有关部门建立便于消防车（泵）取水的设施。

消防水源的周期性检查维护管理见表 2-21。

表 2-21　消防水源周期性检查维护管理表

时间	每天	每月	每季度	每年
检查项目	冬季时，消防储水设施室内温度和水温检测(≥5℃)	1.消防水源设施水位检测一次； 2.消防水池（箱）玻璃水位计两端的角阀在不进行水位观察时应关闭	监测市政给水管网的压力和供水能力	1.地上、地下天然水源(河、湖、水井)的水位、水量测定一次； 2.水池水箱结构材料

二、供水设施的维护管理规定

① 每月应手动启动消防水泵运转一次，并检查供电电源的情况。

② 每周应模拟消防水泵自动控制的条件自动启动消防水泵运转一次，且自动记录自动巡检情况，每月应检测记录。

③ 每日对稳压泵的停泵启泵压力和启泵次数等进行检查和记录运行情况。

④ 每日对柴油机消防水泵的启动电池的电量进行检测，每周检查储油箱的储油量，每月应手动启动柴油机消防水泵运行一次。

⑤ 每季度应对消防水泵的出流量和压力进行一次试验。

⑥ 每月对气压水罐的压力和有效容积等进行一次检测。

三、给水管网的维护管理

① 系统上所有的控制阀门均应采用铅封或锁链固定在开启或规定的状态，每月应对铅封、锁链进行一次检查，当有破坏或损坏时应及时修理更换。

② 每月对电动阀和电磁阀的供电和启闭性能进行检测。

③ 每季度对室外阀门井中进水管上的控制阀门进行一次检查，并应核实其处于全开启状态。

④ 每天对水源控制阀进行外观检查，并应保证系统处于无故障状态。

⑤ 每季度对系统所有的末端试水阀和报警阀的放水试验阀进行一次放水试

验，并应检查系统启动、报警功能以及出水情况是否正常。

⑥ 在市政供水阀门处于完全开启状态时每月对倒流防止器的压差进行检测，且应符合现行国家标准。

⑦ 每月应对减压阀组进行一次放水试验，并应检测和记录减压阀前后的压力，当不符合设计值时应采取满足系统要求的调试和维修等措施；每年应对减压阀的流量和压力进行一次试验。

第三章　消火栓给水系统

导读

1. 系统组成、类型和工作原理。
2. 管网与消火栓的布置。
3. 消火栓系统安装检测与验收。

消火栓给水系统是扑救建筑火灾应用最广泛的灭火设施，既可供火灾现场人员使用消火栓箱内的消防水喉、水枪扑救建筑物的初起火灾，又可供消防队员扑救建筑物的大火。

第一节　室外消火栓系统

市政和室外消火栓是设置在市政给水管网和建筑物外消防给水管网上的专用供水设施，供消防车（或其他移动灭火设备）从市政给水管网或室外消防给水管网取水或直接接出水带、水枪实施灭火的设施。市政消火栓和建筑室外消火栓应采用湿式消火栓系统。严寒、寒冷等冬季结冰地区城市隧道及其他构筑物的消火栓系统，应采取防冻措施，并宜采用干式消火栓系统和干式室外消火栓。干式消火栓系统的充水时间不应大于5min。

一、市政和室外消火栓类型

市政和室外消火栓按其安装场合可分为地上式、地下式和折叠式。按进水口可分为法兰式和承插式，按进水口公称直径可分为100mm和150mm。

1. 地上式消火栓

地上式消火栓由本体、进水弯管、阀塞、出水口、排水口等组成，如图3-1所示。其阀体大部分露出地面，具有目标明显、易于寻找、出水操作方便等特点，适宜于气候温暖地区安装使用。地上式消火栓有SS100/65-1.0和SS150/80-1.6两种型号，其中100mm或150mm接口为丝扣接口，供接消防车吸水胶管；

两个 65mm 的接口为内扣式接口，供接水带使用。

2. 地下式消火栓

地下式消火栓如图 3-2 所示，有 SA65/65-1.0 和 SA100/65-1.6 两种型号，其中直径 100mm 的接口供接消防车的吸水胶管，直径 65mm 的接口供接消防水带。一般设置在专用井内，具有防冻、不易遭到人为损坏、便利等优点，适用于气候寒冷地区。但该类消火栓目标不明显、操作不便，一般要求在附近地面上设有明显的固定标志，以便于寻找消火栓。

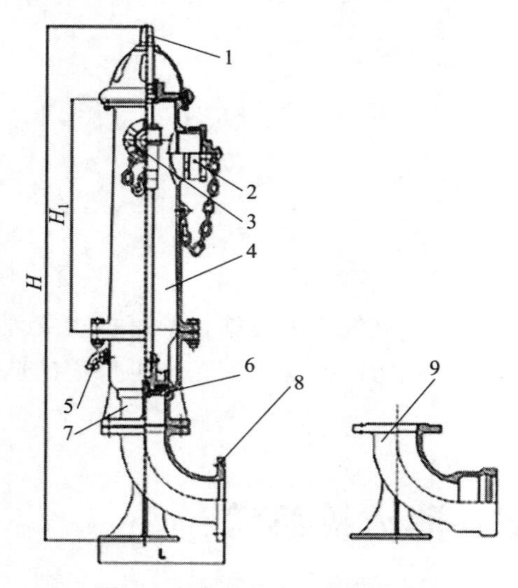

图 3-1 地上式消火栓结构图

1—阀杆；2—65mm 出水口；3—100mm 出水口；4—本体；5—排水阀；6—阀座；7—阀体；8—法兰弯座；9—承插弯座

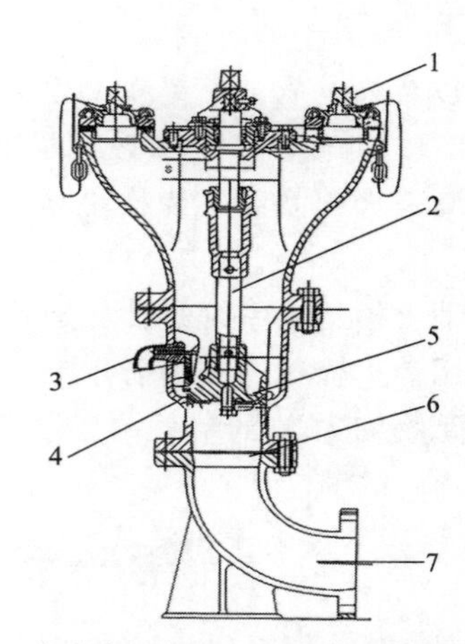

图 3-2 地下式消火栓结构图

1—接口；2—阀杆；3—排水阀；4—阀体；5—阀座；6—连接法兰；7—进口

二、市政消火栓的设置要求

① 市政消火栓宜采用地上式室外消火栓，在严寒、寒冷等冬季结冰地区宜采用干式地上式室外消火栓，严寒地区宜设置消防水鹤。当采用地下式室外消火栓，且地下式室外消火栓的取水口在冰冻线以上时，应采取保温措施。

② 市政消火栓宜采用直径 *DN*150 的室外消火栓，当采用地上式消火栓时应有一个直径为 150mm 或 100mm 和两个直径为 65mm 的栓口。当采用地下式消火栓时应有直径为 100mm 和 65mm 的栓口各一个。

③ 市政消火栓宜在道路的一侧设置，并宜靠近十字路口，但当市政道路宽度超 60m 时，应在道路的两侧交叉错落设置市政消火栓。

④ 市政桥桥头和隧道出入口等市政公用设施处，应设置市政消火栓。

⑤ 保护半径不应超过 150m，且间距不应大于 120m。

⑥ 市政消火栓应布置在消防车易于接近的人行道和绿地等地点，且不应妨碍交通。其距路边不宜小于 0.5m，并不应大于 2m，距建筑外墙或外墙边缘不宜小于 5m，且应避免设置在机械易撞击的地点，当确有困难时应采取防撞措施。

⑦ 设有市政消火栓的给水管网平时运行工作压力不应小于 0.14MPa，消防时水力最不利消火栓的出流量不应小于 15L/s，且供水压力从地面算起不应小于 0.10MPa。

⑧ 严寒地区在城市主要干道上设置消防水鹤的布置间距宜为 1000m，连接消防水鹤的市政给水管的管径不宜小于 *DN*200。消防时消防水鹤的出流量不宜低于 30L/s，且供水压力从地面算起不应小于 0.10MPa。

⑨ 地下式市政消火栓应有明显的永久性标志。

三、建筑室外消火栓的设置要求

建筑室外消火栓不仅要满足市政消火栓的设置要求，还应满足如下规定：

① 建筑室外消火栓的数量应根据室外消火栓设计流量和保护半径经计算确定，保护半径不应大于 150m，每个室外消火栓的出流量宜按 10～15L/s 计算。

② 室外消火栓宜沿建筑周围均匀布置，且不宜集中布置在建筑一侧；建筑消防扑救面一侧的室外消火栓数量不宜少于 2 个。

③ 人防工程、地下工程等建筑应在出入口附近设置室外消火栓，且距出入口的距离不宜小于 5m，并不宜大于 40m。

④ 停车场的室外消火栓宜沿停车场周边设置，且与最近一排汽车的距离不宜小于 7m，距离加油站或油库不宜小于 15m。

⑤ 室外消防给水引入管当设有倒流防止器，且火灾时因其水头损失导致室外消火栓不能满足平时 0.14MPa 和火灾时 0.1MPa 的压力要求时，应在该倒流防止器前设置一个室外消火栓。

⑥ 市政消火栓或消防水池作为室外消火栓时，应符合下列规定：

a. 供消防车吸水的室外消防水池的每个取水口宜按一个室外消火栓计算，且其保护半径不应大于 150m；

b. 建筑外缘 5～150m 的市政消火栓可计入建筑室外消火栓的数量，但当为消防水泵接合器供水时，建筑外缘 5～40m 的市政消火栓可计入建筑室外消火栓的数量；

c. 当市政给水管网为环状时，符合上述两条要求的室外消火栓出流量宜计入建筑室外消火栓设计流量；但当市政给水管网为枝状时，计入建筑的室外消火栓设计流量不宜超过一个市政消火栓的出流量。

四、工艺装置区室外消火栓的设置要求

① 甲、乙、丙类液体储罐区和液化烃罐区等构筑物的室外消火栓，应设在

防火堤或防护墙外，数量应根据每个罐的设计流量经计算确定，但距罐壁 15m 范围内的消火栓，不应计算在该罐可使用的数量内。

② 工艺装置区等采用高压或临时高压消防给水系统的场所，其周围应设置室外消火栓，数量应根据设计流量经计算确定，且间距不应大于 60m。当工艺装置区宽度大于 120m 时，宜在该装置区内的路边设置室外消火栓。

③ 当工艺装置区、储罐区、可燃气体和液体码头等构筑物的面积较大或高度较高，室外消火栓的充实水柱无法完全覆盖时，宜在适当部位设置室外固定消防炮。

④ 当工艺装置区、储罐区、堆场等构筑物采用高压或临时高压消防给水系统时，室外消火栓处宜配置消防水带和消防水枪。工艺装置休息平台等处需要设置消火栓的场所应采用室内消火栓。

第二节 室内消火栓系统

一、系统的组成和工作原理

1. 系统组成

消火栓给水系统组成如图 3-3 所示。消防给水基础设施包括市政管网、室外消防给水管网及室外消火栓、消防水池、消防水泵、消防水箱、增压稳压设备、水泵接合器等，这些设施的主要任务是为系统储存并提供灭火用水。给水管网包括进水管、水平干管、消防竖管等，其任务是向室内消火栓设备输送灭火用水。室内消火栓设备包括水带、水枪、水喉等，是供人员灭火使用的主要工具。报警

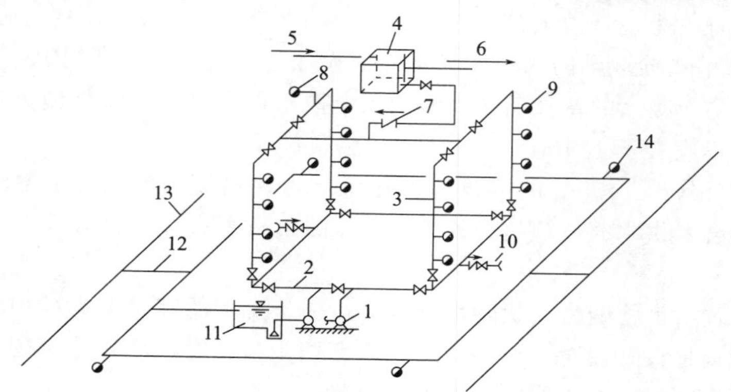

图 3-3 消火栓给水系统组成示意图

1—消防水泵；2—水平干管；3—消防竖管；4—消防水箱；5—进水管；6—生产、生活用水出水管；7—止回阀；8—屋顶消火栓；9—室内消火栓；10—水泵接合器；11—消防水池；12—连接管；13—市政管网；14—室外消火栓

控制设备用于启动消防水泵，并监控系统的工作状态。系统附件包括各种阀门、屋顶消火栓等，只有通过这些设施有机协调的工作，才能确保系统的灭火效果。

2. 工作原理

当发生火灾时，首先连接好消火栓箱内设备，然后开启消火栓。当设置在消火栓泵出水干管上的低压压力开关、高位消防水箱出水管上的流量开关或报警阀压力开关等装置监测到信号后，直接启动消防水泵，或按下消火栓处报警按钮联动启动消防泵向系统供水。在火灾初期由消防水箱提供消防用水，待消防水泵启动后，由消防水泵提供灭火所需的水压和水量；若消防水泵损坏或流量不足，可由水泵接合器补充消防水量。

二、系统的类型

1. 按用途分类

（1）合用消火栓给水系统　指生活、生产、消防合用，生活、消防合用或生产、消防合用的系统。在设计该类系统时，消防水平干管一般与生活给水管道合用，消防竖管需要独立设置。其给水应满足当生活或生产用水量达到最大设计秒流量时，仍应能供给全部消防用水量。当室内应采用高压或临时高压消防给水系统时，不应与生产生活给水系统合用；但当自动喷水灭火系统局部应用系统和仅设有消防软管卷盘的室内消防给水系统时，可与生产生活给水系统合用。

（2）独立的消火栓给水系统　消防给水管网与生活、生产给水系统没有关联，其给水设施和管网均单独设置。该给水系统安全性较高，一般在高层建筑中常采用这种给水系统。

2. 按管网布置形式分类

（1）环状管网消火栓给水系统　室内消火栓给水系统的水平干管或竖管互相连接，在水平面或立面上形成环状管网。这种系统供水安全可靠，高层建筑和室内消火栓数量超过 10 个且室外消防用水量大于 20L/s 的低层建筑应设置环状消防给水管网。

（2）枝状管网消火栓给水系统　室内消火栓给水系统管网在平面或立面上布置成树枝状。其特点是后方用水受前方供水的制约，当某段管网检修或损坏时，会导致后方无水，影响火场供水。因此应限制枝状管网在消防给水系统中使用。

3. 按消防水压分类

消火栓给水系统分为高压消火栓给水系统、临时高压消火栓给水系统和低压消火栓给水系统三种形式。具体要求与第二章第二节“一、消防给水系统”类似。

工艺装置区、储罐区等场所应采用高压或临时高压消防给水系统，但当无泡沫灭火系统、固定冷却水系统和消防炮，室外消防给水设计流量不大于 30L/s，且在城镇消防站保护范围内时，可采用低压消防给水系统。

堆场等场所宜采用低压消防给水系统，但当可燃物堆垛高度高、扑救难度大、易起火，且远离城镇消防站时，应采用高压或临时高压消防给水系统。

4. 按系统给水服务范围分类

（1）独立的消火栓给水系统　每幢建筑物独立设置水池、水泵和水箱等给水设施的消火栓给水系统。这种系统供水安全性较高，但设备比较分散，管理难度较大，投资也较高。

（2）区域集中的消火栓给水系统　两栋及两栋以上的建筑物共用消防给水系统的设置形式称为区域集中的消火栓给水系统。它具有便于集中管理的优点，在某些情况下，可节省投资。对于规划合理的建筑群可采用区域集中的消火栓给水系统。

建筑群共用临时高压消防给水系统时，应符合下列规定：

① 工矿企业消防供水的最大保护半径不宜超过 1200m，或占地面积不宜大于 $200hm^2$；

② 居住小区消防供水的最大保护建筑面积不宜超过 $500000m^2$；

③ 公共建筑宜为同一物业管理单位。

5. 按管网是否充水分类

（1）湿式消火栓系统　是指平时配水管网内充满水的消火栓系统。目前设置的消火栓给水系统大多数属于湿式消火栓系统。

（2）干式消火栓系统　是指平时配水管网内不充水，火灾时向配水管网充水的消火栓系统。建筑高度不大于 27m 的多层住宅建筑设置室内湿式消火栓系统确有困难时，可设置干式消防竖管，SN65 的室内消火栓接口，无止回阀、闸阀的消防水泵接合器。

三、给水方式

给水方式是指建筑物消火栓给水系统的供水方案。系统设计时，应综合考虑建筑物性质、高度、外网所能提供的水压及系统所需水压等因素，选择适宜的给水方式。

（一）低层建筑消火栓给水系统的给水方式

1. 直接给水方式

直接给水方式是指室内消火栓给水系统管网直接与室外给水管网相连，利用室外给水管网水压直接供水的给水方式，如图 3-4 所示。这种给水方式无须设置加压水泵和水箱，系统构造简单、投资小，安装和维护方便。其适用于建筑物高度不高、室外给水管网所供水量和水压在全天内任何时候均能满足系统最不利点消火栓设备所需水量和水压的情况。

2. 设有消防水箱的给水方式

其特点是室内消防给水管网与外网直接相连，利用外网压力供水，同时设消防水箱调节流量和压力，如图 3-5 所示。当生活、生产用水量达到最大时，室外管网不能保证室内最不利点消火栓的压力和流量，而当生活、生产用水量较小时，室外管网的压力又较大，能向高位水箱补水。当全天内大部分时间室外管网压力能够满足要求，但在用水高峰期满足不了室内消火栓的压力要求时，可采用这种给水方式。

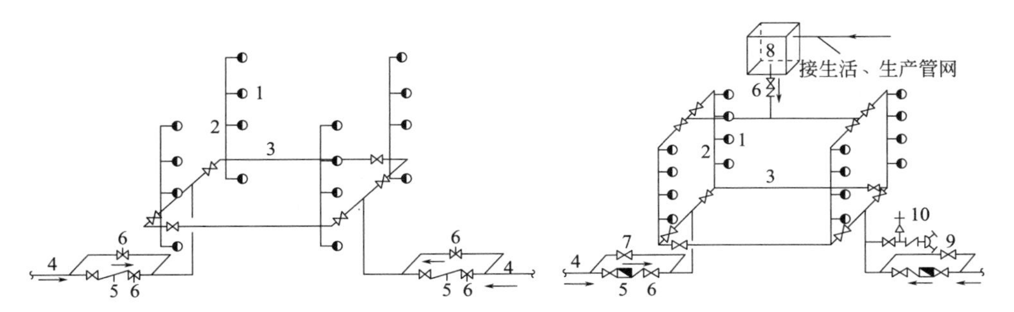

图 3-4　直接给水方式

1—室内消火栓；2—室内消防竖管；3—水平干管；4—进户管；5—止回阀；6—旁通管及阀门

图 3-5　设有消防水箱的室内消火栓给水系统

1—室内消火栓；2—消防竖管；3—水平干管；4—进户管；5—水表；6—止回阀；7—旁通管及阀门；8—水箱；9—水泵接合器；10—安全阀

3. 设有水箱-水泵的给水方式

该系统平时消防水量和水压由水箱提供，火灾时启动水泵向系统供水，如图 3-6 所示。当室外给水管网的水压经常不能满足室内消火栓给水系统所需水压时，宜采用这种给水方式。

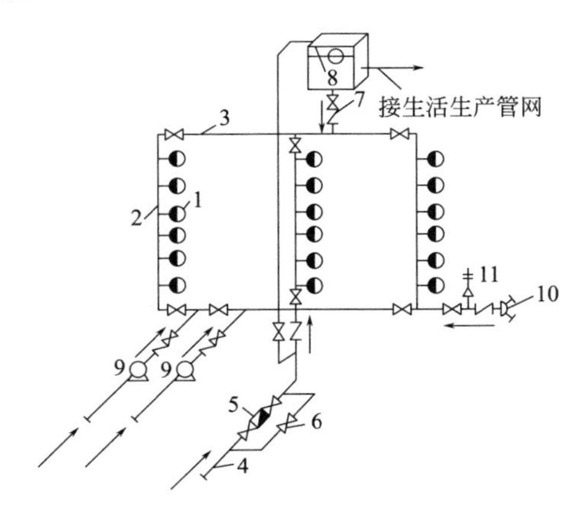

图 3-6　设有消防泵和水箱的消火栓给水系统

1—室内消火栓；2—消防竖管；3—水平干管；4—进户管；5—水表；6—旁通管及阀门；7—止回阀；8—水箱；9—消防水泵；10—水泵接合器；11—安全阀

（二）高层建筑消火栓给水系统的给水方式

1. 不分区给水方式

整幢建筑物采用一个区供水，如图 3-7 所示。其优点是系统简单、设备少，但对管材及灭火设备的耐压要求较高。当高层建筑最低消火栓设备处的静水压力不超过 1.0MPa 时，可采用这种给水方式。

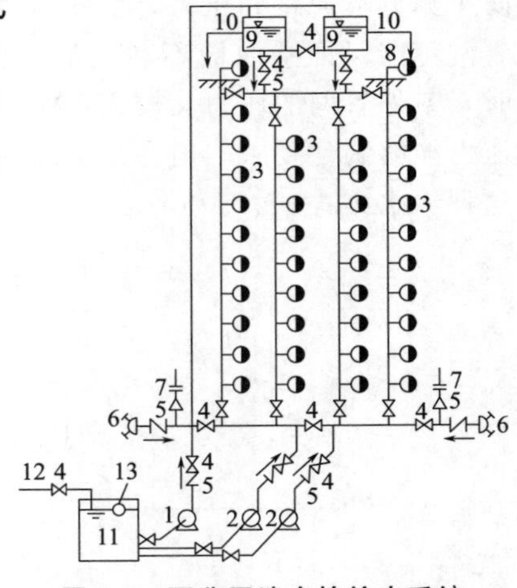

图 3-7 不分区消火栓给水系统

1—生活水泵；2—消防水泵；3—消火栓；4—阀门；5—止回阀；6—水泵接合器；7—安全阀；8—屋顶消火栓；9—高位水箱；10—生活进水口；11—储水池；12—进水管；13—浮球阀

2. 分区给水方式

一栋建筑中消防给水系统在竖向给水上分为若干个压力区段，一方面满足最不利点灭火设备对压力和流量的要求，另一方面保证该区段内最低处静水压力不超过 1.0MPa，这样可有效避免高水压对设备及灭火过程带来的不利影响。这种给水方式有多种形式，图 3-8 列举了其中的三种。分区并联给水方式中各区之间消防设备相互独立，互不影响，供水可靠；水泵直接串联给水方式中，消防给水管网竖向各区由串联消防水泵分级向上供水，水泵设置在设备层；设置减压水箱的给水方式设置中间水箱，水泵提升的消防用水首先进入消防水箱，然后依靠重力自流给下区消防设备供水。

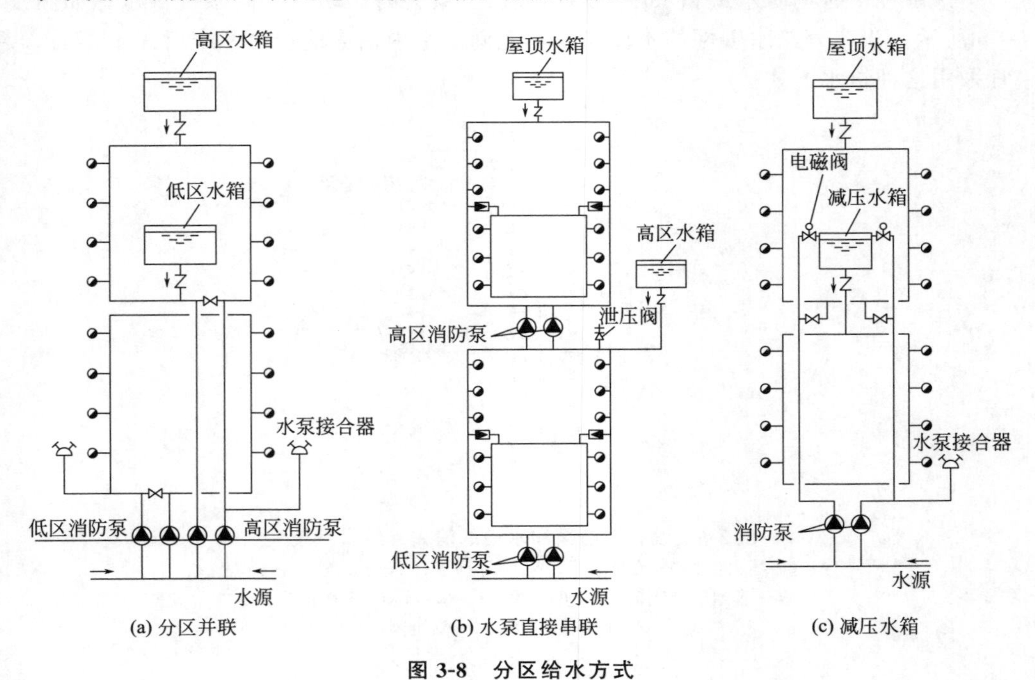

图 3-8 分区给水方式

（三）分区供水方式的选择及其设置要求

1. 消防给水系统分区供水条件

① 系统工作压力大于2.40MPa；

② 消火栓栓口处静压大于1.0MPa；

③ 自动水灭火系统报警阀处的工作压力大于1.60MPa或喷头处的工作压力大于1.20MPa。

2. 分区供水方式的选择

分区供水应根据系统压力、建筑特征，经技术经济和可靠性等综合因素确定，可采用消防水泵并行或串联、减压水箱和减压阀减压的形式，但当系统的工作压力大于2.40MPa时，应采用消防水泵串联或减压水箱分区供水形式。

3. 设置要求

① 采用消防水泵串联分区供水时，宜采用消防水泵转输水箱串联供水方式，并应符合下列要求：

a. 当采用消防水泵转输水箱串联时，转输水箱的有效储水容积不应小于$60m^3$，转输水箱可作为高位消防水箱。串联转输水箱的溢流管宜连接到消防水池。

b. 当采用消防水泵直接串联时，应采取确保供水可靠性的措施，且消防水泵从低区到高区应能依次顺序启动，同时应校核系统供水压力，并应在串联消防水泵出水管上设置减压型倒流防止器。

② 采用减压阀减压分区供水时应符合下列规定。

a. 消防给水所采用的减压阀性能应安全可靠，并应满足消防给水的要求。

b. 减压阀应根据消防给水设计流量和压力选择，且设计流量应在减压阀流量压力特性曲线的有效段内，并校核在150%设计流量时，减压阀的出口动压不应小于设计值的65%。

c. 每一供水分区应设不少于两个减压阀组。减压阀仅应设置在单向流动的供水管上，不应设置在有双向流动的输水干管上。

d. 减压阀宜采用比例式减压阀，当超过1.20MPa时宜采用先导式减压阀。减压阀的阀前与阀后的压力比值不宜大于3∶1，当一级减压阀减压不能满足要求时，可采用减压阀串联减压，但串联减压不应大于两级，第二级减压阀宜采用先导式减压阀，阀前后压力差不宜超过0.40MPa。

e. 减压阀后应设置安全阀，安全阀的开启压力应能满足系统安全，且不应影响系统的供水安全性。

③ 采用减压水箱减压分区供水时应符合下列要求。

a. 减压水箱的有效容积不应小于$18m^3$，且宜分为两格。

b. 减压水箱应有两条进、出水管，且每条进、出水管应满足消防给水系统所需消防用水量的要求。

c. 减压水箱进水管的水位控制应可靠，宜采用水位控制阀。

d. 减压水箱进水管应设置防冲击和溢水的技术措施，并宜在进水管上设置紧急关闭阀门，溢流水宜回流到消防水池。

四、室内消火栓设备

1. 室内消火栓箱

室内消火栓箱由箱体、室内消火栓、消防接口、水带、水枪、消防软管卷盘及电气设备等消防器材组成的具有给水、灭火、控制、报警等功能的箱状固定式消防装置，如图 3-9 所示。

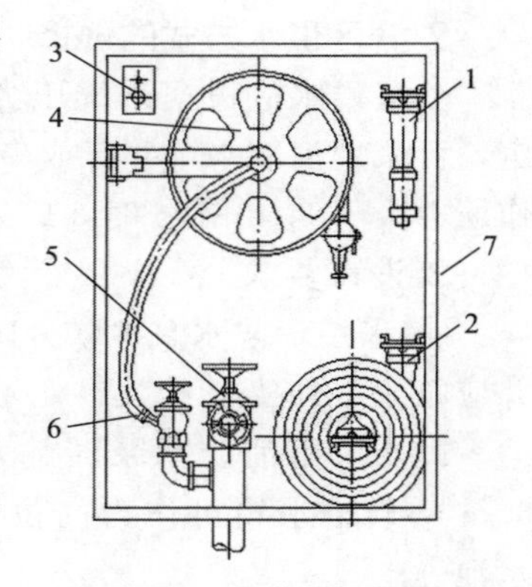

图 3-9 室内消火栓箱

1—水枪；2—水带；3—消火栓按钮；4—消防软管卷盘；5—室内消火栓；6—消防软管卷盘接口；7—箱体

箱体有明装式、暗装式和半暗装式三种。通常消火栓安装在箱体下部，出水口面向前方。水带可采用挂置式、卷盘式、卷置式和托架式安装。水枪安装于水带转盘旁边弹簧卡上。消火栓箱门可采用钢质、铝合金和钢框镶玻璃等材质，应便于打开。

（1）室内消火栓　室内消火栓是指消防给水管网上用于连接水带的专用阀门。消火栓的栓口公称通径有 25mm、50mm 和 65mm 三种，公称压力为 1.6MPa，适用介质为水和泡沫混合液。

（2）水带　室内消火栓目前多配套使用直径为 65mm 的胶里水带，水带两头为内扣式标准接头，每条水带的长度多为 20m，不宜超过 25m。水带一头与消火栓出口连接，另一头与水枪连接。

（3）水枪　按消防水枪的喷水方式可分为直流水枪、喷雾水枪和多用途水枪，室内消火栓一般配备直流水枪。水枪当量喷嘴直径有 13mm、16mm、19mm 三种。

2. 室内消火栓设置要求

① 设置室内消火栓的建筑物，包括设备层在内的各层均应设置消火栓。

② 消防电梯前室应设消火栓。消防电梯前室是消防人员进入室内扑救火灾的进攻桥头堡，为方便消防人员向火场发起进攻或开辟通路，在消防电梯间前室应设置室内消火栓，该消火栓应计入消火栓使用数量。

③ 室内消火栓应设置在位置明显且易于操作的部位。在消火栓箱上或其附近应设置明显的标志，消火栓外表应涂红色且不应伪装成其他东西，便于现场人员能及时发现和使用。室内消火栓口离地面或操作基面高度宜为 1.1m，其出水方向宜向下或与设置消火栓的墙面呈 90°。栓口与消火栓箱内边缘的距离不应影响消防水带的连接。

④ 室内消火栓的间距应由计算确定。消火栓按2支消防水枪的2股充实水柱布置的高层建筑、高架仓库、甲、乙类工业厂房等场所，消火栓的布置间距不应大于30m；消火栓按1支消防水枪的1股充实水柱布置的建筑物，消火栓的布置间距不应大于50m。

⑤ 采用临时高压消防给水系统的高层工业和民用建筑、低层公共建筑和水箱不能满足最不利点消火栓水压要求的其他低层建筑，应在每个室内消火栓处设置远距离直接启动消防水泵的按钮，并应有保护设施。

⑥ 同一建筑物内应采用统一规格的消火栓、水枪和水带。采用*DN*65室内消火栓，并可与消防软管卷盘或轻便水龙设置在同一箱体内。

⑦ 室内消火栓栓口动压力不应大于0.5MPa；当大于0.7MPa时必须设置减压设施。

⑧ 高层建筑、厂房、库房和室内净空高度超过8m的民用建筑等场所的消火栓栓口动压，不应小于0.35MPa；其他场所的消火栓栓口动压不应小于0.25MPa。

⑨ 多层和高层建筑应在其屋顶，严寒、寒冷等冬季结冰地区可设置在顶层出口处或水箱间内等便于操作和防冻的位置，单层建筑宜在水力最不利处，设置带有压力表的试验消火栓。

⑩ 冷库的室内消火栓应设置在常温穿堂或楼梯间内。

⑪ 住宅户内宜在生活给水管道上预留一个接*DN*15消防软管或轻便水龙的接口。跃层住宅和商业网点的室内消火栓应至少满足一股充实水柱到达室内任何部位，并宜设置在户门附近。

⑫ 建筑高度不大于27m的住宅，当设置消火栓时，可采用干式消防竖管。干式消防竖管宜设置在楼梯间休息平台，且仅应配置消火栓栓口。干式消防竖管应在首层便于消防车接近和安全的地点设置消防车供水接口。竖管顶端应设置自动排气阀。

3. 城市隧道内室内消火栓系统的设置要求

① 隧道内宜设置独立的消防给水系统。

② 管道内的消防供水压力应保证用水量达到最大时，最低压力不应小于0.3MPa，但当消火栓栓口处的出水压力超过0.7MPa时，应设置减压设施。

③ 在隧道出入口处应设置消防水泵接合器和室外消火栓。

④ 消火栓的间距不应大于50m，双向同行车道或单行通行但大于3车道时，应双面间隔设置。

⑤ 隧道内允许通行危险化学品的机动车，且隧道长度超过3000m时，应配置水雾或泡沫消防水枪。

五、屋顶消火栓

屋顶消火栓是最常用是试验消火栓，用于消防人员定期检查室内消火栓给水系统的供水压力以及建筑物内消防给水设备的性能。同时，当建筑物发生火灾时也可用其进行灭火和冷却。屋顶消火栓应设压力显示装置，这样可随时了解管网内的压力情况，以便较好地监测系统的运行情况。采暖地区屋顶消火栓亦设在水箱间等房间内。

六、消防软管卷盘和轻便消防水龙

消防软管卷盘又叫消防水喉，由小口径消火栓、输水软管、小口径水枪等组成。与室内消火栓设备相比，它具有操作简便、机动灵活等优点，主要供非专业人员扑救室内初起火灾使用。轻便消防水龙是指在自来水或消防供水管路上使用的，由专用接口、水带及喷枪组成的一种小型轻便的喷水灭火器具。消防软管卷盘或轻便消防水龙可供商场、宾馆、仓库以及高、低层公共建筑内服务人员、工作人员和旅客扑救初期火灾，具有操作简便、机动灵活的特点。

人员密集的公共建筑、建筑高度大于 100m 的建筑和建筑面积大于 200m^2 的商业服务网点内应设置消防软管卷盘或轻便消防水龙。高层住宅建筑的户内宜配置轻便消防水龙。老年人照料设施内应设置与室内供水系统直接连接的消防软管卷盘，消防软管卷盘的设置间距不应大于 30.0m。

消防软管卷盘的设置要求：设备的栓口直径应为 25mm，配备的胶带内径不应小于 19mm，长度宜为 30m；轻便水龙应配置公称直径 25mm 有内衬里的消防水带，长度宜为 30m。消防软管卷盘和轻便水龙应配置当量喷嘴直径 6mm 的消防水枪。旅馆、办公楼、商业楼、综合楼内等的消防水喉应设在走道内，且布置时应保证有一股射流能达到室内任何部位；剧院、会堂闷顶内的消防水喉应设在马道入口处，以便于工作人员使用。

第三节　消火栓布置及系统水压和流量计算

一、充实水柱的确定

充实水柱是指由水枪喷嘴到射流 90％水柱水量穿过直径 38cm 圆孔处的一段射流长度。充实水柱的作用，一是使射流有一定水量和水压，能有效扑灭火焰，以达到一定灭火效果；二是使消防人员在扑灭火灾时，减少辐射热、烤灼对其的影响，保证安全。

为有效扑灭建筑物火灾，要求水枪倾斜射流时充实水柱能到达建筑物每层的任何高度，如图 3-10 所示。水枪的充实水柱按层高计算确定。

$$S_k=\frac{H_1-H_2}{\sin\alpha} \tag{3-1}$$

式中　S_k——水枪充实水柱，m；

H_1——建筑物层高，m；

H_2——水枪喷嘴离地面高度（一般取 1m），m；

α——水枪上倾角，一般不宜超过 45°，在最不利情况下，也不能超过 60°。

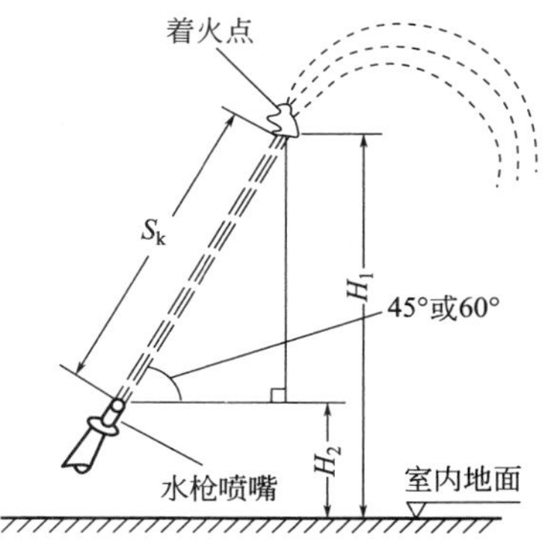

图 3-10　水枪倾斜射流的充实水柱

当 α 为 45°时，水枪充实水柱为：

$$S_k=\frac{H_1-H_2}{\sin 45}=1.414(H_1-H_2)$$

当 α 为 60°时，水枪充实水柱为：

$$S_k=\frac{H_1-H_2}{\sin 60}=1.16(H_1-H_2)$$

在《消规》中对充实水柱做出如下规定。

① 高层建筑、厂房、库房和室内净空高度超过 8m 的民用建筑等场所，消防水枪充实水柱应按 13m 计算。

② 其他场所消防水枪充实水柱应按 10m 计算。

最终确定的充实水柱不仅要满足层高的要求，还要满足规范对充实水柱的要求，取其中较大者作为所需的水枪充实水柱。

二、室内消火栓保护半径

室内消火栓的保护半径可按下式计算：

$$R=L_d+L_s \tag{3-2}$$

式中　R——室内消火栓的保护半径，m；

L_d——水带铺设长度，m；

L_s——水枪充实水柱在平面上的投影长度，m。

考虑到水带在使用中的曲折弯转，水带铺设长度一般取水带实际长度的 80%～90%。水枪充实水柱在平面上的投影长度可按下式计算：

$$L_s=S_k\cos\alpha \tag{3-3}$$

式中　S_k——水枪充实水柱，m；

α——水枪射流上倾角，一般按 45°计算。

三、室内消火栓布置间距

室内消火栓的布置应满足同一平面 2 支消防水枪的 2 股充实水柱同时到达任何部位。建筑高度小于等于 24m 且体积小于等于 5000m^3 的多层仓库，可采用 1 支水枪充实水柱到达室内任何部位。室内消火栓的间距应通过计算确定，但不得超过规定的消火栓最大间距。

① 如图 3-11 所示，当室内消火栓单排布置且室内任何部位要求有一股水柱到达时，室内消火栓布置间距可按下式计算。

$$L_1 \leqslant 2\sqrt{R^2-b^2} \tag{3-4}$$

式中 L_1——室内消火栓布置间距，m；

R——室内消火栓保护半径，m；

b——室内消火栓最大保护宽度，m。

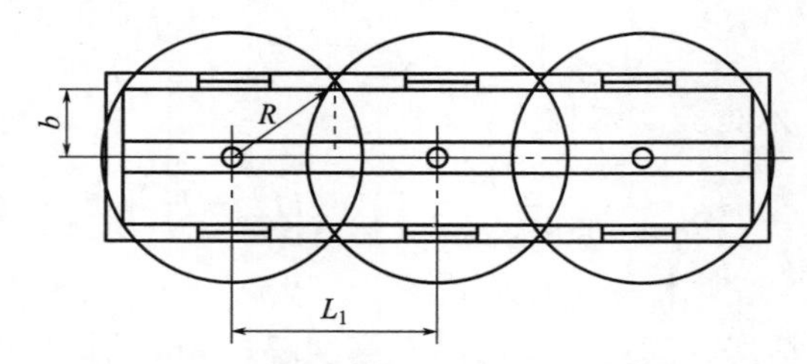

图 3-11 消火栓单排单水柱布置图

② 如图 3-12 所示，室内消火栓单排布置且室内任何部位要求有两股水柱到达时，室内消火栓布置间距可按下式计算。

$$L_2 \leqslant \sqrt{R^2-b^2} \tag{3-5}$$

式中 L_2——室内消火栓布置间距，m；

R——室内消火栓保护半径，m；

b——室内消火栓最大保护宽度，m。

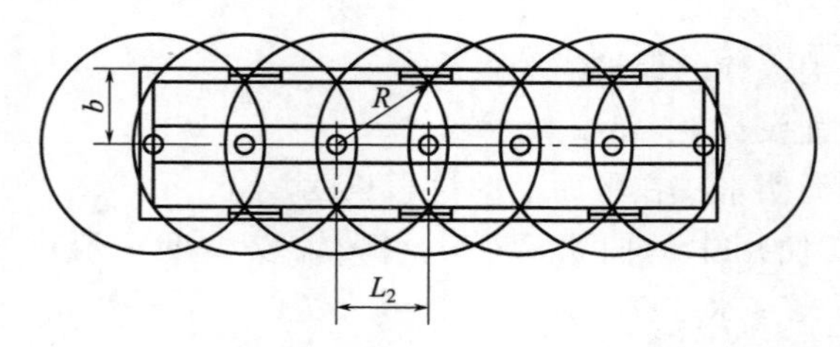

图 3-12 消火栓单排双水柱布置图

③ 如图 3-13 所示，消火栓多排布置，且室内任何部位要求有一股水柱到达时，室内消火栓布置间距可按下式计算。

$$L_n \leqslant \sqrt{2}R \tag{3-6}$$

式中　L_n——室内消火栓布置间距，m；

R——室内消火栓保护半径，m；

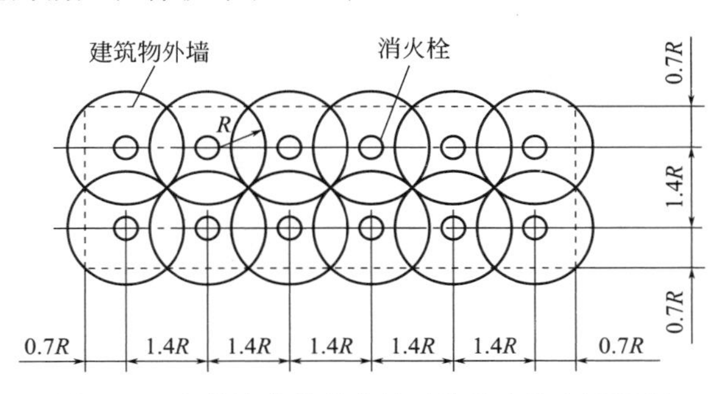

图 3-13　多排消火栓单水柱时的消火栓布置间距

④ 消火栓多排布置，且室内任何部位要求有两股水柱到达时，室内消火栓布置间距，如图 3-14 所示。

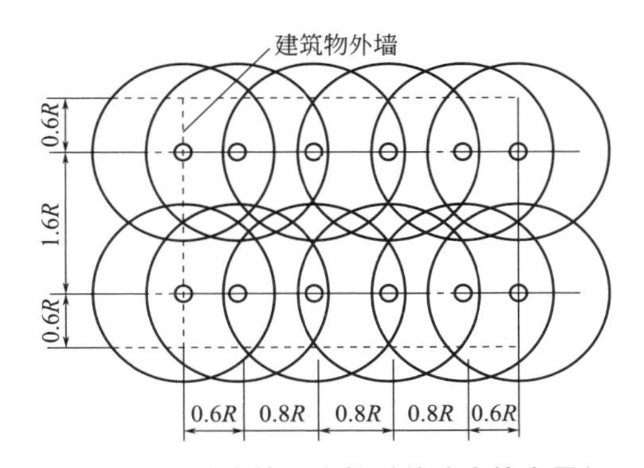

图 3-14　多排消火栓双水柱时的消火栓布置间距

⑤ 室内消火栓的最大布置间距。有关规范给出消火栓最大布置间距，见表 3-1。

表 3-1　室内消火栓的最大布置间距

建筑物类别	室内任何部位要求到达的水枪数量/支	最大间距/m
建筑高度小于 54m 且每单元设置一部疏散楼梯的住宅	＜1	≤50
高层厂房、高架仓库和甲、乙类厂房	2	≤30
建筑高度小于等于 24m，且体积小于 5000m³ 的多层仓库	1	≤50
高层民用建筑	2	≤30
人防工程中消火栓设计流量为 5L/s 的建筑物	1	≤50

[例 3-1] 某商场，长 65m，宽 28m，层高为 4m，总建筑高度为 56m，设置消火栓给水系统，消火栓沿中间楼道均匀布置，水枪采用直径为 19mm 水枪，试确定消火栓的布置间距。

解： 因为该建筑为高层建筑，建筑内任何一点应有两支水枪同时保护。

(1) 消火栓的保护半径　满足层高及规范对充实水柱的要求，在此 S_k 取 13m。

$$R = L_d + L_s = 0.8 \times 25 + 13 \times \cos 45^\circ = 20 + 9.2 = 29.2\text{m}$$

(2) 布置间距 又因为建筑物的宽度为 28m，则保护宽度 b 为 14m，消火栓的保护半径为 29.2m，居中设置时可采用单排布置，即消火栓布置采用单排双水柱保护。所以布置间距为：

$$L = \sqrt{R^2 - b^2} = \sqrt{29.2^2 - 14^2} = 25.6\text{m}$$

四、消火栓栓口所需压力和流量

1. 水枪出口压力计算

水枪出口压力可按下式计算。

$$H_q = \frac{10\alpha_f S_k}{1 - \alpha_f \varphi S_k} \tag{3-7}$$

$$\alpha_f = 1.19 + 80(0.01 S_k)^4 \tag{3-8}$$

$$\varphi = \frac{0.25}{d_f + (0.1 d_f)^3} \tag{3-9}$$

式中　H_q——水枪喷嘴压力，kPa；

α_f——系数，表示射流总长度与充实水柱长度的比值，参见表 3-2；

φ——阻力系数，与水枪喷嘴口径有关，参见表 3-3；

d_f——水枪喷嘴口径，mm；

S_k——水枪充实水柱，m。

表 3-2　不同水枪充实水柱下对应的 α_f 值

S_k/m	7	8	9	10	11	12	13	14	15	16
α_f	1.192	1.193	1.195	1.198	1.202	1.207	1.213	1.221	1.231	1.242

表 3-3　不同水枪直径下对应的 φ 值

水枪直径 d_f/mm	13	16	19
φ	0.0165	0.0124	0.0097

2. 水枪出口流量计算

水枪流量可按下式计算。

$$q_q = \sqrt{BH_q} \tag{3-10}$$

式中　q_q——水枪喷口的射流量，L/s；

H_q——水枪出口处的压力，kPa；

B——水流特性系数，见表 3-4。

表 3-4　水流特性系数表

水枪喷口直径/mm	6	7	8	9	13	16	19	22	25
B	0.0016	0.0029	0.0050	0.0079	0.0346	0.0793	0.1577	0.2834	0.4727

3. 水带水头损失

水带水头损失可按下式计算：

$$H_d = 10A_zL_dq_{xh}^2 \tag{3-11}$$

式中　H_d——水带的水头损失，kPa；

A_z——水带的比阻，见表 3-5；

L_d——水带长度，m，一般采用 20m 或 25m；

q_{xh}——消火栓流量，L/s。

表 3-5　衬胶水带比阻 A_z 值表

水带口径/mm	50	65	80
比阻 A_z 值	0.00677	0.00172	0.00075

为了计算方便，可将式（3-11）简化为：

$$H_d = 10Sq_{xh}^2 \tag{3-12}$$

式中　H_d——水带的水头损失，kPa；

q_{xh}——消火栓流量（每条水带的实际流量），L/s；

S——每条水带（长 20m）的阻抗系数，其值见表 3-6。

表 3-6　水带（长 20m）阻抗系数表

水带直径/mm	50	65	75	80
阻抗系数	0.15	0.035	0.015	0.008

4. 消火栓出口压力

消火栓栓口压力可按下式计算：

$$H_{xh} = H_d + H_q \tag{3-13}$$

式中　H_{xh}——消火栓出口压力，kPa；

H_d——水带的水头损失，kPa；

H_q——水枪出口压力，kPa；

五、水泵扬程的确定

消防水泵扬程应满足最不利点消防水枪所需水压的要求，水泵扬程可按式

(3-14) 计算，而实际选泵时会考虑一定的安全裕量，按式 (3-15) 计算。

$$H=\sum p_f+\sum p_p+10\Delta H+p_0 \tag{3-14}$$

$$H=k(\sum p_f+\sum p_p+10\Delta H+p_0) \tag{3-15}$$

式中 H——消防水泵的扬程，kPa；

k——安全系数，可取 1.05～1.15；宜根据管道的复杂程度和不可预见发生的管道变更所带来的不确定性；

$\sum p_f$——管路沿程总水头损失，kPa；

$\sum p_p$——管路局部总水头损失，kPa；

ΔH——当消防水泵从消防水池吸水时，ΔH 为最低有效水位至最不利水灭火设施的几何高差；当消防水泵从市政给水管网直接吸水时，ΔH 为消防时市政给水管网在消防水泵入口处的设计压力值的高程至最不利水灭火设施的几何高差；m；

p_0——最不利点水灭火设施所需的设计压力，kPa。

[例 3-2] 某商场，建筑高度为 68m，层高为 4m，设置有消火栓给水系统，最不利管路的总水头损失为 0.15MPa，水泵泵轴中心线距最不利点消火栓的垂直距离为 73m，试确定消火栓的出口压力和流量及水泵的流量和扬程 (同时开启的水枪数量为 6 支)。

解： (1) 充实水柱长度的确定

$$S_k=1.414(H_1-H_2)=1.414\times(4-1)=4.24\text{m}$$

因该建筑为高层建筑，根据规范规定，取 $S_k=13$m。

$$H_q=\frac{10\alpha_f S_k}{1-\alpha_f\varphi S_k}=\frac{10\times1.213\times13}{1-1.213\times0.0097\times13}=186\text{kPa}$$

$$q=\sqrt{BH_q}=\sqrt{0.157\times186}=5.4\text{L/s}$$

(2) 消火栓出口压力的确定

水带水头损失：$H_d=10Sq_{xh}^2=10\times0.035\times5.4^2=10.2\text{kPa}$

消火栓出口压力：$H_{xh}=H_q+H_d+H_k=186+10.2+20=216.2$

(3) 水泵的流量　因为同时开启的消火栓数量为 6 支，所以室内消火栓系统用水量为：

$$Q_X=nq=6\times5.4=32.4\text{L/s}$$

室内消火栓系统用水量即为水泵的流量。

(4) 水泵的扬程

$$H=\sum p_f+\sum p_p+10\Delta H+p_0=1.15\times(150+730+216.2)$$
$$=1096.2\text{kPa}$$

选泵时，考虑泵的扬程为：

$$H=k(\sum p_f+\sum p_p+10\Delta H+p_0)=1.15\times(150+730+216.2)$$
$$=1260.6\text{kPa}$$

六、室内消火栓设计流量

1. 建筑物室内消火栓设计流量

建筑物室内消火栓设计流量，应根据建筑物的用途功能、体积、高度、耐火极限、火灾危险性等因素综合确定，见表 3-7。

当建筑物室内设有自动喷水灭火系统、水喷雾灭火系统、泡沫灭火系统或固定消防炮灭火系统等一种或两种以上自动水灭火系统全保护时，高层建筑当高度不超过 50m 且室内消火栓设计流量超过 20L/s 时，其室内消火栓设计流量可按表 3-7 减少 5L/s；多层建筑室内消火栓系统设计流量可减少 50%，但不应小于 10L/s。

宿舍、公寓等非住宅类居住建筑的室内消火栓设计流量，当为多层建筑时按表 3-7 中的宿舍、公寓确定，当为高层建筑时，应按表 3-7 中的公共建筑确定。

2. 城市交通隧道与地铁地下车站室内消火栓设计流量

① 城市交通隧道内室内消火栓设计流量见表 3-8。

② 地铁地下车站室内消火栓设计流量不应小于 20L/s，区间隧道不应小于 10L/s。

表 3-7　建筑物室内消火栓设计流量

建筑物名称		高度 h/m、层数、体积 V/m^3、座位数 n/个、火灾危险性			消火栓设计流量/(L/s)	同时使用消防水枪数/支	每根竖管最小流量/(L/s)
工业建筑	厂房	$h \leqslant 24$	甲、乙、丁、戊		10	2	10
			丙	$V \leqslant 5000$	10	2	10
				$V > 5000$	20	4	15
		$24 < h \leqslant 50$	乙、丁、戊		25	5	15
			丙		30	6	15
		$h > 50$	乙、丁、戊		30	6	15
			丙		40	8	15
	仓库	$h \leqslant 24$	甲、乙、丁、戊		10	2	10
			丙	$V \leqslant 5000$	15	3	15
				$V > 5000$	25	5	15
		$h > 24$	丁、戊		30	6	15
			丙		40	8	15

续表

建筑物名称			高度 h/m、层数、体积 V/m^3、座位数 n/个、火灾危险性	消火栓设计流量/(L/s)	同时使用消防水枪数/支	每根竖管最小流量/(L/s)
民用建筑	单层及多层	科研楼、试验楼	$V \leqslant 10000$	10	2	10
			$V > 10000$	15	3	10
		车站、码头、机场的候车(船、机)楼和展览建筑(包括博物馆)等	$5000 < V \leqslant 25000$	10	2	10
			$25000 < V \leqslant 50000$	15	3	10
			$V > 50000$	20	4	15
		剧场、电影院、会堂、礼堂、体育馆等	$800 < n \leqslant 1200$	10	2	10
			$1200 < n \leqslant 5000$	15	3	10
			$5000 < n \leqslant 10000$	20	4	15
			$n > 10000$	30	6	15
		旅馆	$5000 < V \leqslant 10000$	10	2	10
			$10000 < V \leqslant 25000$	15	3	10
			$V > 25000$	20	4	15
		商店、图书馆、档案馆等	$5000 < V \leqslant 10000$	15	3	10
			$10000 < V \leqslant 25000$	25	5	15
			$V > 25000$	40	8	15
		病房楼、门诊楼等	$5000 < V \leqslant 25000$	10	2	10
			$V > 25000$	15	3	10
		办公楼、教学楼、公寓、宿舍等其他建筑	高度超过15m或 $V > 10000$	15	3	10
		住宅	$21 < h \leqslant 27$	5	2	5
	高层	住宅	$27 < h \leqslant 54$	10	2	10
			$h > 54$	20	4	10
		二类公共建筑	$h \leqslant 50$	20	4	10
		一类公共建筑	$h \leqslant 50$	30	6	15
			$h > 50$	40	8	15
国家级文物保护单位的重点砖木或木结构的古建筑			$V \leqslant 10000$	20	4	10
			$V > 10000$	25	5	15
地下建筑			$V \leqslant 5000$	10	2	10
			$5000 < V \leqslant 10000$	20	4	15
			$10000 < V \leqslant 25000$	30	6	15
			$V > 25000$	40	8	20

续表

建筑物名称		高度 h/m、层数、体积 V/m³、座位数 n/个、火灾危险性	消火栓设计流量/(L/s)	同时使用消防水枪数/支	每根竖管最小流量/(L/s)
人防工程	展览厅、影院、剧场、礼堂、健身体育场所等	$V\leqslant 1000$	5	1	5
		$1000<V\leqslant 2500$	10	2	10
		$V>2500$	15	3	10
	商场、餐厅、旅馆、医院等	$V\leqslant 5000$	5	1	5
		$5000<V\leqslant 10000$	10	2	10
		$10000<V\leqslant 125000$	15	3	10
		$V>25000$	20	4	10
	丙、丁、戊类生产车间、自行车库	$V\leqslant 2500$	5	1	5
		$V>2500$	10	2	10
	丙、丁、戊类物品库房、图书资料档案库	$V\leqslant 3000$	5	1	5
		$V>3000$	10	2	10

注：1. 丁、戊类高层厂房（仓库）室内消火栓的设计流量可按本表减少 10L/s，同时使用消防水枪数量可按本表减少 2 支；

2. 当一座多层建筑有多种使用功能时，室内消火栓设计流量应分别按本表中不同功能计算，且应取最大；

3. 消防软管卷盘、轻便消防水龙及多层住宅楼梯间中的干式消防竖管，其消防给水设计流量可不计入室内消防给水设计流量。

表 3-8　城市交通隧道内室内消火栓设计流量

用途	类别	长度/m	设计流量/(L/s)
可通行危险化学品等机动车	一、二	$L>500$	20
	三	$L\leqslant 500$	10
仅限通行非危险化学品等机动车	一、二、三	$L\geqslant 1000$	20
	三	$L<1000$	10

第四节　系统组件施工安装与验收

一、室外消火栓

1. 室外消火栓的分类

室外消火栓的分类和相应的设置要求见表 3-9。

表 3-9　室外消火栓的分类及设置要求

设置项目	设置要求
安装场合	有地上式、地下式和折叠式；地上式又分为湿式和干式，湿式消火栓适用于气温较高的地区，干式和地下式消火栓适用于气温较寒冷的地区

续表

设置项目	设置要求
进水口连接形式	承插式和法兰式两种，即消火栓的进水口与城市自来水管网的连接方式
进水口的公称直径	有 100mm 和 150mm 两种。进水口公称直径为 100mm、150mm 的消火栓，其吸水管出水口应选用规格为 100mm、150mm 消防接口，水带出水口应选用规格为 65mm 的消防接口
公称压力	有 1.0MPa 和 1.6MPa 两种。其中承插式的消火栓为 1.0MPa、法兰式的消火栓为 1.6MPa
用途	分为普通型和特殊型；特殊型分为泡沫型、防撞型、调压型和减压稳压型等

图 3-15 室外消火栓

2. 室外消火栓的检查

(1) 产品标识 目测，对照产品的检验报告，合格的室外消火栓应在阀体或阀盖上铸出型号、规格和商标（图 3-15），且与检验报告描述一致，如发现不一致的，则一致性检查不合格。

(2) 消防接口 用小刀轻刮外螺纹固定接口和吸水管接口，目测外螺纹固定接口和吸水管接口的本体材料应由铜质材料制造。

(3) 排放余水装置 目测，室外消火栓应有自动排放余水装置。

(4) 材料 打开室外消火栓，目测，栓阀座、阀杆螺母材料应用铸造铜合金 ZCuZn38 或性能相当材料制造。

3. 室外消火栓的安装

室外消火栓的栓体安装要求，应符合下列规定。

① 消火栓安装按国家标准《室外消火栓及消防水鹤安装》(13S201) 要求进行。

② 室外地上式消火栓安装时，消火栓顶距地面高为 0.64m，立管应垂直、稳固，控制阀门井距消火栓宜大于等于 1.5m，消火栓弯管底部应设支墩或支座。

③ 室外地下式消火栓应安装在消火栓井内，消火栓井一般用 MU7.5 红砖、M7.5 水泥砂浆砌筑。消火栓井内径不应小于 1.5m。井内应设爬梯以方便阀门的维修。

④ 室外消火栓弯管底座或室外消火栓三通下设支墩，支墩必须托紧弯管或三通底部。

4. 检测验收

室外消火栓应符合下列规定。

① 室外消火栓的选型、规格、数量、安装位置应符合设计要求。

② 同一建筑物设置的室外消火栓应采用统一规格的栓口及配件。

③ 室外消火栓应设置明显的永久性固定标志。

④ 室外消火栓水量及压力应满足要求。

二、室内消火栓系统进场检查

1. 室内消火栓的分类

按结构型式可分为以下几种。

① 直角出口型室内消火栓（图 3-16）。

图 3-16　直角出口型室内消火栓

② 45°出口型室内消火栓。

③ 旋转型室内消火栓。栓体可相对于与进水管路连接的底座 360°水平旋转的室内消火栓。

④ 减压型室内消火栓。通过设置在栓内或栓体进、出水口的节流装置，实现降低栓后出口压力的室内消火栓。

⑤ 旋转减压型室内消火栓。同时具有旋转室内消火栓和减压室内消火栓功能的室内消火栓。

⑥ 减压稳压型室内消火栓。在栓体内或栓体进、出水口设置自动节流装置，将规定范围内的进水口压力减至某一需要的出水口压力，并自动保持稳定的室内消火栓。

⑦ 旋转减压稳压型室内消火栓。同时具有旋转室内消火栓和减压稳压室内消火栓功能的室内消火栓。

⑧ 异径三通型室内消火栓。在栓体的进水口侧增加一公称直径 25mm 的出水口，用于连接消防软管卷盘或轻便消防水龙进水阀的室内消火栓。

2. 室内消火栓的检查

（1）产品标识　对照产品的检验报告，室内消火栓应在阀体或阀盖上铸出型号、规格和商标（图 3-16），且与检验报告描述一致，如发现不一致的，则判一致性检查不合格。

（2）手轮　室内消火栓手轮轮缘上应明显地铸出标示开关方向的箭头和字样手轮直径应符合要求，如常用的 SN65 型手轮直径不小于 120mm。

（3）材料　室内消火栓的阀座、阀杆螺母材料应用铸造铜合金 ZCuZn38 或性能相当的材料制作。阀杆应采用铅黄铜棒 HPb59-1 或力学性能、耐腐蚀性能相当的材料制作。旋转型室内消火栓旋转部位的材料应采用铜合金或奥氏体不锈钢等耐腐蚀材料制作。

3. 消火栓箱

室内消火栓箱的分类汇总表见表 3-10。

表 3-10 室内消火栓箱分类

分类项目	分类要求
安装方式	明装式、暗装式、半暗装式
箱门型式	左开门式、右开门式、双开门式、前后开门式
箱门材料	全钢、钢框镶玻璃、铝合金框镶玻璃、其他材料
水带的安置方式	挂置式、卷盘式、卷置式、托架式

4. 消火栓箱的检查

(1) 外观质量和标志 消火栓箱箱体应设耐久性铭牌，包括以下内容：产品名称、产品型号、批准文件的编号、注册商标或厂名、生产日期、执行标准。此外目测栓箱箱门正面应以直观、醒目、匀整的字体标注中文“消火栓”和英文“FIRE HYDRANT”字样，文字应采用发光材料。中文字体高度不应小于 100mm，宽度不应小于 80mm（图 3-17）。

(2) 器材的配置和性能 消火栓箱内配置的室内消火栓、消防接口、消防水带、消防水栓及电气设备（消火栓按钮、应急照明灯）等消防器材符合各产品现场检查的要求。

(3) 箱门 消火栓箱应设置门锁或箱门关紧装置。且箱门开启角度不得小于 160°无卡阻（图 3-17）。

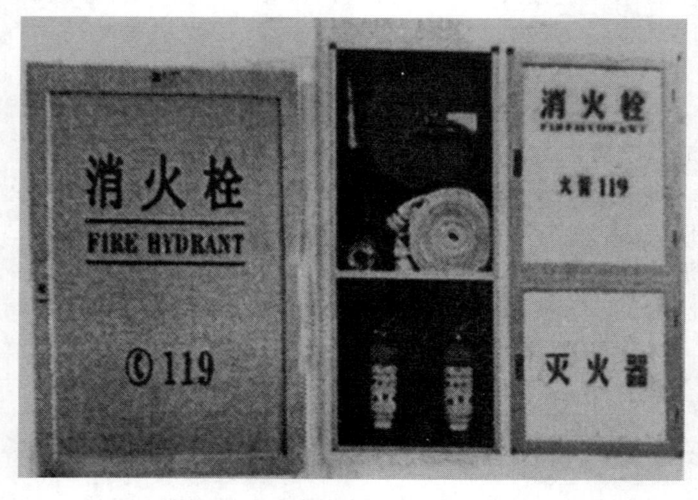

图 3-17 室内消火栓箱外观及打开

5. 消防水带的检查

（1）产品标识　对照水带的3C认证型式检验报告，看该产品名称、型号、规格是否一致。

每根水带应以有色线作带身中心线，在端部附近中心线两侧须用不易脱落的油墨清晰地印上下列标志：产品名称、设计工作压力、规格（公称直径及长度）、经线、纬线及衬里的材质、生产厂名、注册商标、生产日期。

（2）织物层外观质量　合格水带的织物层应编织均匀，表面整洁，无跳双经、断双经、跳纬及划伤。

（3）水带长度　将测得的数据与有衬里消防水带的标称长度进行对比，如水带长度小于水带长度规格1m以上的，则可以判为该产品为不合格。

（4）压力试验　截取1.2m长的水带，使用手动试压泵或电动试压泵平稳加压至试验压力，保压5min，检查是否有渗漏现象，有渗漏则不合格。在试验压力状态下，继续加压，升压至试样爆破，其爆破时压力不应小于水带工作压力的3倍，见图3-18。

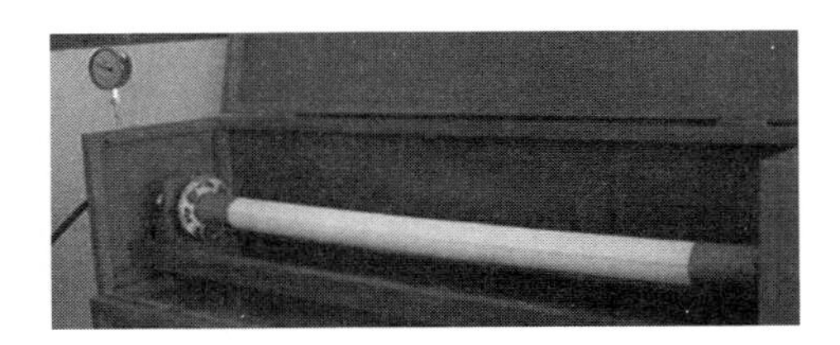

图3-18　水带测试图

6. 消防水枪的检查

（1）消防水枪喷水方式分类　按喷水方式分为直流水枪、喷雾水枪和多用途水枪三种型式。

（2）消防接口的分类　按接口型式可分为内扣式消防接口、卡式消防接口、螺纹式消防接口，见图3-19。

图3-19　消防接口

（3）消防水枪的检查

① 表面质量。

② 如消防接口跌落后出现断裂或不能正常操纵使用的，则判该产品不合格。见表 3-11。

表 3-11　消防水枪和接口检查要求

检查项目	消防水枪	接口
表面质量	合格消防水枪铸件表面应无结疤、裂纹及孔眼。使用小刀轻刮水枪铝制件表面，是否做阳极氧化处理	使用小刀轻刮接口表面，目测，表面应进行阳极氧化处理或静电喷塑防腐处理
抗跌落性能	将水枪以喷嘴垂直朝上，喷嘴垂直朝下，(旋转开关处于关闭位置)以及水枪轴线处于水平(若有开关时，开关处于水枪轴线之下处并处于关闭位置)三个位置。从离地 2.0m±0.02m 高处(从水枪的最低点算起)自由跌落到混凝土地面上水枪在每个位子各跌落两次，然后再检查水枪	扣式接口以扣抓垂直朝下的位置将接口的最低点离地面 1.5m±0.05m 高度，然后自由跌落到混凝土地面上。反复进行 5 次后，检查接口是否断裂现象，并与相同口径的消防接口是否能正常操作
密封性能	加压至最大工作压力的 1.5 倍，保压 2min，水枪不应出现裂纹、断裂或影响正常使用的残余变形	1.6MPa，保压 2min

7. 消火栓接口密封性检查

消火栓固定接口应进行密封性能试验，应以无渗漏、无损伤为合格。试验数量宜从每批中抽查 1%，但不应少于 5 个，应缓慢而均匀地升压至 1.6MPa，应保压 2min。当两个及两个以上不合格时，不应使用该批消火栓。当仅有 1 个不合格时，应再抽查 2%，但不应少于 10 个，并应重新进行密封性能试验；当仍有不合格时，亦不应使用该批消火栓。

三、消火栓系统安装调试

1. 市政和室外消火栓的安装规定

① 市政和室外消火栓的选型、规格应符合设计要求。

② 管道和阀门的施工和安装，应符合现行国家标准有关规定，如《给水排水管道工程施工及验收规范》(GB 50268)、《建筑给水排水及采暖工程施工质量验收规范》(GB 50242)。

③ 地下式消火栓顶部进水口或顶部出水口应正对井口。顶部进水口或顶部出水口与消防井盖底面的距离不应大于 0.4m，井内应有足够的操作空间，并应做好防水措施。

④ 地下式室外消火栓应设置永久性固定标志。

⑤ 当室外消火栓安装部位火灾时存在可能落物危险时，上方应采取防坠落物撞击的措施。

⑥ 市政和室外消火栓安装位置应符合设计要求，且不应妨碍交通，在易碰撞的地点应设置防撞设施。

2. 室内消火栓及消防软管卷盘和轻便水龙的安装规定

① 室内消火栓及消防软管卷盘和轻便水龙的选型、规格应符合设计要求。

② 同一建筑物内设置的消火栓、消防软管卷盘和轻便水龙应采用统一规格的栓口、消防水枪和水带及配件。

③ 试验用消火栓栓口处应设置压力表。

④ 当消火栓设置减压装置时，应检查减压装置符合设计要求，且安装时应有防止砂石等杂物进入栓口的措施。

⑤ 室内消火栓及消防软管卷盘和轻便水龙应设置明显的永久性固定标志，当室内消火栓因美观要求需要隐蔽安装时，应有明显的标志，并应便于开启使用。

⑥ 消火栓栓口出水方向宜向下或与设置消火栓的墙面呈90°角，栓口不应安装在门轴侧。

⑦ 消火栓栓口中心距地面应为1.1m，特殊地点的高度可特殊对待，允许偏差±20mm。

3. 消火栓箱安装规定

① 阀门的设置位置应便于操作使用，阀门的中心距箱侧面为140mm，距箱后内表面为100mm，允许偏差±5mm。

② 室内消火栓箱的安装应平正、牢固，暗装的消火栓箱不能破坏隔墙的耐火等级。

③ 消火栓箱体安装的垂直度允许偏差为±3mm。

④ 消火栓箱门的开启不应小于120°。

⑤ 安装消火栓水龙带，水龙带与消防水枪和快速接头绑扎好后，应根据箱内构造将水龙带放置。

⑥ 双向开门消火栓箱应有耐火等级应符合设计要求，当设计没有要求时应至少满足1h耐火极限的要求。

⑦ 消火栓箱门上应用红色字体注明“消火栓”字样。

四、消火栓的调试和测试

① 试验消火栓动作时，应检测消防水泵是否在本规范规定的时间内自动启动。

② 试验消火栓动作时，应测试其出流量、压力和充实水柱的长度，并根据消防水泵的性能曲线核实消防水泵供水能力。

③ 检查旋转型消火栓的性能能否满足其性能要求。

④ 采用专用检测工具，测试减压稳压型消火栓的阀后动静压是否满足设计要求。

五、消火栓系统验收

消火栓系统验收应符合下列要求。

① 消火栓的设置场所、位置、规格、型号应符合设计要求和规范规定。

② 室内消火栓的安装高度应符合设计要求。

③ 消火栓的设置位置应符合设计要求和《消规》第7章的有关规定，并应符合消防救援和火灾扑救工艺的要求。

④ 消火栓的减压装置和活动部件应灵活可靠，栓后压力应符合设计要求。

⑤ 检查数量：抽查消火栓数量10%，合格率应为100%。

⑥ 消防给水系统流量、压力的验收，应通过系统流量、压力检测装置和末端试水装置进行放水试验，系统流量、压力和消火栓充实水柱等应符合设计要求。

⑦ 消火栓系统应进行系统模拟灭火功能试验，动作、启动、联动。

第五节　消火栓系统的监督检查与维护管理

消防给水及消火栓系统应有管理、检查检测、维护保养的操作规程；并应保证系统处于准工作状态。维护管理人员应掌握和熟悉消火栓给水系统的原理、性能和操作规程。对于消火栓，按照《消规》规定，每季度应对消火栓进行一次外观和漏水检查，发现有不正常的消火栓应及时更换，后文谈到频次与《消规》不一致的地方，以《消规》为主。

一、系统的监督检查

1. 监督检查主要内容

(1) 消防水池　通过水位计观察水位，消防用水不被他用的技术措施，补水设施的状态，寒冷地区防冻措施等。

(2) 消防水箱　水位与消防用水不被他用的技术措施，消防出水管上止回阀关闭的严密程度（可通过启动消防水泵，观察水箱的液位计是否发生变化来确定止回阀的工作状态）。

(3) 稳压泵、增压泵及气压水罐　阀门上应有明确的开启标志，进出口阀门应常开且开启程度应处于最大，压力表、试水阀及防超压装置应正常，核对启泵与停泵压力，查看运行情况及向消防控制设备反馈水泵状态的信号情况。

(4) 消防水泵　查看水泵和阀门标志的设置情况，转动阀门手轮，检查阀门状态，在泵房控制柜处启动水泵，查看运行情况，在消防控制室启动水泵，查看运行及反馈信号情况。

(5) 水泵控制柜　检查所属系统及编号注明情况，查看仪表、指示灯、控制按钮和标识情况，主泵不能正常投入运行时，自动切换启动备用泵情况，同时查看仪表及指示灯显示情况。

(6) 启泵按钮 检查外观看是否有透明保护罩，被触发时是否能直接启动消防泵并同时确认灯显示情况，按钮手动复位时确认灯是否随之复位。

(7) 水泵接合器 是否有注明所属系统和区域的标志牌，控制阀是否常开，单向阀安装方向是否正确，止回阀关闭是否严密，用消防车等加压设施供水时，查看系统压力变化情况，寒冷地区是否有防冻措施。

(8) 室内消火栓 消火栓箱是否有明显标志，消火栓箱组件是否齐全、箱门开关是否灵活、开度是否符合要求，消火栓的阀门是否启闭灵活、栓口位置是否便于连接水带，消火栓栓口处的静水压力是否不大于 1.0MPa，触发启泵按钮时，消防水泵是否启动正常，消防水泵启动后栓口出水压力是否符合要求。

(9) 室外消火栓 查看消火栓外观是否正常，阀门启闭是否灵活，地下式消火栓是否有明显标志，井内是否无积水，寒冷地区防冻措施是否完好。

2. 系统压力测试

(1) 消火栓栓口静水压测试 将测压接头连接到消火栓栓口，安装好压力表，并调整压力表检测位置使之竖直向上，将测压接头装置出口处装上端盖，缓慢打开消火栓阀门，压力表显示的为消火栓栓口的静水压，测试完成后，关闭消火栓阀门，旋松压力表，泄掉检测装置内的水压，再取下端盖。

(2) 消火栓栓口出水压力测试 将水带一端连接到消火栓栓口，将水带另一端连接到测压接头，打开消火栓阀门出水测试，压力表显示的水压即为消火栓栓口压力，测试完成后，关闭消火栓阀门，卸下测压接头，收好水带。消火栓栓口出水压力和流量与充实水柱的对应关系见表 3-12。

表 3-12 消火栓栓口出水压力、流量与充实水柱的对应表

序号	充实水柱/m	流量/(L/s)	压力/MPa
1	10	4.6	0.135
2	13	5.4	0.186

(3) 需注意的问题 测量时，开启阀门应缓慢，避免压力冲击造成检测装置损坏；静压测量完成后，缓慢卸下端盖泄压；测量出口压力和充实水柱时，应注意水带不应弯曲。

二、室外消火栓系统的维护管理

室外消火栓包括地下消火栓和地上消火栓两种类型，应分别进行检查。

1. 地下消火栓的维护管理

地下消火栓应每季度进行一次检查保养，其主要内容如下。

① 用专用扳手转动消火栓启闭杆，观察其灵活性。必要时加注润滑油。

② 检查橡胶垫圈等密封件有无损坏、老化或丢失等情况。

③ 检查栓体外表油漆有无脱落，有无锈蚀，如有应及时修补。

④ 入冬前检查消火栓的防冻设施是否完好。

⑤ 重点部位消火栓，每年应逐一进行一次出水试验，出水应满足压力要求，在检查中可使用压力表测试管网压力，或者连接水带作射水试验，检查管网压力是否正常。

⑥ 随时消除消火栓井周围及井内可能积存杂物。

⑦ 地下消火栓应有明显标志，要保持室外消火栓配套器材和标志的完整有效。

2. 地上消火栓的维护管理

① 用专用扳手转动消火栓启动杆，检查其灵活性，必要时加注润滑油。

② 检查出水口闷盖是否密封，有无缺损。

③ 检查栓体外表油漆有无剥落，有无锈蚀，如有应及时修补。

④ 每年开春后、入冬前对地上消火栓逐一进行出水试验。出水应满足压力要求，在检查中可使用压力表测试管网压力，或者连接水带进行射水试验，检查管网压力是否正常。

⑤ 定期检查消火栓前端阀门井。

⑥ 保持配套器材的完备有效，无遮挡。

三、室内消火栓系统的维护管理

1. 室内消火栓的维护管理

室内消火栓箱内应经常保持清洁、干燥，防止锈蚀、碰伤或其他损坏。每半年至少进行一次全面的检查维修。主要内容有：

① 检查消火栓和消防卷盘供水闸阀是否渗漏水，若渗漏水及时更换密封圈；

② 对消防水枪、水带、消防卷盘及其他进行检查，全部附件应齐全完好，卷盘转动灵活；

③ 检查报警按钮、指示灯及控制线路，应功能正常、无故障；

④ 消火栓箱及箱内装配的部件外观无破损、涂层无脱落，箱门玻璃完好无缺；

⑤ 对消火栓、供水阀门及消防卷盘等所有转动部位应定期加注润滑油。

2. 供水管路的维护管理

室外阀门井中，进水管上的控制阀门应每个季度检查一次，核实其处于全开启状态。系统上所有的控制阀门均应采用铅封或锁链固定在开启或规定的状态。每月应对铅封、锁链进行一次检查，当有破坏或损坏时应及时修理更换。

① 对管路进行外观检查，若有腐蚀、机械损伤等及时修复；

② 检查阀门是否漏水并及时修复；

③ 室内消火栓设备管路上的阀门为常开阀，平时不得关闭，应检查其开启状态；

④ 检查管路的固定是否牢固，若有松动及时加固。

第四章　自动喷水灭火系统

导读

1. 自动喷水灭火系统的基本组成、类型与工作原理。
2. 自动喷水灭火系统的设计参数和喷头布置。
3. 自动喷水灭火系统安装检测与验收。

自动喷水灭火系统是扑救建、构筑物初期火灾最有效的灭火手段，广泛应用于各类建筑物中。

第一节　系统概述

自动喷水灭火系统具有安全可靠、灭火效率较高的特点，适用于人员密集、不易疏散、外部增援灭火与救生较困难的性质重要或火灾危险性较大的场所。国家相关建筑设计防火规范对应设置自动喷水灭火系统的场所均作了明确规定。

一、系统设置场所火灾危险等级

设置自动喷水灭火系统的场所，由于具体条件不同，其火灾危险性大小不尽相同。因此，需对设置场所危险等级进行评价，然后据此选择合适的系统类型和合理的设计基本参数。自动喷水灭火系统设置场所的火灾危险等级，应根据其用途、容纳物品的火灾荷载（由可燃物的性质、数量及分布状况决定）、室内空间条件（面积、高度）、人员密集程度等因素，在分析火灾特点和热气流驱动喷头开放及喷水到位的难易程度后确定。

1. 轻危险级

可燃物品较少、可燃性低和火灾发热量较低、外部增援和疏散人员较容易的场所。如：住宅建筑、幼儿园、老年人建筑、建筑高度为24m及以下的旅馆、办公楼，仅在走道设置闭式系统的建筑等。

2. 中危险级

内部可燃物数量为中等，可燃性也为中等，火灾初期不会引起剧烈燃烧的场所。大部分民用建筑和工业厂房划归中危险级。根据此类场所种类多、范围广的特点，划分为中Ⅰ级和中Ⅱ级。

（1）归类为中危险级Ⅰ级场所

① 高层民用建筑：旅馆、办公楼、综合楼、邮政楼、金融电信楼、指挥调度楼、广播电视楼（塔）等。

② 公共建筑（含单多高层）：医院、疗养院；图书馆（书库除外）、档案馆、展览馆（厅）；影剧院、音乐厅和礼堂（舞台除外）及其他娱乐场所，火车站、机场及码头的建筑；总建筑面积小于5000m^2的商场、总建筑面积小于1000m^2的地下商场等。

③ 文化遗产建筑：木结构古建筑、国家文物保护单位等。

④ 工业建筑：食品、家用电器、玻璃制品等工厂的备料与生产车间；冷藏库、钢屋架等建筑构件。

（2）归为中危险级Ⅱ级场所

① 民用建筑：书库、舞台（葡萄架除外）、汽车停车场（库）、总建筑面积5000m^2及以上的商场、总建筑面积1000m^2及以上的地下商场、净空高度不超过8m、物品高度不超过3.5m的超级市场等。

② 工业建筑：棉毛麻丝及化纤的纺织、织物及制品、木材木器及胶合板、谷物加工、烟草及制品、饮用酒（啤酒除外）、皮革及制品、造纸及纸制品、制药等工厂的备料与生产车间等。

3. 严重危险级

可燃物品数量多，火灾时容易引起猛烈燃烧并可能迅速蔓延的场所。严重危险级也分为严重Ⅰ级和严重Ⅱ级。例如，印刷厂、乙醇制品、可燃液体制品等工厂的备料与车间，净空高度不超过8m、物品高度超过3.5m的超级市场等属严重Ⅰ级；易燃液体喷雾操作区域、固体易燃物品、可燃的气溶胶制品、溶剂清洗、喷涂油漆、沥青制品等工厂的备料及生产车间、摄影棚、舞台葡萄架下部属严重Ⅱ级。

4. 仓库危险级

由于仓库自动喷水灭火系统涉及面广，较为复杂，针对不同情况，将其划分为Ⅰ级、Ⅱ级和Ⅲ级。

① 属于仓库危险Ⅰ级的场所：储存食品、烟酒的仓库；储存木箱、纸箱包装的不燃、难燃物品等的仓库。

② 属于仓库危险Ⅱ级的场所：木材、纸、皮革、谷物及制品、棉毛麻丝化纤及制品、家用电器、电缆、B组塑料与橡胶及其制品、钢塑混合材料制品、各种塑料瓶盒包装的不燃、难燃物品及各类物品混杂储存的仓库等。

③ 属于仓库危险Ⅲ级的场所：储存 A 组塑料与橡胶及其制品；沥青制品等的仓库。

二、系统类型及选型

（一）常见系统类型

1. 湿式系统

湿式系统是指准工作状态时配水管道内充满用于启动系统的有压水的闭式系统。湿式系统由闭式喷头、水流指示器、湿式报警阀组以及管道和供水设施等组成，如图 4-1 所示。

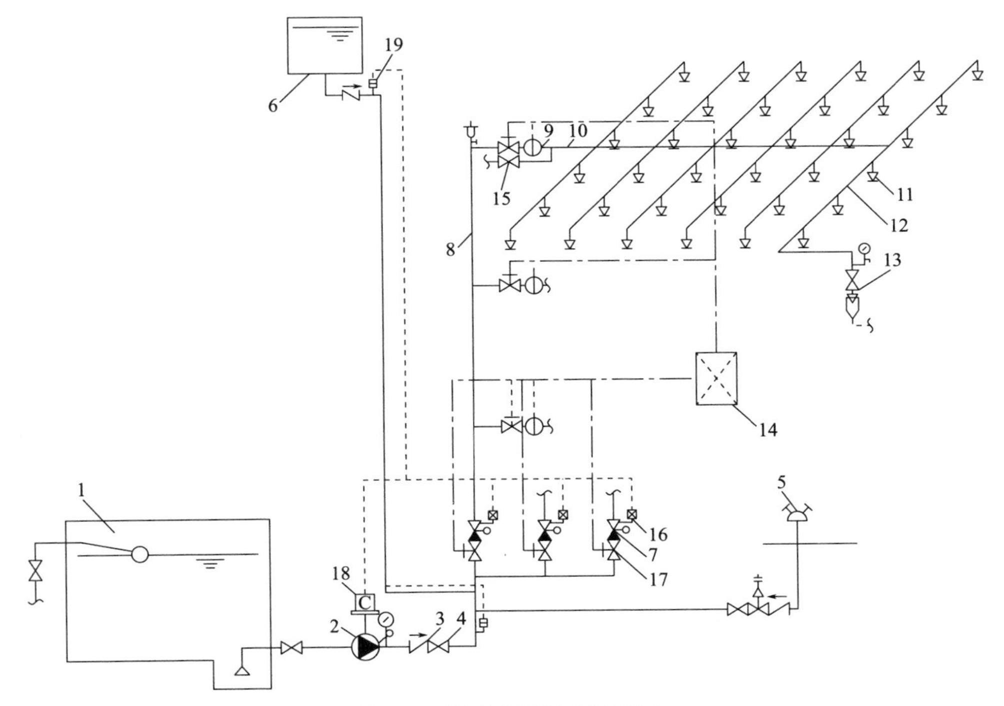

图 4-1　湿式系统组成示意图

1—消防水池；2—消防水泵；3—止回阀；4—闸阀；5—消防水泵接合器；6—高位消防水箱；7—湿式报警阀组；8—配水干管；9—水流指示器；10—配水管；11—闭式洒水喷头；12—配水支管；13—末端试水装置；14—报警控制器；15—泄水阀；16—压力开关；17—信号阀；18—水泵控制柜；19—流量开关

当防护区火灾发生时，火源周围环境温度上升，火焰或高温气流使闭式喷头的热敏感元件动作，喷头打开喷水灭火。此时，水流指示器由于水的流动被感应并送出电信号，在报警控制器上显示某一区域已在喷水，湿式报警阀后的配水管道内的水压下降，使原来处于关闭状态的湿式报警阀开启，压力水流向配水管道。随着报警阀的开启，报警信号管路开通，压力水冲击水力警铃发出声响报警信号，同时，消防水箱出水管上的流量开关、消防水泵出水管上的压力开关或报警阀组的压力开关输出启动消防水泵信号，完成系统的启动。系统启动后，由消防水泵向开放的喷头供水，开放的喷头将供水按不低于设计规定的喷水强度均匀喷洒，实施灭火。

该系统是自动喷水灭火系统最基本的应用形式，灭火速度快，控火效率高，结构简单，便于维护管理，因此，应用最为普遍。

2. 干式系统

干式系统是指准工作状态时配水管道内充满用于启动系统的有压气体的闭式系统。干式系统由闭式洒水喷头、管道、充气设备、干式报警阀组、报警装置和供水设施等组成，如图 4-2 所示。

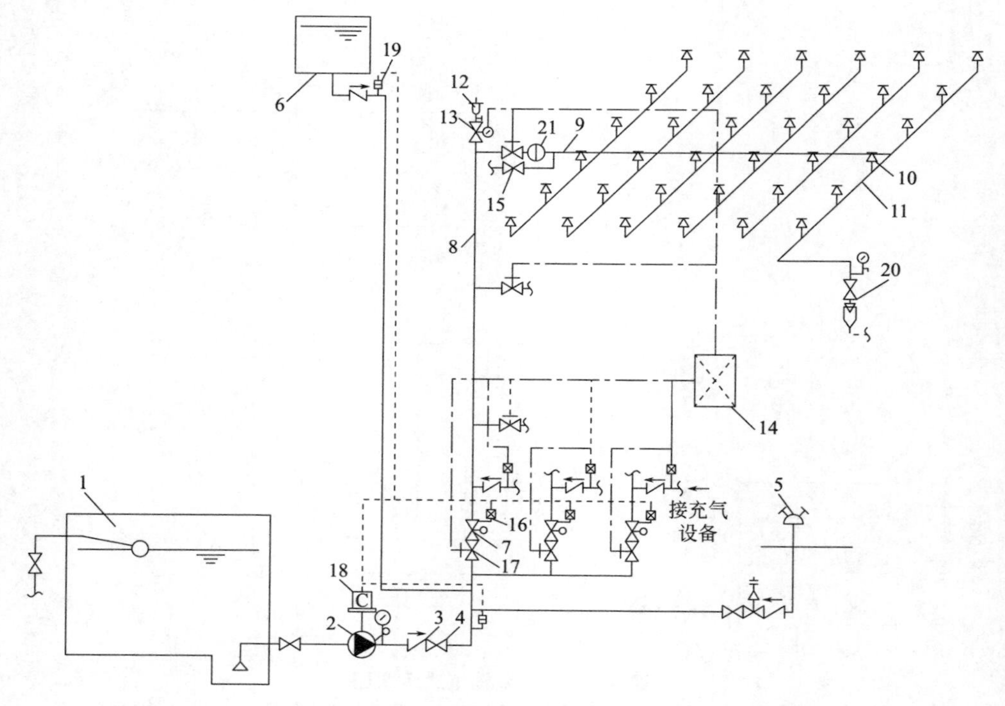

图 4-2　干式系统组成示意图

1—消防水池；2—消防水泵；3—止回阀；4—闸阀；5—消防水泵接合器；6—高位消防水箱；7—干式报警阀组；8—配水干管；9—配水管；10—闭式洒水喷头；11—配水支管；12—排气阀；13—电动阀；14—报警控制器；15—泄水阀；16—压力开关；17—信号阀；18—水泵控制柜；19—流量开关；20—末端试水装置；21—水流指示器

平时，干式报警阀后配水管道及喷头内充满有压气体，用充气设备维持报警阀内气压大于水压，将水隔断在干式报警阀前，干式报警阀处于关闭状态。当防护区发生火灾时，闭式喷头受热开启首先喷出气体，排出管网中的压缩空气，于是报警阀后管网压力下降，干式报警阀阀前的压力大于阀后压力，干式报警阀开启，水流向配水管网，并通过已开启的喷头喷水灭火。在干式报警阀打开的同时，报警信号管路也被打开，水流推动水力警铃和压力开关发出声响报警信号，并启动消防水泵加压供水。干式系统的主要工作过程与湿式系统无本质区别，只是在喷头动作后有一个排气过程，这将影响灭火的速度和效果。因此，为使压力水迅速进入充气管网，缩短排气时间，及早喷水灭火，干式系统的配水管道应设快速排气阀。

3. 预作用系统

预作用系统是指准工作状态时配水管道内不充水，发生火灾时由火灾自动报警系统、充气管道上的压力开关联锁控制预作用装置和启动消防水泵，向配水管道供水的闭式系统。系统主要由闭式洒水喷头、管道、充气设备、预作用装置、火灾探测报警控制装置和供水设施等组成，如图 4-3 所示。

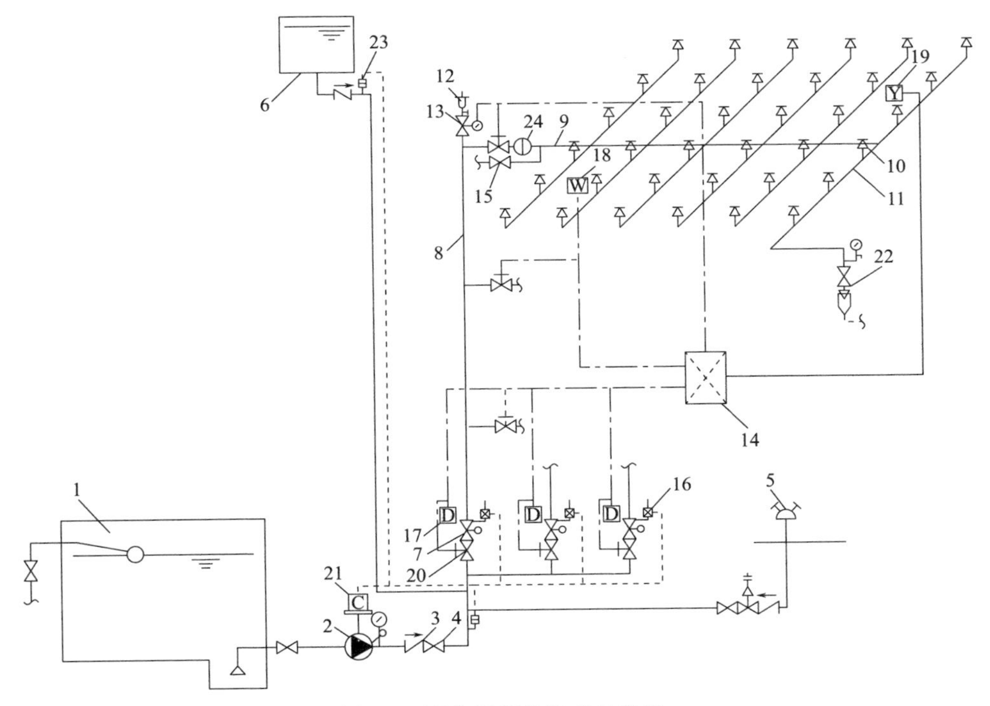

图 4-3　预作用系统组成示意图

1—消防水池；2—消防水泵；3—止回阀；4—闸阀；5—消防水泵接合器；6—高位消防水箱；7—预作用装置；8—配水干管；9—配水管；10—闭式洒水喷头；11—配水支管；12—排气阀；13—电动阀；14—报警控制器；15—泄水阀；16—压力开关；17—电磁阀；18—感温探测器；19—感烟探测器；20—信号阀；21—水泵控制柜；22—末端试水装置；23—流量开关；24—水流指示器

根据预作用系统的使用场所不同，预作用装置有两种控制方式，一是仅由火灾自动报警系统一组信号联动开启，二是由火灾自动报警系统和充气管道压力开关（该信号间接反映的是闭式洒水喷头爆破信号）两组信号联动开启。前者又称为单联锁预作用系统，后者称为双联锁系统。

对于仅由火灾自动报警系统信号控制的预作用系统，当发生火警时，保护区内的火灾探测器，首先发出火警报警信号，报警控制器在接到报警信号后作声光显示的同时即启动电磁阀将预作用装置打开，使压力水迅速充满管道，这样原来呈干式的系统迅速自动转变成湿式系统，完成了预作用过程。待闭式喷头开启后，便立即喷水灭火。

对于由火灾自动报警系统和充气管道压力开关控制的预作用系统，发生火警后需要火灾探测器信号以及喷头爆破后充气管道上的压力开关两组信号，才能启动预作用装置。

4. 雨淋系统

雨淋系统是指由火灾自动报警系统或传动管控制，自动开启雨淋报警阀和启动供水泵后，向开式洒水喷头供水的自动喷水灭火系统。系统由开式洒水喷头、雨淋报警阀组、雨淋报警阀启动装置、管道以及供水设施等组成，如图 4-4 所示。

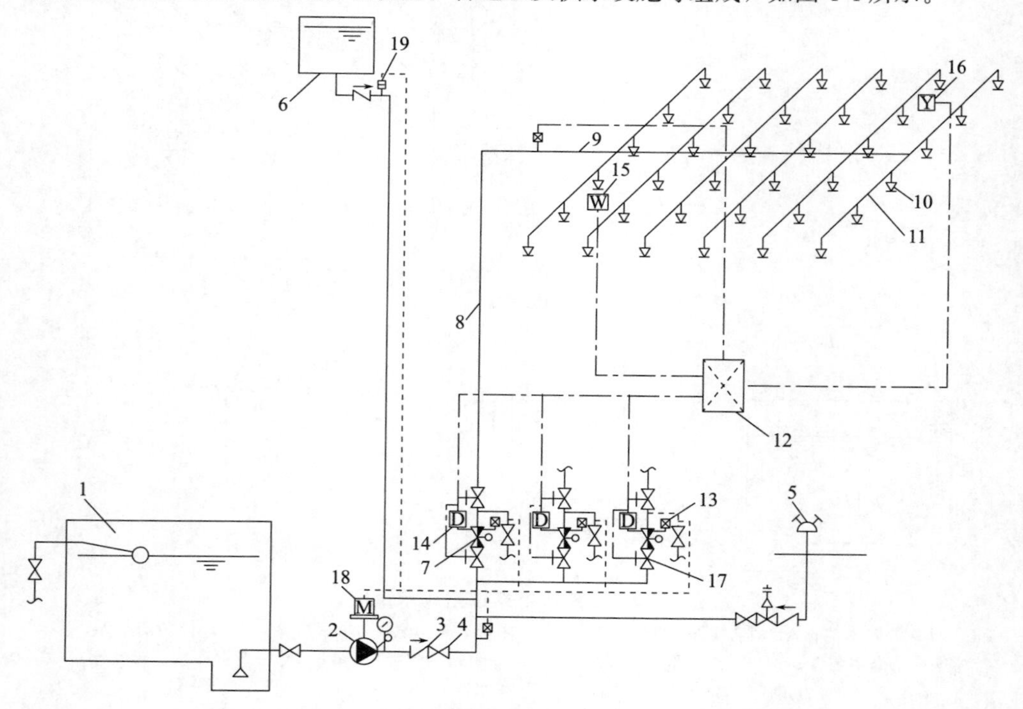

图 4-4　雨淋系统组成示意图（电动启动）

1—消防水池；2—消防水泵；3—止回阀；4—闸阀；5—消防水泵接合器；6—高位消防水箱；7—雨淋报警阀组；8—配水干管；9—配水管；10—开式洒水喷头；11—配水支管；12—报警控制器；13—压力开关；14—电磁阀；15—感温探测器；16—感烟探测器；17—信号阀；18—水泵控制柜；19—流量开关

雨淋系统的启动通过雨淋报警阀开启实现，雨淋报警阀入口侧与进水管相通并充满水，出口侧接喷水灭火管路。平时雨淋报警阀处于关闭状态。发生火灾后，火灾探测器或感温探测控制元件（闭式喷头、易熔锁封等）探测到火灾信号后，通过传动阀门（电磁阀、闭式喷头等）自动地释放掉传动管网中有压力的水，使传动管网中的水压骤然降低，由于进水管与传动管相连通的 $d=3\text{mm}$ 的小孔阀，来不及向传动管补水，于是雨淋报警阀在进水管的水压推动下瞬间自动开启，压力水便立即充满灭火管网，雨淋报警阀后所控制的开式喷头同时喷水，实现对保护区的整体灭火或控火。

5. 水幕系统

水幕系统由开式洒水喷头或水幕喷头、雨淋报警阀组或感温雨淋报警阀及水流报警装置等组成，如图 4-5 所示。喷头成排布置，以形成水墙或水帘，或满足冷却保护防火分隔物的需要。

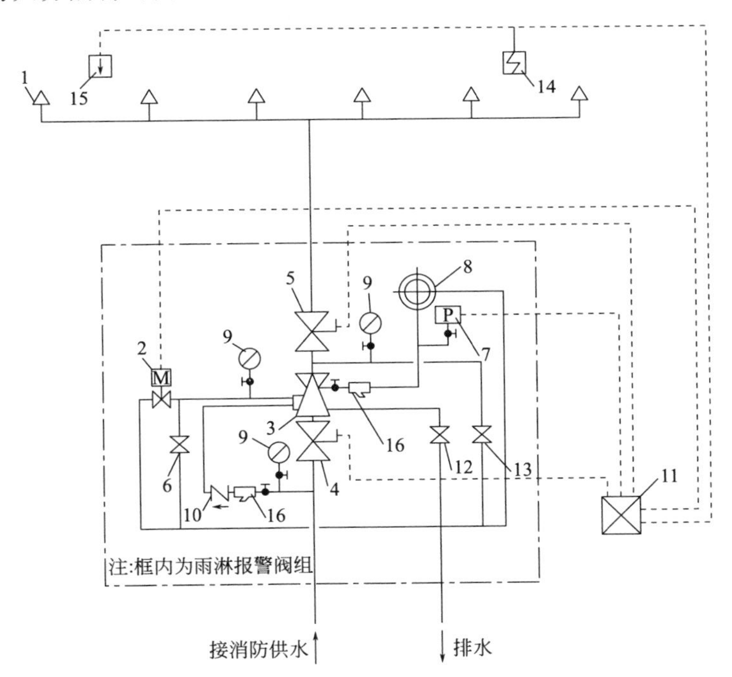

图 4-5 水幕系统组成示意图

1—水幕喷头；2—电磁阀；3—雨淋报警阀；4—信号阀；5—试验信号阀；6—手动开启阀；7—压力开关；8—水力警铃；9—压力表；10—止回阀；11—火灾报警控制器；12—进水阀；13—试验放水阀；14—烟感火灾探测器；15—温感火灾探测器；16—过滤器

水幕系统又分为防火分隔水幕和防护冷却水幕。

防火分隔水幕是利用密集喷洒形成的水墙或水帘阻火挡烟，起防火分隔作用的水幕系统。民用建筑中，防火分隔水幕不宜用于尺寸超过 15m（宽）×8m

（高）的开口（舞台口除外）。

防护冷却水幕是利用水的冷却作用，配合防火卷帘等分隔物进行防火分隔的水幕系统，典型的防护冷却水幕设置情况如图 4-6 所示。其主要起冷却保护作用，通过喷水冷却延长防火分隔物的耐火极限。

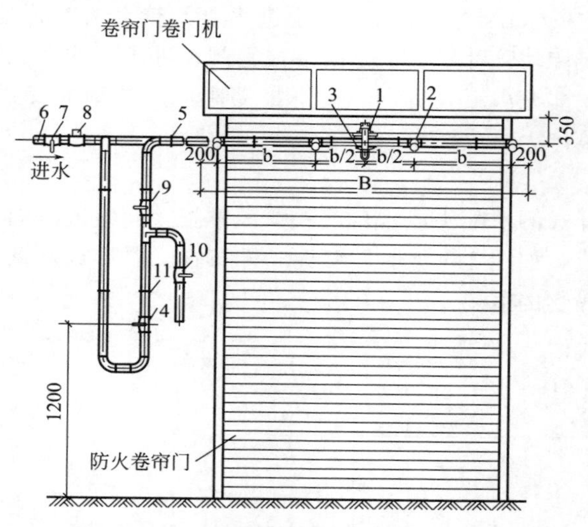

图 4-6 防火卷帘防护冷却水幕设置示意图

1—感温雨淋报警阀；2—水幕喷头；3—闭式喷头；4—手动开启阀；5—横管托架；6—供水管路；7—进水信号阀；8—水流指示器；9—试验信号阀；10—试验阀；11—单立管支架

6. 防护冷却系统

防护冷却系统由闭式洒水喷头、湿式报警阀组等组成，发生火灾时用于冷却防火卷帘、防火玻璃墙等防火分隔设施的闭式系统。

7. 局部应用系统

自动喷水局部应用系统是自动喷水灭火系统的特殊应用形式，有简化型、通用型、增压型局部应用系统等类型。这种系统由喷头、管道、控制阀门和末端试水装置等组成，可直接从室内消火栓管网或生活管网中取水。喷头应采用 K 系数为 80 或 115 的快速响应喷头。

（二）系统选型

自动喷水灭火系统的系统选型，应根据设置场所的火灾特点或环境条件确定，露天场所不宜采用闭式系统。

① 环境温度不低于 4℃且不高于 70℃的场所，应采用湿式系统。

② 环境温度低于 4℃或高于 70℃的场所，应采用干式系统。

③ 具有下列要求之一的场所应采用预作用系统：

a. 系统处于准工作状态时严禁误喷的场所；

b. 系统处于准工作状态时严禁管道充水的场所；

c. 替代干式系统。

④ 灭火后必须及时停止喷水的场所，应采用重复启闭预作用系统。

⑤ 具有下列条件之一的场所，应采用雨淋系统：

a. 火灾的水平蔓延速度快，闭式喷头的开放不能及时使喷水有效覆盖着火区域；

b. 室内净空高度超过闭式系统最大允许净空高度，且必须迅速扑救初期火灾；

c. 严重危险级Ⅱ级。

⑥ 局部应用系统适用于室内最大净空高度不超过 8m 的民用建筑中，局部设置且保护区域总建筑面积不超过 $1000m^2$ 的湿式系统。

三、系统的控制

1. 控制基本要求

① 湿式系统、干式系统应由消防水泵出水干管上设置的压力开关、高位消防水箱出水管上的流量开关和报警阀组压力开关直接自动启动消防水泵。

② 预作用系统应由火灾自动报警系统、消防水泵出水干管上设置的压力开关、高位消防水箱出水管上的流量开关和报警阀组压力开关直接自动启动消防水泵。

③ 雨淋系统和自动控制的水幕系统，消防水泵的自动启动方式应符合下列要求：

a. 当采用火灾自动报警系统控制雨淋报警阀时，消防水泵应由火灾自动报警系统、消防水泵出水干管上设置的压力开关、高位消防水箱出水管上的流量开关和报警阀组压力开关直接自动启动；

b. 当采用充液（水）传动管控制雨淋报警阀时，消防水泵应由消防水泵出水干管上设置的压力开关、高位消防水箱出水管上的流量开关和报警阀组压力开关直接启动。

④ 消防水泵除具有自动控制启动方式外，还应具备消防控制室（盘）远程控制和消防水泵房现场应急操作。

⑤ 预作用装置的自动控制方式可采用仅有火灾自动报警系统直接控制，或由火灾自动报警系统和充气管道上设置的压力开关控制，并应符合下列要求：

a. 处于准工作状态时严禁误喷的场所，宜采用仅有火灾自动报警系统直接控制的预作用系统；

b. 处于准工作状态时严禁管道充水的场所和用于替代干式系统的场所，宜由火灾自动报警系统和充气管道上设置的压力开关控制的预作用系统。

⑥ 预作用系统、雨淋系统及自动控制的水幕系统，应同时具备自动控制、消防控制盘手动远控、预作用装置或雨淋报警阀处现场于动应急操作，三种开启

报警阀的控制方式。

⑦ 雨淋报警阀的自动控制，可采用电动、液（水）动或气动三种控制方式的任何一种。但应该指出，在同一保护区域内应采用相同类型的控制方式。

⑧ 为保证干式、预作用系统有压充气管道迅速排气，要求系统的快速排气阀入口前的电动阀，应在启动供水泵的同时开启。

2. 运行状态监视与控制

① 消防控制室应能显示水流指示器、压力开关、信号阀、水泵、消防水池及水箱水位、有压气体管道气压以及电源和备用动力等是否处于正常状态的反馈信号。

② 消防控制室应能控制水泵、电磁阀、电动阀等的操作。

第二节 系统主要组件

一、喷头

（一）喷头类型

1. 根据结构形式分类

（1）闭式喷头　具有释放机构的洒水喷头，如图 4-7 所示。该类喷头的喷水口由热敏感元件组成的释放机构封闭，喷头的感温、闭锁装置只有在预定的温度环境下才会脱落。在发生火灾时主要有两个作用过程，首先是探测火灾，然后是布水灭火。

（2）开式喷头　无释放机构的洒水喷头，如图 4-8 所示。该类喷头的喷水口处于常开状态，承担布水灭火的任务。

2. 根据热敏感元件分类

（1）玻璃球喷头　通过玻璃球内充装的液体受热膨胀使玻璃球爆破而开启的喷头，如图 4-7 所示为闭式玻璃球洒水喷头。该喷头由喷水口、玻璃球、框架、溅水盘、密封垫等组成。玻璃球支撑喷水口的密封垫，其内充装一种彩色高膨胀液体。发生火灾时，玻璃球内的液体受热膨胀，当达到其公称动作温度范围时，玻璃球炸裂成碎片，喷水口的密封垫失去支撑，阀盖脱落，压力水便喷出灭火。玻璃球喷头一般用于美观要求较高的公共建筑和具有腐蚀性的场所。

（2）易熔元件喷头　通过易熔元件（易熔金属）受热熔化而开启的喷头，如图 4-9 所示。该喷头热敏元件由易熔合金片与支撑构件焊在一起。火灾时在火焰或高温烟气的作用下，易熔合金片在预定温度下熔化，感温元件失去支撑，于是喷头开启灭火。易熔元件喷头用于外观要求不高，腐蚀性不大的工厂、仓库等。

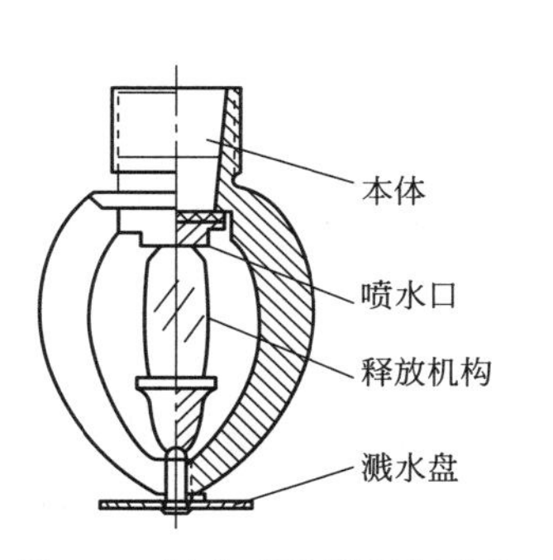

图 4-7　闭式玻璃球洒水喷头

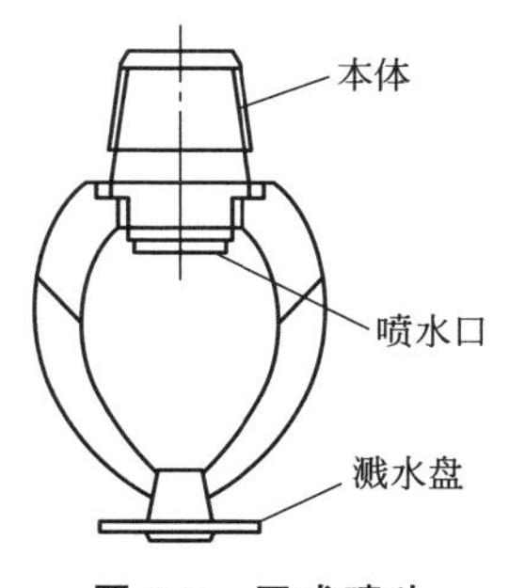

图 4-8　开式喷头

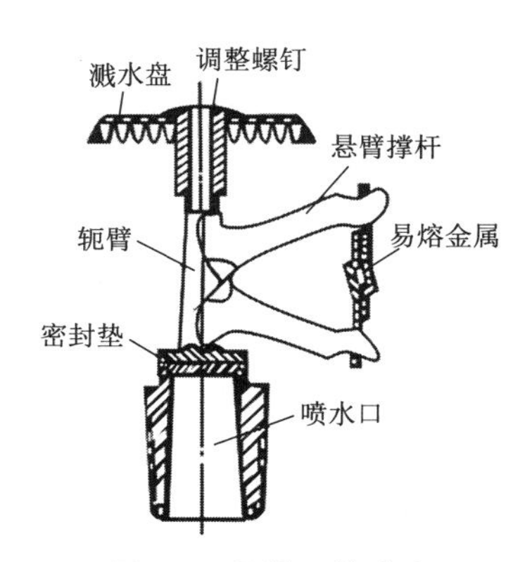

图 4-9　易熔元件喷头

3. 根据安装位置分类

（1）直立型喷头　直立安装，水流向上冲向溅水盘的喷头，如图 4-10 所示。这种喷头的溅水盘呈平板或略有弧状，其 80%以上的水量通过溅水盘的反溅后直接洒向下方，其余的水量向上喷洒保护顶棚。适用于安装在管路下面经常有货物装卸或物体移动等作业的场所。

（2）下垂型喷头　下垂安装，水流向下冲向溅水盘的喷头，如图 4-11 所示。该种喷头适用于安装在各种保护场所，应用较为普遍。

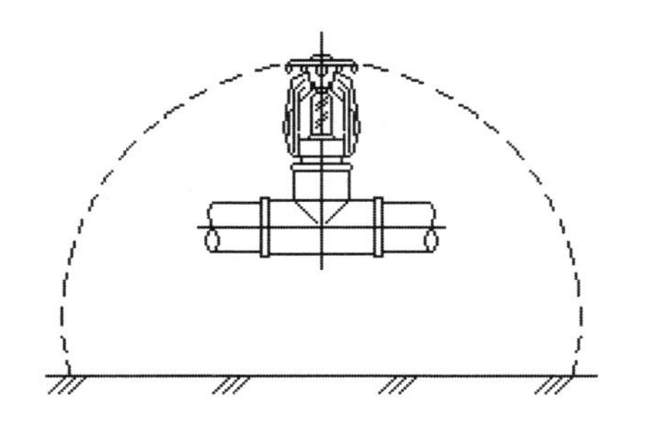

图 4-10　直立型喷头

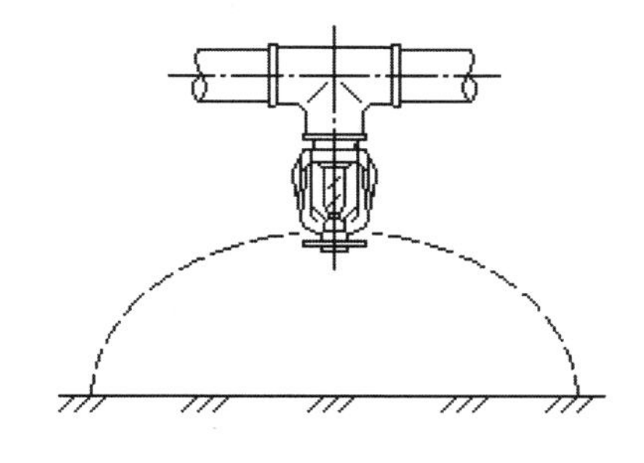

图 4-11　下垂型喷头

（3）边墙型喷头　靠墙安装，在一定的保护面积内，将水向一边（半个抛物线）喷洒分布的喷头，有立式和水平式两种，如图 4-12 所示。这种喷头带有定向的溅水盘，安装在墙上，将 85%的水量从保护区的侧上方向保护区洒水，其余的水喷向喷头后面的墙上。适合安装在受空间限制、布置管路困难的场所和通道状的建筑部位。

（4）吊顶型喷头　在吊顶下安装的喷头，分为齐平式喷头、嵌入式喷头和隐蔽式喷头。

① 齐平式喷头。喷头的部分或全部本体（包括根部螺纹）安装在吊顶下平面以上，但热敏感元件的集热部分或全部处于吊顶下平面以下的喷头。

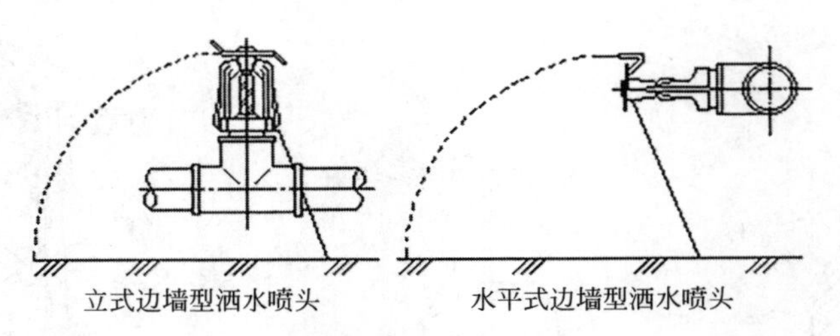

图 4-12 边墙型喷头

② 嵌入式喷头。喷头的全部或部分本体被安装在嵌入吊顶的护罩内的喷头。

③ 隐蔽式喷头。带有装饰盖盘的嵌入式喷头，盖盘被易熔合金焊接在调节护架上，当火灾发生后，盖盘受热，易熔元件熔化，盖盘先行脱落，喷头的溅水盘和玻璃球露出。

4. 根据喷头灵敏度分类

(1) 快速响应喷头　响应时间系数（RTI）$\leqslant 50(\mathrm{m \cdot s})^{0.5}$ 的喷头。

(2) 特殊响应喷头　响应时间系数（RTI）$>50(\mathrm{m \cdot s})^{0.5}$ 且 $<80(\mathrm{m \cdot s})^{0.5}$ 的喷头。

(3) 标准响应喷头　响应时间系数（RTI）$>80(\mathrm{m \cdot s})^{0.5}$ 且 $<350(\mathrm{m \cdot s})^{0.5}$ 的喷头。

(4) 早期抑制快速响应喷头　流量系数 $K \geqslant 161$，响应时间系数（RTI）$\leqslant (28 \pm 8)\ (\mathrm{m \cdot s})^{0.5}$，用于保护堆垛与高架仓库的标准覆盖面积洒水喷头。在热的作用下，在预定的温度范围内自行启动，使水以一定的形状和密度在设计的保护面积上分布，以达到早期抑制效果的一种喷水装置，简称 ESFR 喷头，如图 4-13 所示。

(5) 特殊应用喷头　流量系数 $K \geqslant 161$，具有较大水滴粒径。在通过标准试验验证后，可用于民用建筑和厂房高大空间场所以及仓库的标准覆盖面积洒水喷头，包括非仓库型特殊应用喷头和仓库型特殊应用喷头。

5. 根据性能特点和特殊结构分类

(1) 干式喷头　由一个特殊短管和安装于短管出口处的喷头组成，在短管入口处设有密封机构，在喷头动作之前，此密封机构可阻止水进入短管，如图 4-14 所示。当喷头动作时，封堵脱落，水进入喷头喷水。这样可以避免干式系统喷水后，未动作喷头接管内积水排不出去而造成冻结。适用于干式系统需要使用下垂型喷头的场所及湿式系统中喷头和接管可能暴露在无采暖措施的低温场所。

(2) 带涂层喷头　喷头出厂时即带有防腐作用或装饰作用的涂层或镀层的喷头。

(3) 带防水罩的喷头　带有固定于热敏感元件上方的防水罩，防止上方的水喷洒在热敏感元件上的喷头。货架或开放网架，可选用此喷头。

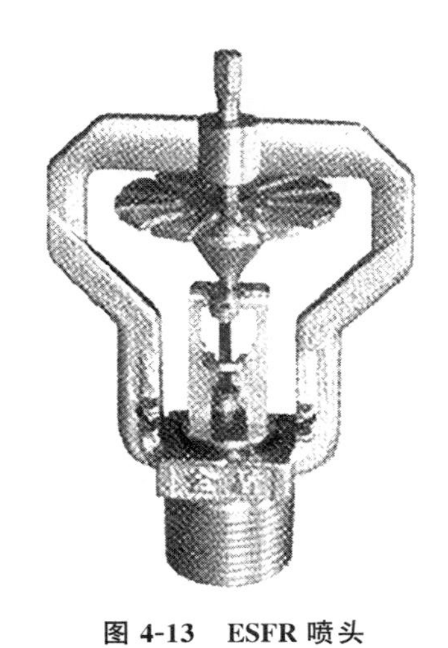

图 4-13 ESFR 喷头

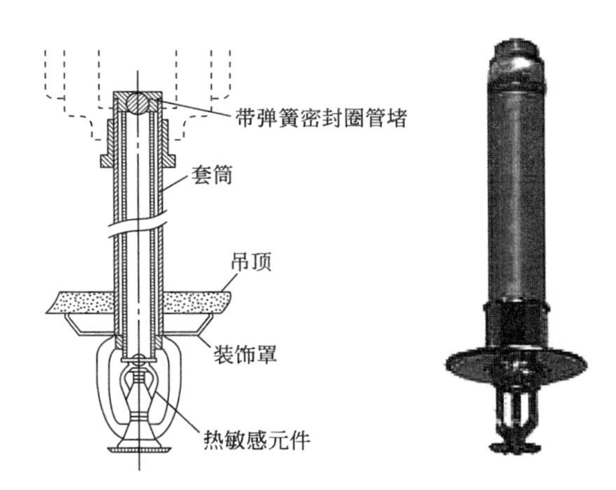

图 4-14 干式喷头

(4) 家用喷头 设置在住宅建筑和非住宅类居住建筑，在预定的温度范围内自行启动，按设计的洒水形状和流量洒水到设计的防火区内的一种快速响应喷头。该喷头能在着火初期启动灭火，可有效控制居所内的火灾，增加居民安全逃生或疏散的可能性。

(5) 雨淋喷头 用于大空间场所或露天场所，能够将水喷洒成雨滴状，均匀分布在保护区域内的大流量喷头。

6. 根据保护面积分类

(1) 标准覆盖面积洒水喷头 单只喷头保护面积不超过 $20m^2$ 的下垂型或直立型喷头及单只喷头保护面积不超过 $18m^2$ 的边墙型喷头。

(2) 扩大覆盖面积洒水喷头 具流量系数 $K \geqslant 80$，一只喷头的最大保护面积大于标准覆盖面积洒水喷头的保护面积，且不超过 $36m^2$ 的洒水喷头，包括直立型、下垂型和边墙型扩大覆盖面积洒水喷头。

7. 水幕喷头

水幕系统的喷头固定在水幕系统管路中，可以持续地喷水形成水幕帘，对受火灾威胁的表面进行冷却保护或形成防火分隔，可采用开式洒水喷头或专用的水幕喷头。水幕喷头根据其结构特点，可分为缝隙式和冲击式两种类型。

(1) 缝隙式水幕喷头 在工程中较为常用，有单隙式和双隙式之分。其中，单隙式水幕喷头分为下喷型和侧喷型两种，分别在喷头体顶部和一侧开有一条出水缝隙，如图 4-15 (a) 和图 4-15 (b) 所示；双隙式水幕喷头的喷头体一侧开有两条平行的出水缝隙，如图 4-15 (c) 所示。

(2) 冲击式水幕喷头 有挡板冲击式和曲面冲击式两种，使其按设计外形喷洒水形成水幕。挡板冲击式水幕喷头是水流通过喷头内部，冲击到外部导流挡板上。曲面冲击式水幕喷头是水流通过喷头内部，冲击到外部导流面上，如图 4-16 所示。

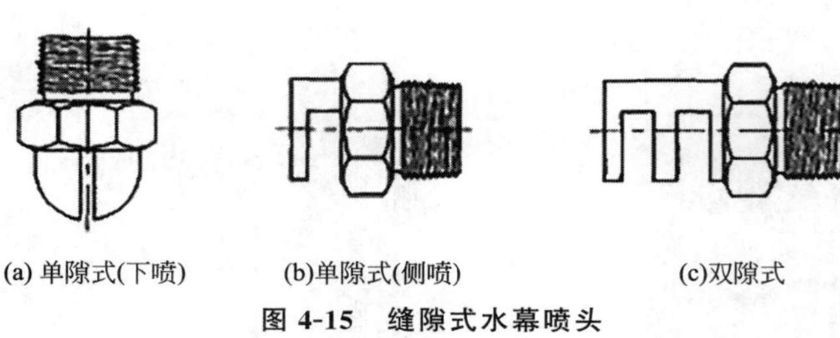

(a) 单隙式(下喷)　(b)单隙式(侧喷)　(c)双隙式

图 4-15　缝隙式水幕喷头

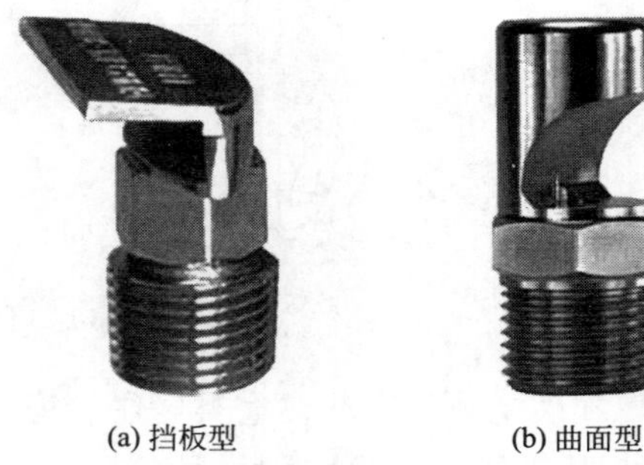

(a) 挡板型　(b) 曲面型

图 4-16　冲击式水幕喷头

（二）喷头类型的选定

根据系统类型与保护场所的实际选用喷头，同一隔间内应采用相同热敏性能的喷头。

1. 湿式系统的喷头选型

① 吊顶下布置的喷头，应采用下垂型喷头或吊顶型喷头；

② 不做吊顶的场所，当配水支管布置在梁下时，应采用直立型喷头；

③ 顶板为水平面的轻危险级、中危险级Ⅰ级住宅建筑、宿舍、旅馆建筑客房、医疗建筑病房和办公室，可采用边墙型洒水喷头；

④ 易受碰撞的部位，应采用带保护罩的喷头或吊顶型喷头；

⑤ 顶板为水平面，且无梁、通风管道等障碍物影响喷头洒水的场所，可采用扩大覆盖面积洒水喷头；

⑥ 住宅建筑和宿舍、公寓等非住宅类居住建筑宜采用家用喷头；

⑦ 自动喷水防护冷却系统可采用边墙型洒水喷头。

2. 其他系统的喷头选型

① 干式系统、预作用系统应采用直立型喷头或干式下垂型喷头；

② 雨淋系统的防护区内应采用相同的喷头。

3. 宜采用快速响应喷头的场所

① 公共娱乐场所、中庭环廊；

② 医院、疗养院的病房及治疗区域，老年、少儿、残疾人的集体活动场所；

③ 超出水泵接合器供水高度的楼层；

④ 地下的商业场所。

4. 水幕喷头的选择

（1）防火分隔水幕应采用开式洒水喷头或水幕喷头　当使水幕形成密集喷洒的水墙时，要求采用洒水喷头；当使水幕形成密集喷洒的水帘时，要求采用开口向下的水幕喷头。防火分隔水幕也可以同时采用上述两种喷头并分排布置。

（2）防护冷却水幕应采用水幕喷头　防护冷却水幕要求将水喷向保护对象，因此应选用能够定向喷水的水幕喷头。

5. 不宜选用隐蔽式洒水喷头

确需采用时，应仅适用于轻危险级和中危险级Ⅰ级场所。

（三）喷头的公称动作温度和颜色标志

1. 闭式喷头的公称动作温度和颜色标志

闭式喷头的公称动作温度有各种级别。玻璃球喷头的公称动作温度分为13档，用玻璃球内的工作液颜色进行标志；易熔元件喷头的公称动作温度分为7档，用轭臂色标进行标志，见表4-1。

表4-1　闭式喷头的公称动作温度和颜色标志

普通（EC、ZSTJ、CMSA）喷头				ESFR喷头				家用喷头			
玻璃球喷头		易熔元件喷头		玻璃球喷头		易熔元件喷头		玻璃球喷头		易熔元件喷头	
公称动作温度/℃	工作液色标	公称动作温度/℃	轭臂色标	公称动作温度/℃	工作液色标	公称动作温度/℃	轭臂色标	公称动作温度/℃	工作液色标	公称动作温度/℃	轭臂色标
57	橙色	57～77	本色	68	红色	68～74	无色标	57	橙色	57～77	未标色
68	红色	80～107	白色	93	绿色	93～104	白色	68	红色	79～107	白色
79	黄色	121～149	蓝色					79	黄色	—	—
93	绿色	163～191	红色					93,100	绿色	—	—
107	绿色	204～246	绿色								
121	蓝色	260～302	橙色								
141	蓝色	320～343	黑色								
163	紫色										
182	紫色										
204	黑色										
227	黑色										
260	黑色										
343	黑色										

2. 闭式喷头的公称动作温度选择

设置场所内选用的闭式喷头，其公称动作温度宜高于环境最高温度30℃。

二、报警阀组

报警阀组是自动喷水灭火系统的专用阀门，平时处于闭合状态，发生火灾时自动开启，担负着接通或切断水源、启动水流报警装置等任务。

（一）报警阀组的构成

报警阀组（以湿式报警阀为例）通常由报警阀、报警信号管路、延迟器、压力开关、水力警铃、排水试验管路、压力表等构成，如图 4-17 所示。

1. 报警阀

报警阀是报警阀组的主体，通过其实现报警阀组的特定功能。该部件的外形和内部结构随报警阀的类型不同有所差异，是一种只允许水流入的单向阀。

2. 报警信号管路

在报警阀组中报警信号管路起着桥梁纽带的作用，其上安装有延迟器、压力开关和水力警铃，当报警阀开启，报警信号管路将压力水输送至水力警铃及压力开关。

3. 延迟器

延迟器安装在报警信号管路的前端，通过缓冲延时，消除自动喷水灭火系统因水源压力波动和水流冲击造成的误报警。延迟器的容量一般为 6～10L，延迟时间为 20～30s。

4. 水力警铃

水力警铃是利用水流的冲击力发出声响的报警装置，由警铃、击铃锤、转动轴、水轮机及输水管等组成。铃锤外置式水力警铃如图 4-18 所示，部分产品铃锤或击铃锤设置在警铃内部。位于报警信号管路末端，安装在延迟器的上部。水力警铃应设在有人值班的地点附近或公共通道的外墙上，其工作压力不应小于 0.05MPa，与报警阀连接的管道，其管径应为 20mm，总长不宜大于 20m。

图 4-17 湿式报警阀组

1—报警阀；2—报警信号管路；3—延迟器；4—水力警铃；5—压力开关；6—排水试验管路；7—压力表

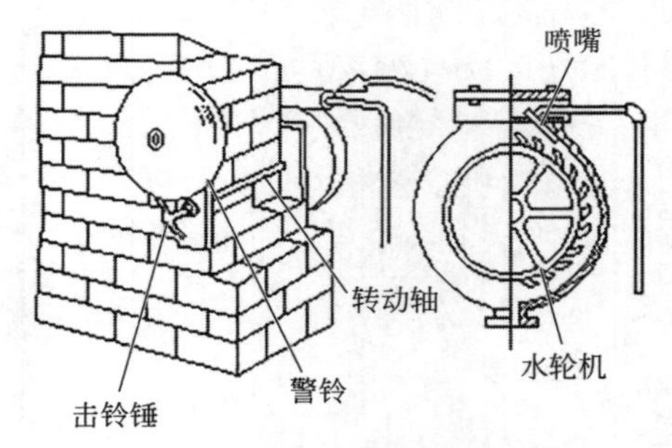

图 4-18 铃锤外置式水力警铃

5. 压力开关

压力开关垂直安装在延迟器与水力警铃之间的信号管道上，平时由于报警阀闭合，报警信号管路呈现无压，压力开关处于待命状态。当报警阀动作后，报警信号管路充满报警水流，使压力开关动作部件受压，产生位移触动信号输出部件，将水压信号转化为电信号发送到报警控制器，进而发出指令，自动控制联锁开启消防水泵，还可用于监控报警阀的工作状态及管道内的压力变化情况。

6. 排水试验管路

排水试验管路指连接在供水侧和报警口之间的管道，设有控制阀，用于系统试验和检查时的排水与排气。

7. 压力表

压力表分别设置在报警阀组前的供水侧和报警阀组后的系统侧，用于显示系统各种状态下的压力。

（二）报警阀组的类型

1. 湿式报警阀组

湿式报警阀组如图 4-17 所示，用于湿式系统。其中的报警阀有座圈型、导阀型和蝶阀型三种类型，如图 4-19 所示为座圈型，由阀体和阀瓣两部分组成。平时阀瓣前后水压相等，由于阀瓣的自重降落在阀座上，处于闭合状态。火灾时，闭式喷头打开喷水，报警阀上面的水压下降，阀下水压大于阀上水压，阀瓣被顶起使阀门自动开启，向管网供水。此时一路水由报警阀的环形槽进入报警信号管路，再经过延迟器到达水力警铃，发出声响报警信号，报警信号管路上的压力开关动作输出相应的电信号，联锁启动消防水泵等设施。

2. 干式报警阀组

干式报警阀组的构成，如图 4-20 所示，比湿式报警阀组多了一套充气装置，专用于干式系统。进口与供水管网相连，出口接灭火管网充以压缩气体。其工作原理是：平时密封组件出口侧所受的力大于进口侧水源施加的力，因此，阀门处于闭合状态。火灾时闭式喷头打开，出口侧气压下降，当降到一定程度时，进口侧水的压力大于阀瓣出口侧施加的力，密封组件打开，水流入配水管道，供给已动作喷头喷水灭火。干式阀启动后防复位的目的是防止由于阀瓣打开后，出口侧静水压等压力使阀门重新复位而影响供水灭火。

由于干式报警阀两侧受压面面积不等，使得灭火管网中所充气压要小于水压。

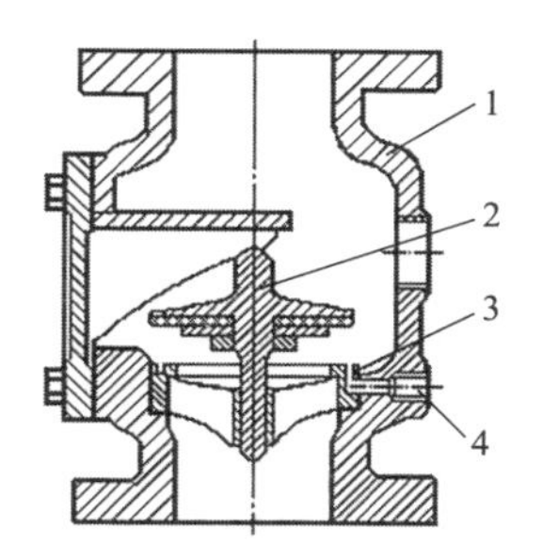

图 4-19 座圈型湿式报警阀的结构图

1—阀体；2—阀瓣；3—沟槽；4—警铃接口

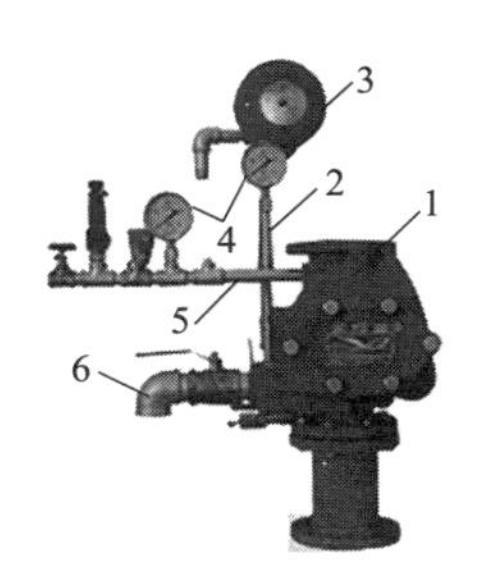

图 4-20　干式报警阀组的构成

1—报警阀阀体；2—报警信号管路；3—水力警铃；4—压力表；5—充气与气压维护组件；6—试验管路

3. 雨淋报警阀组

雨淋报警阀可通过电动、机械、气动或其他方式开启，适用于雨淋系统、水幕系统、水喷雾系统等各类开式系统和预作用系统。其伺应状态和工作状态的示意分别如图 4-21（a）、（b）所示，其中，雨淋报警阀是基础，目前普遍使用的是隔膜式雨淋报警阀，如图 4-21（c）所示。该阀分为 A、B、C 三室，A 室与供水管相通，B 室与喷水灭火管网相连，C 室与传动管网相连。平时 A、B、C 三个室内均充满了水，其中 A、C 两室内的水压力相同（因为 C 室通过直径为 3mm 的小孔阀与供水管相通）。B 室内仅充满具有静水压力的水，此静水压力是由喷水灭火管网的水平管道与雨淋报警阀之间的高度差造成的。雨淋报警阀大圆盘或

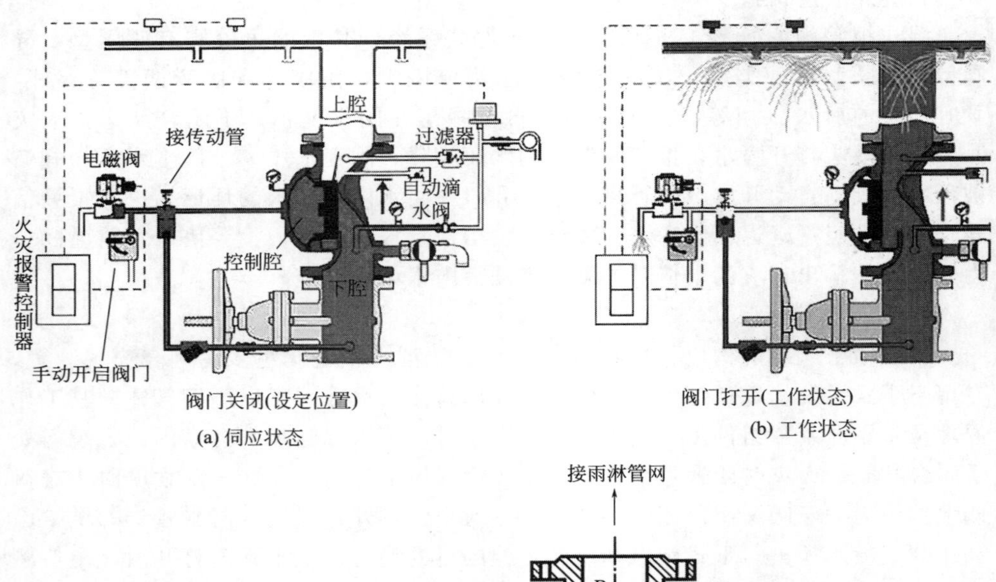

(a) 伺应状态　　(b) 工作状态

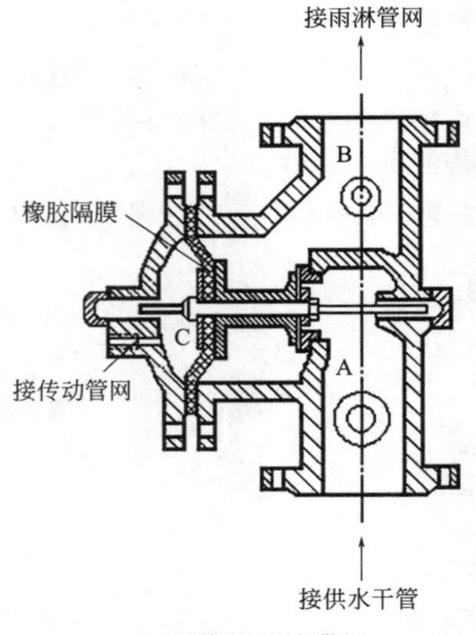

(c) 隔膜型雨淋报警阀

图 4-21　雨淋报警阀组

隔膜面积为小圆盘面积的2倍以上，因此，在相同水压的作用下，平时雨淋报警阀处于关闭状态。当防护区发生火灾时，通过传动设备自动地将传动管网中的水压力释放，即C室内水被放出，由于直径为3mm的小孔阀来不及补水，使传动室中大圆盘上的水压力骤然降低，于是雨淋报警阀在供水管的水压推动下自动开启，迅速流向整个管网供喷头喷水灭火。同时部分压力水流向报警信号管路，使水力警铃发出铃声报警并给值班室发出信号，压力开关动作，直接启动消防水泵供水。此时由于电磁阀具有自锁功能，所以雨淋报警阀被锁定为开启状态，灭火后，手动将电磁阀复位，稍后雨淋报警阀将自行复位关闭。

4. 预作用报警装置

预作用报警装置由预作用报警阀组、控制盘、气压维持装置和空气供给装置等组成，通过电动、气动、机械或者其他方式控制报警阀组开启，使水能够单向流入喷水灭火系统的同时进行报警的一种单向阀组装置。其结构如图4-22所示。预作用报警阀组，是由预作用报警阀（单阀或组合阀）及其管路辅件组成的报警阀组。图4-22是典型应用的组合阀，6为隔离单向阀通常使用湿式报警阀，16为雨淋报警阀，两者串接组成预作用报警阀。因此，在预作用报警装置工作原理的理解上，主要依托雨淋报警阀启动工作原理，而湿式报警阀起到单向阀的作用，同时如果系统侧管网充气，则湿式报警阀可起到密封的作用。

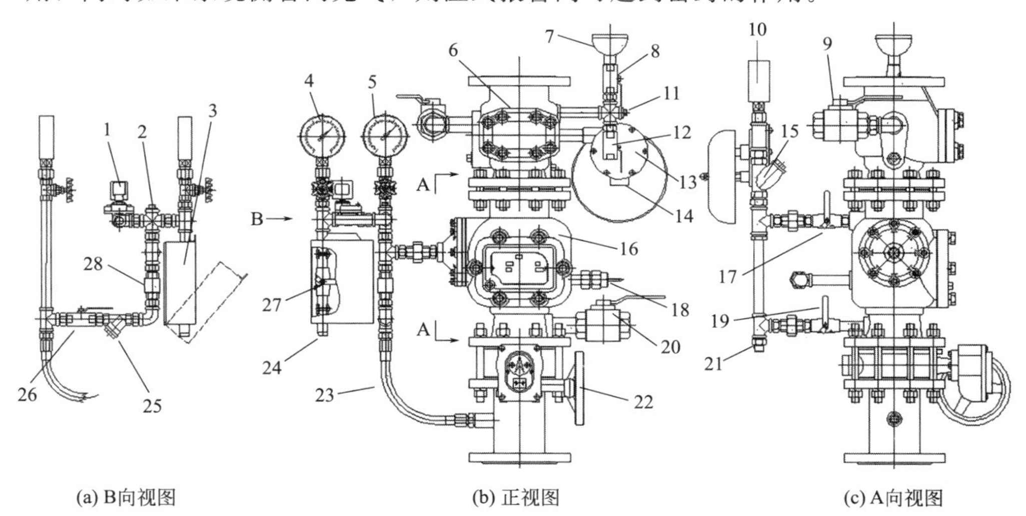

图4-22　预作用报警装置结构示意图

1—启动电磁阀；2—远程引导启动方式接口；3—紧急启动盒；4—隔膜室压力表；5—补水压力表；6—隔离单向阀；7—底水漏斗；8—加底水阀；9—试验排水阀；10—压力开关；11—压缩空气接口；12—排多余底水阀；13—水力警铃；14—警铃排水口；15—报警通道过滤器；16—雨淋报警阀；17—报警试验阀；18—滴水阀；19—报警试验阀；20—排水阀；21—报警试验排水口；22—进水蝶阀；23—补水软管；24—紧急启动排水口；25—补水通道过滤器；26—补水阀；27—紧急启动阀；28—补水隔离单向阀

（三）报警阀组的设置要求

① 自动喷水灭火系统应设报警阀组。保护室内钢屋架等建筑构件的闭式系统，应设独立的报警阀组。

② 湿式和预作用系统，每个报警阀组控制的喷头数不宜超过 800 只；干式喷水灭火系统，每个报警阀组控制的喷头数不宜超过 500 只。当配水支管同时安装保护吊顶下方和上方空间的喷头时，应只将数量较多一侧的喷头计入报警阀组控制的喷头总数。

③ 串联接入湿式系统配水干管的其他自动喷水灭火系统，应设置独立的报警阀组（见图 4-23）。另外，考虑到湿式系统检修时可能影响串入的其他系统，规定其控制的喷头数计入湿式报警阀组控制的喷头总数。

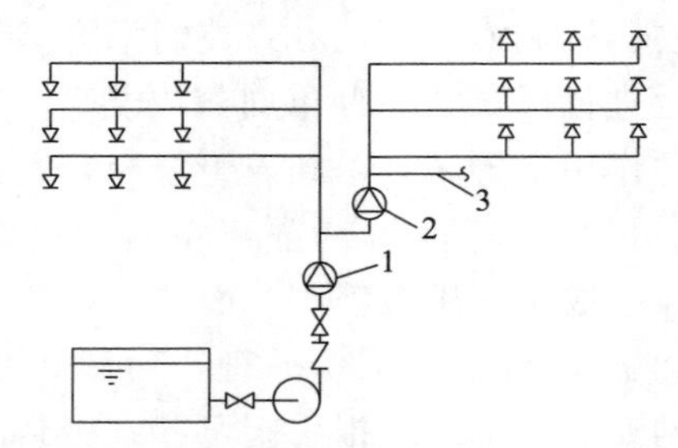

图 4-23 其他自动喷水灭火系统接入湿式系统示意图

1—湿式报警阀组；2—其他系统报警阀组；3—接充气管道

④ 报警阀组不宜设置在消防控制中心，宜设在安全、易于操作的地点，距地面高度 1.2m，房间温度应在 4℃以上，无腐蚀和振动，应设有相应的排水设施。

⑤ 每个报警阀组供水的最高与最低位置喷头，其高程差不宜大于 50m。

⑥ 当高层建筑中有多个报警阀时，宜分层设置，且在每个报警阀上应注明相应编号。

⑦ 当雨淋系统的流量超过直径 150mm 雨淋报警阀的供水能力时，可采用几个雨淋报警阀并联安装来满足要求。雨淋报警阀组的电磁阀，其入口应设过滤器，以防其流道被堵塞。

三、水流探测装置

1. 水流指示器

水流指示器由本体、微型开关、浆片及法兰底座等组成，如图 4-24 所示。是自动喷水灭火系统中将水流信号转换成电信号的一种报警装置，其作用就是监测管网内的水流情况，准确、及时报告发生火灾的部位。竖直安装在系统配水管网的水平管路上或各分区的分支管上，当有水流过时，流动的水推动浆片动作，浆片带动整个联动杆摆动一定角度，从而带动信号输出组件的触点闭合，使电接点接通，将水流信号转换为电信号，输出到消防控制中心，报知建筑物某部位的喷头已开始喷水，消防控制中心由此信号确认火灾的发生。

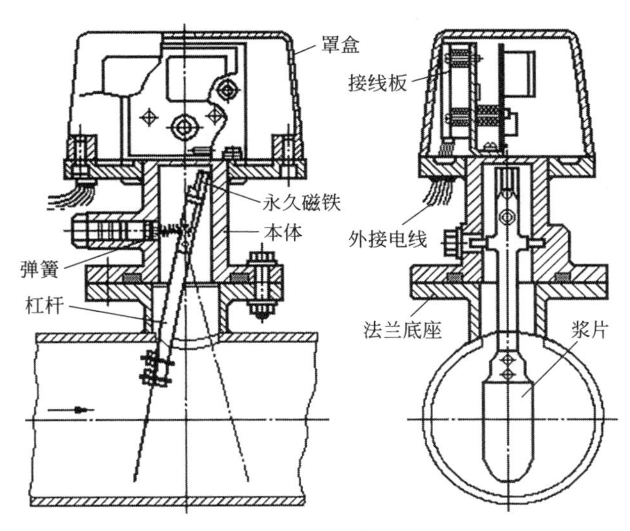

图 4-24 水流指示器

设有自动喷水灭火系统的每个防火分区及楼层均应设置水流指示器。当一个报警阀组仅控制一个防火分区或一个层面的喷头时，由于报警阀组的水力警铃和压力开关已能发挥报告火灾部位的作用，故此种情况允许不设水流指示器。仓库内顶板下喷头与货架内喷头应分别设置水流指示器，以便于判断喷头的动作状况。当水流指示器入口前设置控制阀时，应设置信号阀。水流指示器宜安装在管道井中，以便于维护管理。

2. 压力开关

压力开关一般设在报警阀组的报警信号管路上，用以直接连锁自动启动消防水泵。此外，有些情况也应选用压力开关作为水流报警装置：雨淋系统和防火分隔水幕，其水流报警装置宜采用压力开关。因该系统采用开式喷头，平时报警阀出口后的管道内没有水，系统启动后的管道充水阶段，管内水的流速较快，容易损伤水流指示器，因此采用压力开关较好。稳压泵的启停，应采用压力开关控制。

四、管道系统

1. 管道命名

以报警阀组为界，如图 4-25 所示，自动喷水灭火系统的管道按以下规则进行命名。

（1）供水管道　报警阀组前的管道。

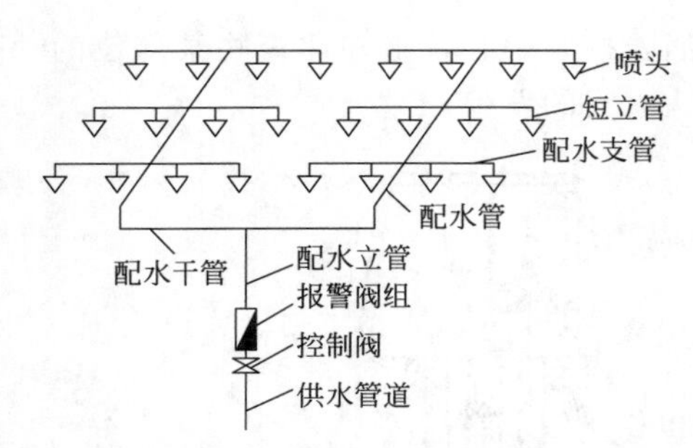

图 4-25 自动喷水灭火系统的管道命名

（2）配水管道 报警阀组后的管道，细分如下。

① 配水干管：报警阀后向配水管供水的管道。

② 配水管：向配水支管供水的管道。

③ 配水支管：直接或通过短立管向喷头供水的管道。

④ 短立管：连接喷头与配水支管的立管。

2. 管道排水

① 系统应在其负责区段管道的最低点设置泄水阀或泄水口，以便于系统检修和维护。

② 水平安装配水管道宜有坡度，并应坡向泄水阀。充水管道的坡度不宜小于 2‰，准工作状态不充水管道的坡度不宜小于 4‰。

③ 充水管道有局部下弯，且下弯管段内喷头数量少于 5 只时，可在管道上设置丝堵泄水口。喷头数量为 5～20 只时，宜设置带有泄水阀的泄水口。喷头数量多于 20 只时，宜设置带有泄水阀的泄水管，并接至建筑物的排水系统管道。

④ 仓库内设有自动喷水灭火系统时，宜设消防排水设施。

3. 管路充气和排气

干式系统和预作用系统的配水管道，可用空气压缩机充气，在空气压缩站能保证不间断供气时，也可由空气压缩站供应。其供气管道，采用钢管时，管径不宜小于 15mm；采用铜管时，管径不宜小于 10mm。

利用有压气体作为系统启动介质的干式系统、预作用系统，其配水管道内的气压值，应根据报警阀的技术性能确定。利用有压气体检测管道是否严密的预作用系统，配水管道内的气压值不宜小于 0.03MPa，且不宜大于 0.05MPa。

干式系统和预作用系统的配水管道应设快速排气阀，以便系统启动后管道尽快排气充水。有压充气管道的快速排气阀入口前应设电动阀，该阀平时常闭，系统充水时打开；其他系统应在其负责区管道的最高点设置排气阀或排气口。

五、末端试水装置

末端试水装置由试水阀、压力表、试水接头及排水漏斗等组成，如图 4-26 所示。用于监测自动喷水灭火系统末端压力，测试系统能否在开放一只喷头的最不利条件下可靠报警并正常启动，并对水流指示器、报警阀、压力开关、水力警铃的动作是否正常，配水管道是否畅通，系统联动功能是否正常等进行综合检验。在每个报警阀组控制的最不利点喷头处，应设置末端试水装置。其他防火分区、楼层的最不利点喷头处，均应设直径为 25mm 的试水阀。

末端试水装置和试水阀应有标识，距地面的高度宜为1.5m，并应采取不被他用的措施。

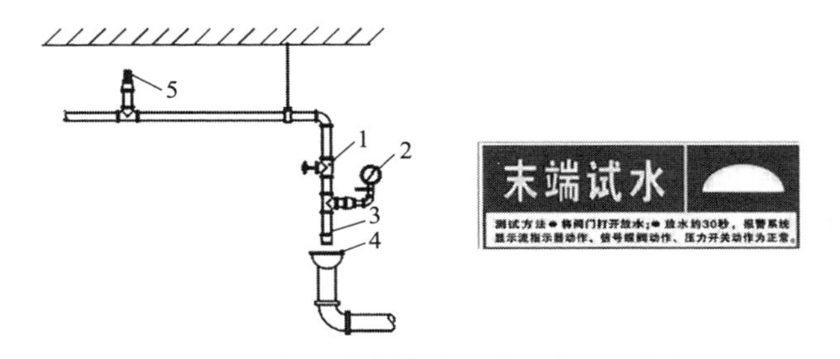

图 4-26　末端试水装置组成示意图和标识

1—试水阀；2—压力表；3—试水接头；4—排水漏斗；5—最不利点喷头

第三节　喷头与管网的布置

一、喷头布置

（一）喷头的流量

每只喷头的流量可按下式计算：

$$q=K\sqrt{10P} \tag{4-1}$$

式中　q——每只喷头的流量，L/min；

K——喷头的公称流量系数，有57、80、115、161、202等多种；

P——喷头处的工作压力，MPa。

（二）每只喷头的保护面积

每只喷头的保护面积，即由四只喷头围成的图形的正投影面积，如图4-27所示。图中喷头 A、B、C、D 呈正方形布置，四只喷头同时喷水时，假设最不利点相邻四只喷头的流量相等，则每只喷头恰好有四分之一的水量喷洒在 $ABCD$ 面积内，此时四只喷头的平均保护面积等于一只喷头的有效保护面积，即：

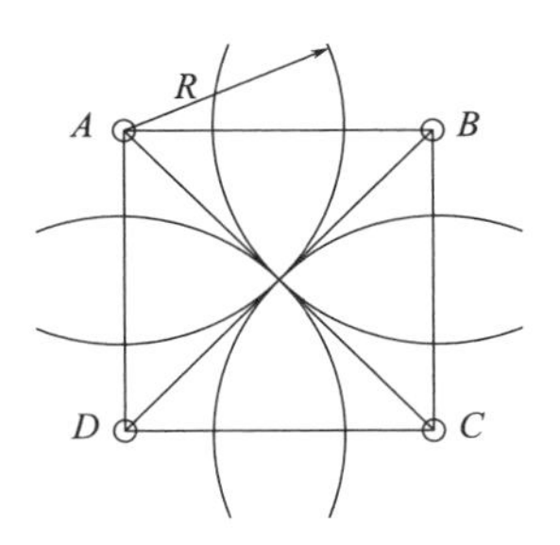

图 4-27　每只喷头的保护面积示意图

$$A_1=\frac{4q_0}{4q_\mu} \tag{4-2}$$

式中　A_1——每只喷头的保护面积，m^2；

q_0——最不利点喷头流量，L/min；

q_μ——设计喷水强度，L/(min·m^2)。

（三）喷头布置间距

喷头布置间距与系统设计喷水强度、喷头类型、喷头工作压力和喷头的布置形式等有关，其间距确定合理与否，将决定着喷头能否及时动作和按规定强度喷水。

1. 正方形布置喷头间距

正方形布置为同一配水支管上喷头的间距与相邻配水支管间的间距相同，如图 4-28 所示。采用正方形布置时喷头的布置间距可按式（4-3）计算确定。但直立型、下垂型标准覆盖面积洒水喷头间距不应大于表 4-2 的给定值，且不应小于 1.8m。

$$S=\sqrt{A_1} \tag{4-3a}$$

或

$$S=2R\cos45^\circ \tag{4-3b}$$

式中 S——喷头呈正方形布置时的间距，m；

A_1——每只喷头的保护面积，m^2；

R——喷头设计喷水保护半径，m。

表 4-2 直立型、下垂型标准覆盖面积洒水喷头的布置

火灾危险等级	正方形布置的边长/m	矩形或平行四边形布置的长边边长/m	一只喷头的最大保护面积/m^2	喷头与端墙的距离/m	
				最大	最小
轻危险级	4.4	4.5	20.0	2.2	0.1
中危险级Ⅰ级	3.6	4.0	12.5	1.8	
中危险级Ⅱ级	3.4	3.6	11.5	1.7	
严重危险级、仓库危险级	3.0	3.6	9.0	1.5	

注：1. 严重危险级或仓库危险级场所，宜采用公称流量系数 $K>80$ 的喷头。

2. 设置单排洒水喷头的闭式系统，其泪水喷头间距应按地面不留漏喷空白点确定。

2. 矩形或平行四边形布置喷头间距

矩形或平行四边形布置为同一根配水支管上喷头的间距大于或小于相邻配水支管的间距，如图 4-29 所示。喷头采用矩形或平行四边形布置时，其长边可按式（4-4）计算。但直立型、下垂型标准喷头间距不应大于表 4-2 的给定值，且不应小于 1.8m。

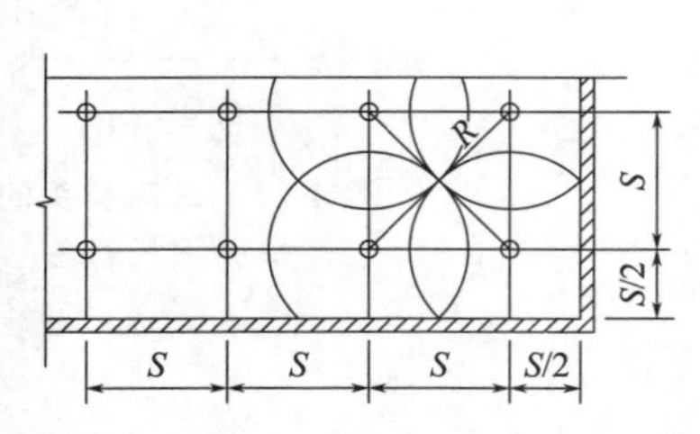

图 4-28 正方形布置喷头间距示意图

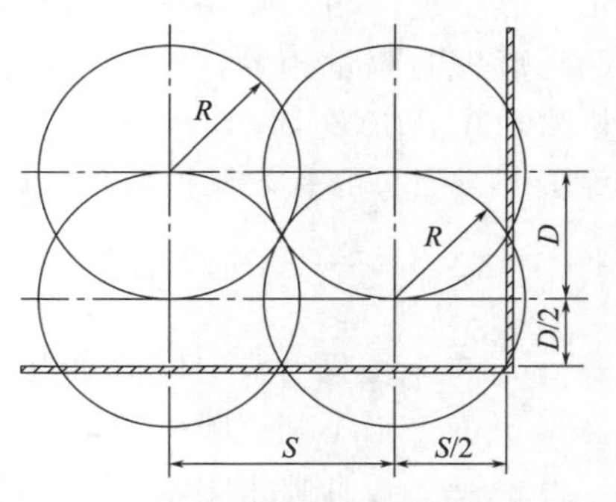

图 4-29 长方形布置喷头间距示意图

$$S \leqslant (1.05 \sim 1.2)\sqrt{A_1} \tag{4-4}$$

式中　S——喷头呈矩形或平行四边形布置时的长边长度，m；

A_1——每只喷头的保护面积，m^2。

3. 直立型、下垂型扩大覆盖面积洒水喷头布置

直立型、下垂型扩大覆盖面积洒水喷头布置应采用正方形布置，其布置间距不应大于表 4-3 的规定，且不应小于 2.4m。

表 4-3　直立型、下垂型扩大覆盖面积洒水喷头间距

火灾危险等级	正方形布置的边长/m	一只喷头的最大保护面积/m^2	喷头与端墙的距离/m	
			最大	最小
轻危险级	5.4	29.0	2.7	0.1
中危险级Ⅰ级	4.8	23.0	2.4	
中危险级Ⅱ级	4.2	17.5	2.1	
严重危险级	3.6	13.0	1.8	

4. 单排布置喷头时的布置间距

对仅在走道内设置单排喷头保护时，其喷头布置应确保走道地面不留漏喷空白点，如图 4-30 所示。喷头布置间距可按下式计算：

$$S = 2\sqrt{R^2 - \left(\frac{b}{2}\right)^2} \tag{4-5}$$

式中　S——单排布置喷头时的布置间距，m；

R——喷头设计喷水保护半径，m；

b——走道的宽度，m。

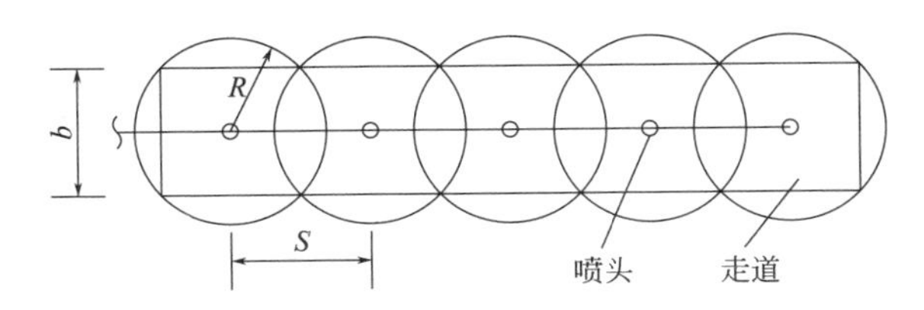

图 4-30　仅在走廊布置单排喷头的示意图

（四）喷头设置的最大净空高度

为确保闭式喷头及时受热开放，并使开放喷头的洒水能有效地覆盖起火部位，充分发挥其灭火作用，要求采用闭式系统设置场所的最大净空高度不应大于表 4-4 的规定。仅用于保护室内钢屋架等建筑构件和设置货架喷头的闭式系统，不受表 4-4 的限制。

表 4-4 闭式系统设置场所的最大净空高度

<table>
<tr><th colspan="2" rowspan="2">设置场所</th><th colspan="3">喷头类型</th><th rowspan="2">场所净空高度 h/m</th></tr>
<tr><th>一只喷头的保护面积</th><th>响应时间性能</th><th>流量系数 K</th></tr>
<tr><td rowspan="5">民用建筑</td><td rowspan="2">普通场所</td><td>标准覆盖面积洒水喷头</td><td>快速响应喷头
特殊响应喷头
标准响应喷头</td><td>K≥80</td><td rowspan="2">h≤8</td></tr>
<tr><td>扩大覆盖面积洒水喷头</td><td>快速响应喷头</td><td>K≥80</td></tr>
<tr><td rowspan="3">高大空间场所</td><td>标准覆盖面积洒水喷头</td><td>快速响应喷头</td><td>K≥115</td><td rowspan="2">8<h≤12</td></tr>
<tr><td colspan="3">非仓库型特殊应用喷头</td></tr>
<tr><td colspan="3">非仓库型特殊应用喷头</td><td>12<h≤18</td></tr>
<tr><td colspan="2" rowspan="4">厂房</td><td>标准覆盖面积洒水喷头</td><td>特殊响应喷头
标准响应喷头</td><td>K≥80</td><td rowspan="2">h≤8</td></tr>
<tr><td>扩大覆盖面积洒水喷头</td><td>标准响应喷头</td><td>K≥80</td></tr>
<tr><td>标准覆盖面积洒水喷头</td><td>特殊响应喷头
标准响应喷头</td><td>K≥115</td><td rowspan="2">8<h≤12</td></tr>
<tr><td colspan="3">非仓库型特殊应用喷头</td></tr>
<tr><td colspan="2" rowspan="3">仓库</td><td>标准覆盖面积洒水喷头</td><td>特殊响应喷头
标准响应喷头</td><td>K≥80</td><td>h≤9</td></tr>
<tr><td colspan="3">仓库型特殊应用喷头</td><td>h≤12</td></tr>
<tr><td colspan="3">早期抑制快速响应喷头</td><td>h≤13.5</td></tr>
</table>

（五）喷头布置要求

1. 喷头布置的一般规定

① 喷头应布置在顶板或吊顶下易于接触到火灾热气流并有利用均匀布水的位置；溅水盘距顶板太近不便安装维护，且洒水易受影响。太远喷头感温元件升温较慢，喷头不能及时开启。

② 除吊顶型洒水喷头及吊顶下设置的洒水喷头外，直立型、下垂型标准覆盖面积洒水喷头和扩大覆盖面积洒水喷头溅水盘与顶板的距离应为 75～150mm，并应符合下列规定。

a. 当在梁或其他障碍物底面下方的平面上布置洒水喷头时，溅水盘与顶板的距离不应大于 300mm，同时溅水盘与梁等障碍物底面的垂直距离应为 25～100mm。

b. 当在梁间布置洒水喷头时，洒水喷头与梁的距离应符合与障碍物距离的规定。确有困难时，溅水盘与顶板的距离不应大于 550mm。梁间布置的洒水喷头，溅水盘与顶板距离达到 550mm 仍不能符合与障碍物距离的规定时，应在梁底面的下方增设洒水喷头。

c. 密肋梁板下方的洒水喷头，溅水盘与密肋梁板底面的垂直距离应为25～100mm。

d. 无吊顶的梁间洒水喷头布置可采用不等距方式。

③ 除吊顶型洒水喷头及吊顶下设置的洒水喷头外，直立型、下垂型早期抑制快速响应喷头、特殊应用喷头和家用喷头溅水盘与顶板的距离，应符合表4-5的规定。

表4-5　喷头的溅水盘与顶板的距离

喷头安装方式	早期抑制快速响应喷头		特殊应用喷头	家用喷头
	直立型	下垂型		
溅水盘与顶板的距离 S_L/mm	$100 \leqslant S_L \leqslant 150$	$150 \leqslant S_L \leqslant 360$	$150 \leqslant S_L \leqslant 200$	$25 \leqslant S_L \leqslant 100$

④ 图书馆、档案馆、商场、仓库中的通道上方宜设有喷头。喷头与被保护对象的水平距离，不应小于0.3m（图4-31）；喷头溅水盘与保护对象的最小垂直距离不应小于表4-6的规定。

表4-6　喷头溅水盘与保护对象的最小垂直距离

喷头类型	最小垂直距离/m
标准覆盖面积喷头、扩大覆盖面积喷头	0.45
特殊应用喷头、ESFR喷头	0.90

⑤ 净空高度大于800mm的闷顶和技术夹层内应设置喷头，当同时满足下列情况时，可不设置洒水喷头。

a. 闷顶内敷设的配电线路采用不燃材料套管或封闭式金属线槽保护；

b. 风管保温材料等采用不燃、难燃材料制作；

c. 无其他可燃物。

⑥ 当局部场所设置自动喷水灭火系统时，与相邻不设自动喷水灭火系统场所连通的走道或连通开口的外侧，应设喷头。

⑦ 装设网格、栅板类通透性吊顶的场所，当通透面积占吊顶总面积的比例大于70%时，喷头应设置在吊顶上方。

⑧ 顶板或吊顶为斜面时，喷头应垂直于斜面，并应按斜面距离确定喷头间距。尖屋顶的屋脊处应设一排喷头。喷头溅水盘至屋脊的垂直距离：屋顶坡度＞1/3时，不应大于0.8m；屋顶坡度＜1/3时，不应大于0.6m，如图4-32所示。

2. 喷头与障碍物的距离

当顶板下有梁、通风管道或类似障碍物，且在附近布置喷头时，为保证障碍物对喷头喷水不形成阻挡，要求喷头与障碍物之间的距离应符合要求。当因遮挡而形成空白点的部位，应增设补偿喷水强度的喷头。

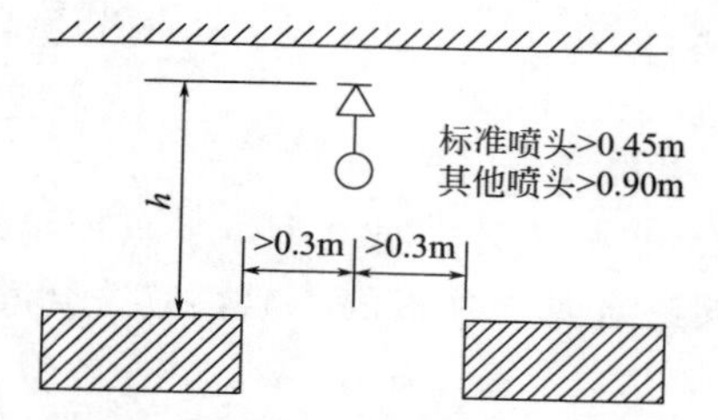

图 4-31　堆物较高场所通道上方喷头的设置

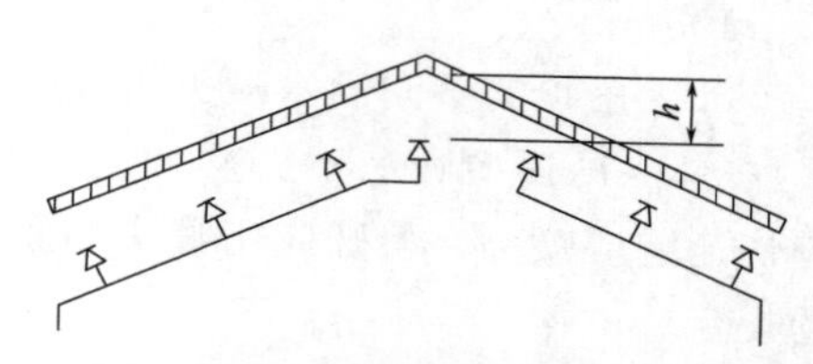

图 4-32　屋脊处设置喷头示意图

① 直立型、下垂型喷头布置在障碍物附近时，为避免梁、通风管道等障碍物影响喷头的布水，喷头与障碍物的距离（图 4-33）宜满足表 4-7 的规定；

表 4-7　喷头与梁、通风管道的距离　　单位：mm

喷头与梁、通风管道的水平距离 a	喷头溅水盘与梁或通风管道的底面的最大垂直距离 b		
	标准覆盖面积洒水喷头	扩大覆盖面积洒水喷头	早期抑制快速响应喷头、特殊应用喷头
a＜300	0	0	0
300≤a＜600	≤60	0	≤40
600≤a＜900	≤140	≤30	≤140
900≤a＜1200	≤240	≤80	≤250
1200≤a＜1500	≤350	≤130	≤380
1500≤a＜1800	≤450	≤180	≤550
1800≤a＜2100	≤600	≤230	≤780
a≥2100	≤880	≤350	≤780

② 特殊应用喷头溅水盘以下 900mm 范围内，其他类型喷头溅水盘以下 450mm 范围内，当有屋架等间断障碍物或管道时，喷头与邻近障碍物的最小水平距离（图 4-34）应符合表 4-8 的规定。

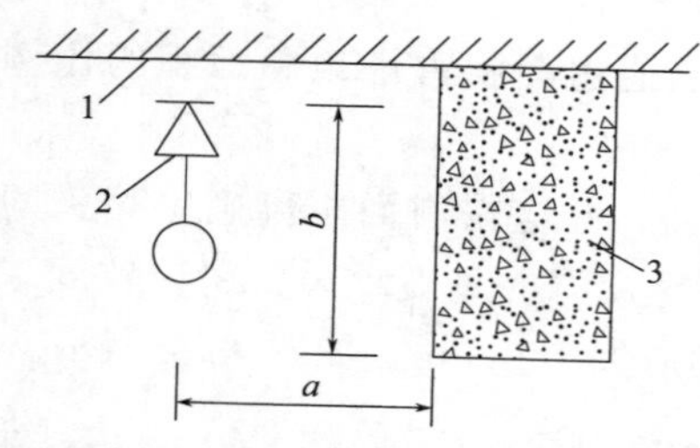

图 4-33　喷头与梁、通风管道的距离

1—顶板；2—直立型喷头；
3—梁或通风管道

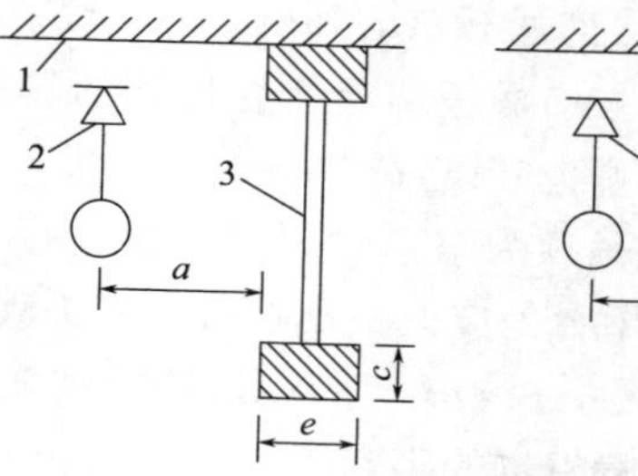

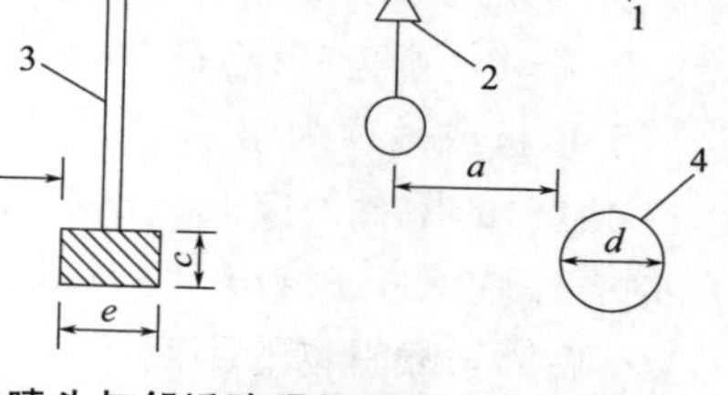

图 4-34　喷头与邻近障碍物的最小水平距离

1—顶板；2—直立型喷头；
3—屋架等间断障碍物；4—管道

表 4-8 喷头与邻近障碍物的最小水平距离

喷头类型	喷头与邻近障碍物的最小水平距离 a/mm	
标准覆盖面积洒水喷头 特殊应用喷头	c、e 或 $d \leqslant 200$	$3c$ 或 $3e$(c 与 e 取大值)或 $3d$
	c、e 或 $d > 200$	600
扩大覆盖面积喷头 家用喷头	c、e 或 $d \leqslant 225$	$4c$ 或 $4e$(c 与 e 取大值)或 $4d$
	c、e 或 $d > 225$	900

③ 当梁、通风管道、成排布置的管道、桥架等障碍物的宽度大于 1.2m 时，其下方应增设喷头（图 4-35）；采用早期抑制快速响应喷头和特殊应用喷头的场所，当障碍物宽度大于 0.6m 时，其下方应增设喷头。

④ 为了保证喷头洒水能到达隔墙的另一侧，喷头与不到顶隔墙的水平距离，标准覆盖面积洒水喷头、扩大覆盖面积洒水喷头和家用喷头与不到顶隔墙的水平距离和垂直距离（图 4-36），应符合规范规定。

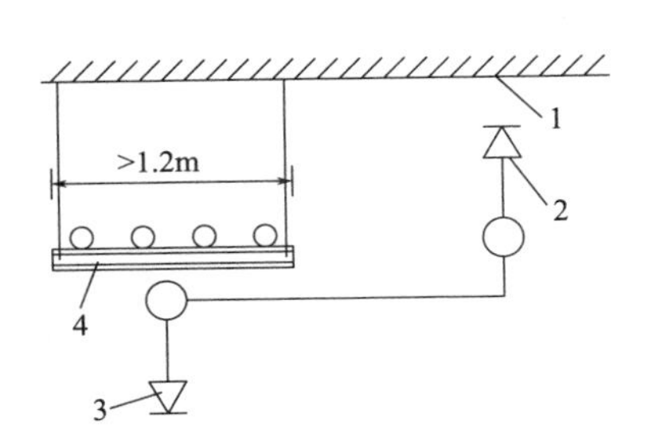

图 4-35 障碍物下方增设喷头

1—顶板；2—直立型喷头；3—下垂型喷头；4—成排布置的管道（梁、通风管道、桥梁）

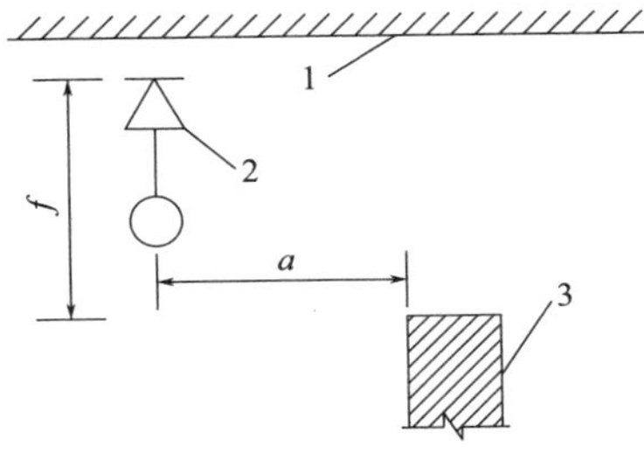

图 4-36 喷头与不到顶隔墙的水平距离

1—顶板；2—直立型喷头；3—不到顶隔墙

⑤ 如图 4-37 所示，直立型、下垂型喷头与靠墙障碍物的距离应符合：当障碍物横截面边长小于 750mm 时，喷头与障碍物的距离，应按式（4-6）确定；当障碍物横截面边长等于或大于 750mm，或喷头与障碍物的水平距离的计算值大于表 4-2、表 4-3 中喷头与端墙距离的规定时，应在靠墙障碍物下增设喷头。

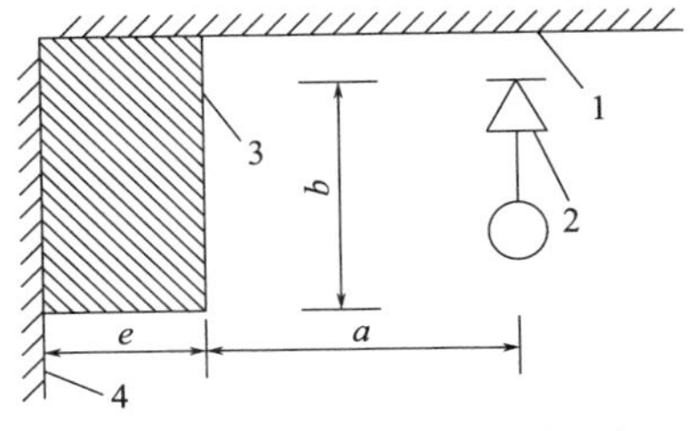

图 4-37 直立型、下垂型喷头与靠墙障碍物的距离

1—顶板；2—直立型喷头；3—靠墙障碍物；4—墙面

$$a \geqslant (e-200)+b \tag{4-6}$$

式中 a——喷头与障碍物的水平距离，mm；

b——喷头溅水盘与障碍物底面的垂直距离，mm；

e——障碍物横截面的边长，mm，$e<750$mm。

⑥ 边墙型标准覆盖面积洒水喷头、边墙型扩大覆盖面积洒水喷头和边墙型家用喷头与障碍物的距离，也应符合规范要求。

3. 货架内喷头布置要求

① 货架内喷头宜与顶板下喷头交错布置，其溅水盘与上方屋板的距离，不应小于 75mm，且不应大于 150mm；与其下方货品顶面的垂直距离不应小于 150mm。

② 货架内喷头上方的货架层板，应为封闭层板。货架内喷头上方如有孔洞、缝隙，应在喷头的上方设置集热挡水板。集热挡水板应为正方形或圆形金属板，其平面面积不宜小于 0.12m^2，周围弯边的下沿，宜与喷头的溅水盘平齐。

4. 边墙型喷头的布置要求

① 边墙型标准覆盖面积喷头的最大保护跨度与间距，应符合表 4-9 的规定。

表 4-9 边墙型标准覆盖面积喷头的最大保护跨度与间距

设置场所火灾危险等级	轻危险级	中危险级Ⅰ级
配水支管上喷头的最大间距/m	3.6	3.0
单排喷头的最大保护跨度/m	3.6	3.0
两排相对喷头的最大保护跨度/m	7.2	6.0

注：1. 两排相对喷头应交错布置；
2. 室内跨度大于两排相对喷头的最大保护跨度时，应在两排相对喷头中间增设一排喷头。

② 边墙型扩大覆盖面积喷头的最大保护跨度、配水支管上的喷头间距、喷头与两侧端墙的距离，应按喷头工作压力下能够喷湿对面墙和邻近端墙距溅水盘 1.2m 高度以下的墙面确定，且保护面积内的喷水强度应符合规定。

③ 直立式边墙型标准覆盖面积喷头，其溅水盘与顶板的距离不应小于 100mm，且不宜大于 150mm，与背墙的距离不应小于 50mm，并不应大于 100mm；直立式边墙型扩大覆盖面积喷头，其溅水盘与顶板的距离不应小于 100mm，且不宜大于 150mm，与背墙的距离不应小于 100mm，并不应大于 150mm。

④ 水平式标准覆盖面积和水平是扩大覆盖面积边墙型喷头溅水盘与顶板的距离不应小于 150mm，且不应大于 300mm。

⑤ 边墙型标准覆盖面积洒水喷头正前方 1.2m 范围内，边墙型扩大覆盖面积洒水喷头和边墙型家用喷头正前方 2.4m 范围内，顶板或吊顶下不应有阻挡喷水的障碍物。

5. 开式喷头的布置要求

① 开式喷头的竖向布置，必须充分考虑屋盖或楼板的结构特点。喷头一般安装在楼盖凸出部分（如梁）的下面。充水式喷水管网的喷头都安装在同一标高上，且均应向上安装，以保证管网中平时充满水。对空管式喷水管网的喷头可向上或向下安装。

② 在同一层内有两个或两个以上喷水防火区时，相邻喷水区域的喷头布置

应能有效地扑灭分界区的火灾。

6. 水幕喷头的布置要求

① 水幕喷头应均匀设置，不出现空白点，以防火焰穿过被保护部位。

② 水幕系统作为防护冷却时，其喷头应设在防火卷帘、防火幕或其他保护对象的上方，呈单排布置，并应保证水流均匀地喷向防火卷帘或防火幕等保护对象。

③ 防火分隔水幕的喷头布置，应保证水幕的宽度不小于 6m。采用水幕喷头时，喷头不应少于 3 排；采用开式洒水喷头时，喷头不应少于 2 排。

二、管网布置

（一）管道布置方式

1. 报警阀前供水管道的布置

当自动喷水灭火系统中设有 2 个及 2 个以上报警阀组时，为保证系统的供水可靠性，其报警阀组前的供水管道宜布置成环状，如图 4-38 所示。

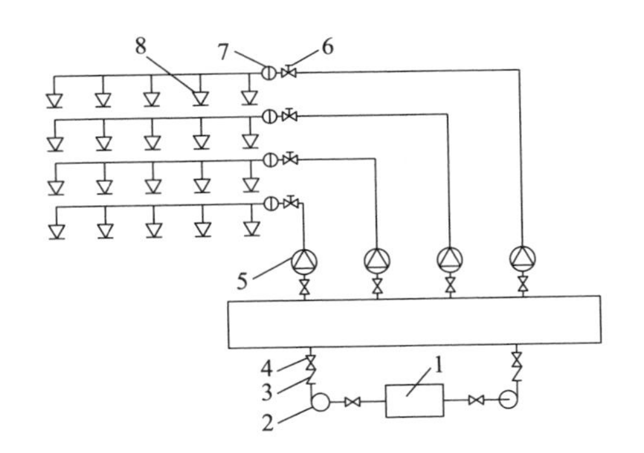

图 4-38 环状供水管道示意图

1—水池；2—水泵；3—止回阀；4—闸阀；5—报警阀组；
6—信号阀；7—水流指示器；8—喷头

2. 报警阀后配水管道的布置

自动喷水灭火系统的配水管道，根据喷头布置情况，配水支管与配水管的连接、配水管与配水干管的连接等，可采用侧边中心型给水、侧边末端型给水、中央中心型给水、中央末端型给水等布置方式（图 4-39）。中心型给水方式，力求两边配水支管安装的喷头数量相等，其优点是压力均衡、水力条件好。喷头数为奇数时，两边配水支管的喷头数量不相等，这时只要配水支管的管径不过大，宜采用末端型供水。一般情况下，在布置配水支管时，应尽可能使用中心型给水方式，尽量避免采用末端型给水方式。在布置配水干管时，尽量采用中央给水方式。总之，配水管道的布置，应使配水管入口的压力均衡。

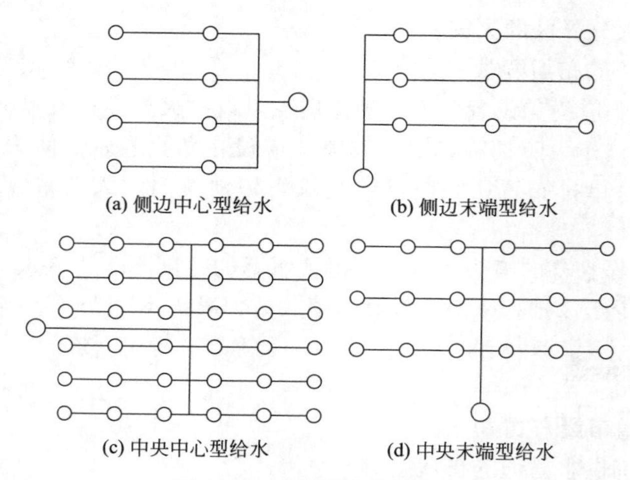

图 4-39　配水管道布置方式

（二）管道设置要求

① 为保证系统的用水量，报警阀出口后的配水管道上不应设置其他用水设备。

② 每根短立管及末端试水装置的连接管，其管径不应小于 25mm。

③ 为防止配水支管过长，水头损失增加，要求配水管两侧每根配水支管控制的标准喷头数应符合下列要求：

a. 轻危险级、中危险级场所不应多于 8 只，同时在吊顶上、下安装喷头的配水支管，上下侧的喷头数均不应超过 8 只；

b. 严重危险级及仓库危险级场所均不应超过 6 只。

④ 为保证系统的可靠性和尽量均衡系统管道的水力性能，对于轻危险级、中危险级场所不同直径的配水支管、配水管所控制的标准喷头，不应超过表 4-10 的规定。

表 4-10　配水支管、配水管所控制的标准喷头数

公称直径/mm	控制的标准喷头数/只	
	轻危险级	中危险级
25	1	1
32	3	3
40	5	4
50	10	8
65	18	12
80	48	32
100	—	64

⑤ 配水管道的工作压力不应大于1.2MPa，并不应设置其他用水设施。

⑥ 配水管道应采用内外壁热镀锌钢管、涂覆钢管、铜管、不锈钢管和氯化聚氯乙烯（PVC-C）管。当报警阀入口前管道采用内壁不防腐的钢管时，应在该段管道的末端设过滤器。

⑦ 镀锌钢管应采用沟槽式连接件（卡箍）或丝扣、法兰连接。报警阀前采用内壁不防腐钢管时，可焊接连接。

⑧ 为便于检修，系统中直径≥100mm的管道，应分段采用法兰或沟槽式连接件（卡箍）连接。水平管道上法兰间的管道长度不宜大于20m；立管上法兰间的距离，不应跨越3个及以上楼层。净空高度大于8m的场所内，立管上应有法兰。

⑨ 为了达到系统启动后立即喷水的要求，干式系统、由火灾自动报警系统和充气管道上设置的压力开关开启预作用装置的预作用系统，其配水管道充水时间不宜大于1min；雨淋系统和仅由火灾自动报警系统联动开启预作用装置的预作用系统，其配水管道充水时间不宜大于2min。

⑩ 洒水喷头与配水管道采用消防洒水软管连接时，应符合下列规定：

a. 消防洒水软管仅适用于轻危险级或中危险级Ⅰ级场所，且系统应为湿式系统；

b. 消防洒水软管应设置在吊顶内；

c. 消防洒水软管的长度不应超过1.8m。

⑪ 自动喷水灭火系统采用氯化聚氯乙烯（PVC-C）管材及管件时，设置场所的火灾危险等级应为轻危险级或中危险级Ⅰ级，系统应为温式系统，并采用快速响应洒水喷头，且氯化聚氯乙烯（PVC-C）管材及管件应符合下列要求。

a. 应符合现行国家标准《自动喷水灭火系统　第19部分：塑料管道及管件》（GB/T 5135.19）的规定；

b. 应用于公称直径不超过 *DN*80 的配水管及配水支管，且不应穿越防火分区；

c. 当设置在有吊顶场所时，吊顶内应无其他可燃物，吊顶材料应为不燃或难燃装修材料；

d. 当设置在无吊顶场所时，该场所应为轻危险级场所，顶板应为水平、光滑顶板，且喷头溅水盘与顶板的距离不应大于100mm。

（三）管道的水流速度和管径确定

系统管道内的水流速度宜采用经济流速，必要时可超过5m/s，但利用减压设施减压的特殊情况下不应大于10m/s。

系统的管道管径应根据管道允许流速和所通过的流量来确定。为简化计算，亦可根据经验按照不同管径配水管上最多允许安装的喷头数（表4-10），对管道管径进行估算。

第四节 系统设计流量与水压

一、系统基本参数

自动喷水灭火系统设计计算基本参数根据保护场所性质确定。

1. 民用建筑和厂房设置场所

民用建筑和厂房设置场所，其系统设计基本参数见表4-11。

表4-11 民用建筑和厂房的系统设计基本参数

<table>
<tr><th colspan="2">火灾危险等级</th><th>最大净空高度 h/m</th><th>喷水强度/[L/(min·m^2)]</th><th>作用面积/m^2</th></tr>
<tr><td colspan="2">轻危险级</td><td rowspan="5">$h \leqslant 8$</td><td>4</td><td rowspan="3">160</td></tr>
<tr><td rowspan="2">中危险级</td><td>Ⅰ级</td><td>6</td></tr>
<tr><td>Ⅱ级</td><td>8</td></tr>
<tr><td rowspan="2">严重危险级</td><td>Ⅰ级</td><td>12</td><td rowspan="2">260</td></tr>
<tr><td>Ⅱ级</td><td>16</td></tr>
</table>

注：系统最不利点处喷头的工作压力不应低于0.05MPa。

2. 民用建筑和厂房高大空间场所

民用建筑和厂房高大空间场所采用湿式系统的设计基本参数见表4-12。

表4-12 民用建筑和厂房高大空间场所采用湿式系统的设计基本参数

<table>
<tr><th colspan="2">适用场所</th><th>净空高度
h/m</th><th>喷水强度
/[L/(min·m^2)]</th><th>作用面积
/m^2</th><th>喷头间距
S/m</th></tr>
<tr><td rowspan="4">民用建筑</td><td rowspan="2">中庭、体育馆、航站楼等</td><td>$8 < h \leqslant 12$</td><td>12</td><td rowspan="6">160</td><td rowspan="6">$1.8 \leqslant S \leqslant 3.0$</td></tr>
<tr><td>$12 < h \leqslant 18$</td><td>15</td></tr>
<tr><td rowspan="2">影剧院、音乐厅、会展中心等</td><td>$8 < h \leqslant 12$</td><td>15</td></tr>
<tr><td>$12 < h \leqslant 18$</td><td>20</td></tr>
<tr><td rowspan="2">厂房</td><td>制衣制鞋、玩具、木器、电子生产车间等</td><td rowspan="2">$8 < h \leqslant 12$</td><td>15</td></tr>
<tr><td>棉纺厂、麻纺厂、泡沫塑料生产车间等</td><td>20</td></tr>
</table>

注：1. 表中未列入的场所，应根据本表规定场所的火灾危险性类比确定；

2. 当民用建筑高大空间场所的最大净空高度为 $12\text{m} < h \leqslant 18\text{m}$ 时，应采用非仓库型特殊应用喷头。

3. 仓库类设置场所

对于不同的仓库，系统的设计基本参数应根据仓库内物品的火灾危险性质、储存方式以及系统所选用的喷头类型，按照《自动喷水灭火系统设计规范》(GB 50084—2017) 的有关规定界定。

① 仓库危险级Ⅰ级场所湿式系统的设计基本参数。火灾危险等级为仓库危

险级Ⅰ级的储存仓库及类似场所，采用湿式系统时，其设计基本参数应符合表4-13的规定。

表4-13　仓库危险级Ⅰ级场所湿式系统的设计基本参数

<table>
<tr><th>储存方式</th><th>最大净空高度 h/m</th><th>最大储物高度 h_s/m</th><th>喷水强度 /[L/(min・m²)]</th><th>作用面积 /m²</th><th>持续喷水时间 /h</th></tr>
<tr><td rowspan="3">堆垛、托盘</td><td rowspan="10">9.0</td><td>h_s≤3.5</td><td>8.0</td><td>160</td><td>1.0</td></tr>
<tr><td>3.5<h_s≤6.0</td><td>10.0</td><td rowspan="2">200</td><td rowspan="9">1.5</td></tr>
<tr><td>6.0<h_s≤7.5</td><td>14.0</td></tr>
<tr><td rowspan="2">单、双、多排货架</td><td>h_s≤3.0</td><td>6.0</td><td rowspan="2">160</td></tr>
<tr><td>3.0<h_s≤3.5</td><td>8.0</td></tr>
<tr><td rowspan="2">单、双排货架</td><td>3.5<h_s≤6.0</td><td>18.0</td><td rowspan="5">200</td></tr>
<tr><td>6.0<h_s≤7.5</td><td>14.0+1J</td></tr>
<tr><td rowspan="3">多排货架</td><td>3.5<h_s≤4.5</td><td>12.0</td></tr>
<tr><td>4.5<h_s≤6.0</td><td>18.0</td></tr>
<tr><td>6.0<h_s≤7.5</td><td>18.0+1J</td></tr>
</table>

注：1. 货架储物高度大于7.5m时，应设置货架内置洒水顶头，顶板下洒水喷头的喷水强度不应低于18L/(min・m²)，作用面积不应小于200m²，持续喷水时间不应小于2h；

2. 本表及表4-14、表4-17中字母"J"表示货架内置洒水喷头，"J"前的数字表示货架内置洒水喷头的层数。

② 仓库危险级Ⅱ级场所湿式系统的设计基本参数。火灾危险等级为仓库危险级Ⅱ级的储存仓库及类似场所，采用湿式系统时，其设计基本参数应符合表4-14的规定。

表4-14　仓库危险级Ⅱ级场所湿式系统设计基本参数

<table>
<tr><th>储存方式</th><th>最大净空高度 h/m</th><th>最大储物高度 h_s/m</th><th>喷水强度 /[L/(min・m²)]</th><th>作用面积 /m²</th><th>持续喷水时间/h</th></tr>
<tr><td rowspan="3">堆垛、托盘</td><td rowspan="10">9.0</td><td>h_s≤3.5</td><td>8.0</td><td>160</td><td>1.5</td></tr>
<tr><td>3.5<h_s≤6.0</td><td>16.0</td><td rowspan="2">200</td><td rowspan="2">2.0</td></tr>
<tr><td>6.0<h_s≤7.5</td><td>22.0</td></tr>
<tr><td rowspan="2">单、双、多排货架</td><td>h_s≤3.0</td><td>8.0</td><td>160</td><td rowspan="2">1.5</td></tr>
<tr><td>3.0<h_s≤3.5</td><td>12.0</td><td>200</td></tr>
<tr><td rowspan="2">单、双排货架</td><td>3.5<h_s≤6.0</td><td>24.0</td><td>280</td><td rowspan="5">2.0</td></tr>
<tr><td>6.0<h_s≤7.5</td><td>22.0+1J</td><td rowspan="4">200</td></tr>
<tr><td rowspan="3">多排货架</td><td>3.5<h_s≤4.5</td><td>18.0</td></tr>
<tr><td>4.5<h_s≤6.0</td><td>18.0+1J</td></tr>
<tr><td>6.0<h_s≤7.5</td><td>18.0+2J</td></tr>
</table>

注：货架储物高度大于7.5m时，应设置货架内置洒水喷头，顶板下洒水喷头的喷水强度不应低于20L/(min・m²)，作用面积不应小于200m²。持续喷水时间不应小于2h。

③ 仓库危险级Ⅲ级场所湿式系统的设计基本参数。火灾危险等级为仓库危险级Ⅲ级的储存仓库及类似场所，采用货架储存和堆垛储存方式时，其湿式系统的设计基本参数应分别符合表 4-15 和表 4-16 的规定。

表 4-15 仓库危险级Ⅲ级货架储存场所湿式系统设计基本参数

序号	最大净空高度 h/m	最大储物高度 h_s/m	货架类型	喷水强度 /[L/(min·m²)]	货架内置喷头		
					层数	高度/m	流量系数 K
1	4.5	$1.5<h_s\leqslant3.0$	单、双、多	12.0	—	—	—
2	6.0	$1.5<h_s\leqslant3.0$	单、双、多	18.0	—	—	—
3	7.5	$3.0<h_s\leqslant4.5$	单、双、多	24.5	—	—	—
4	7.5	$3.0<h_s\leqslant4.5$	单、双、多	12.0	1	3.0	80
5	7.5	$4.5<h_s\leqslant6.0$	单、双	24.5	—	—	—
6	7.5	$4.5<h_s\leqslant6.0$	单、双、多	12.0	1	4.5	115
7	9.0	$4.5<h_s\leqslant6.0$	单、双、多	18.0	1	3.0	80
8	8.0	$4.5<h_s\leqslant6.0$	单、双、多	24.5	—	—	—
9	9.0	$6.0<h_s\leqslant7.5$	单、双、多	18.5	1	4.5	115
10	9.0	$6.0<h_s\leqslant7.5$	单、双、多	32.5	—	—	—
11	9.0	$6.0<h_s\leqslant7.5$	单、双、多	12.0	2	3.0，6.0	80

注：1. 作用面积不应小于 200m²，持续喷水时间不应低于 2h；

2. 本表中序号 4，6，7，11：货架内设置一排货架内置洒水喷头时，喷头的间距不应大于 3.0m；设置两排或多排货架内置洒水喷头时，喷头的间距不应大于 3.0m×2.4m；

3. 本表中序号 9：货架内设置一排货架内置洒水喷头时，喷头的间距不应大于 2.4m，设置两排或多排货架内置洒水喷头时，喷头的间距不应大于 2.4m×2.4m；

4. 本表中序号 8：应采用流量系数 K 等于 161，202，242，363 的洒水喷头；

5. 本表中序号 10：应采用流量系数 K 等于 242，363 的洒水喷头；

6. 本表中货架储物高度大于 7.5m 时，应设置货架内置洒水喷头，顶板下洒水喷头的喷水强度不应低于 22.0L/（min·m²），作用面积不应小于 200m²，持续喷水时间不应小于 2h。

表 4-16 仓库危险级Ⅲ级堆垛储存场所湿式系统设计基本参数

最大净空高度 h/m	最大储物高度 h_s/m	喷水强度/[L/(min·m²)]			
		A	B	C	D
7.5	1.5	8.0			
4.5	3.5	16.0	16.0	12.0	12.0
6.0		24.5	22.0	20.5	16.5
9.0		32.5	28.5	24.5	18.5
6.0	4.5	24.5	22.0	20.5	16.5
7.5	6.0	32.5	28.5	24.5	18.5

续表

最大净空高度 h/m	最大储物高度 h_s/m	喷水强度/[L/(min·m²)]			
		A	B	C	D
9.0	7.5	36.5	34.5	28.5	22.5

注：1. A—袋装与无包装的发泡塑料橡胶，B—箱装的发泡塑料橡胶，C—箱装与袋装的不发泡塑料橡胶，D—无包装的不发泡塑料橡胶；
2. 作用面积不应小于240m²，持续喷水时间不应低于2h。

④ 混杂储存仓库湿式系统的设计基本参数。仓库危险级Ⅰ级、Ⅱ级的仓库中混杂储存有仓库危险级Ⅲ级的货品时，系统的设计基本参数应符合表4-17的规定。

表4-17　仓库危险级Ⅰ级、Ⅱ级场所中混杂储存仓库危险级Ⅲ级场所物品时的系统设计基本参数

货品类别	储存方式	最大净空高度 h/m	最大储物高度 h_s/m	喷水强度/[L/(min·m²)]	作用面积/m²	持续喷水时间/h
储物中包括沥青制品或箱装A组塑料橡胶	堆垛与货架	9.0	$h_s \leqslant 1.5$	8	160	1.5
		4.5	$1.5 < h_s \leqslant 3.0$	12	240	2.0
		6.0	$1.5 < h_s \leqslant 3.0$	16	240	2.0
		5.0	$3.0 < h_s \leqslant 3.5$			
	堆垛	8.0	$3.0 < h_s \leqslant 3.5$	16	240	2.0
	货架	9.0	$1.5 < h_s \leqslant 3.5$	8+1J	160	2.0
储物中包括袋装A组塑料橡胶	堆垛与货架	9.0	$h_s \leqslant 1.5$	8	160	1.5
		4.5	$1.5 < h_s \leqslant 3.0$	16	240	2.0
		5.0	$3.0 < h_s \leqslant 3.5$			
	堆垛	9.0	$1.5 < h_s \leqslant 2.5$	16	240	2.0
储物中包括袋装不发泡A组塑料橡胶	堆垛与货架	6.0	$1.5 < h_s \leqslant 3.0$	16	240	2.0
储物中包括袋装发泡A组塑料橡胶	货架	6.0	$1.5 < h_s \leqslant 3.0$	8+1J	160	2.0
储物中包括轮胎或纸卷	堆垛与货架	9.0	$1.5 < h_s \leqslant 3.5$	12	240	2.0

注：1. 无包装的塑料橡胶视同纸袋、塑料袋包装；
2. 货架内置喷头应采用与顶板下喷头相同的喷水强度，用水量应按开放6只喷头确定。

⑤ 仓库及类似场所采用早期抑制快速响应喷头时，系统的设计基本参数不应低于表4-18的规定。另外，喷头最小间距为2.4m。

表 4-18 仓库采用早期抑制快速响应喷头的系统设计基本参数

<table>
<tr><th>储物类别</th><th>最大净空高度 h/m</th><th>最大储物高度 h_s/m</th><th>喷头流量系数 K</th><th>喷头设置方式</th><th>喷头最低工作压力/MPa</th><th>喷头最大间距/m</th><th>作用面积内开放的喷头数</th></tr>
<tr><td rowspan="16">Ⅰ级、Ⅱ级、沥青制品、箱装不发泡塑料</td><td rowspan="6">9.0</td><td rowspan="6">7.5</td><td rowspan="2">202</td><td>直立型</td><td rowspan="2">0.35</td><td rowspan="6">3.7</td><td rowspan="34">12</td></tr>
<tr><td>下垂型</td></tr>
<tr><td rowspan="2">242</td><td>直立型</td><td rowspan="2">0.25</td></tr>
<tr><td>下垂型</td></tr>
<tr><td>320</td><td>下垂型</td><td>0.20</td></tr>
<tr><td>363</td><td>下垂型</td><td>0.15</td></tr>
<tr><td rowspan="6">10.5</td><td rowspan="6">9.0</td><td rowspan="2">202</td><td>直立型</td><td rowspan="2">0.50</td><td rowspan="10">3.0</td></tr>
<tr><td>下垂型</td></tr>
<tr><td rowspan="2">242</td><td>直立型</td><td rowspan="2">0.35</td></tr>
<tr><td>下垂型</td></tr>
<tr><td>320</td><td>下垂型</td><td>0.25</td></tr>
<tr><td>363</td><td>下垂型</td><td>0.20</td></tr>
<tr><td rowspan="3">12.0</td><td rowspan="3">10.5</td><td>202</td><td>下垂型</td><td>0.50</td></tr>
<tr><td>242</td><td>下垂型</td><td>0.35</td></tr>
<tr><td>363</td><td>下垂型</td><td>0.30</td></tr>
<tr><td>13.5</td><td>12.0</td><td>363</td><td>下垂型</td><td>0.35</td></tr>
<tr><td rowspan="5">袋装不发泡塑料</td><td rowspan="3">9.0</td><td rowspan="3">7.5</td><td>202</td><td>下垂型</td><td>0.50</td><td rowspan="3">3.7</td></tr>
<tr><td>242</td><td>下垂型</td><td>0.35</td></tr>
<tr><td>363</td><td>下垂型</td><td>0.25</td></tr>
<tr><td>10.5</td><td>9.0</td><td>363</td><td>下垂型</td><td>0.35</td><td rowspan="2">3.0</td></tr>
<tr><td>12.0</td><td>10.5</td><td>363</td><td>下垂型</td><td>0.40</td></tr>
<tr><td rowspan="7">箱装发泡塑料</td><td rowspan="6">9.0</td><td rowspan="6">7.5</td><td rowspan="2">202</td><td>直立型</td><td rowspan="2">0.35</td><td rowspan="6">3.7</td></tr>
<tr><td>下垂型</td></tr>
<tr><td rowspan="2">242</td><td>直立型</td><td rowspan="2">0.25</td></tr>
<tr><td>下垂型</td></tr>
<tr><td>320</td><td>下垂型</td><td>0.25</td></tr>
<tr><td>363</td><td>下垂型</td><td>0.15</td></tr>
<tr><td>12.0</td><td>10.5</td><td>363</td><td>下垂型</td><td>0.40</td><td>3.0</td></tr>
<tr><td rowspan="7">袋装发泡塑料</td><td rowspan="3">7.5</td><td rowspan="3">6.0</td><td>202</td><td rowspan="7">下垂型</td><td>0.50</td><td rowspan="6">3.7</td></tr>
<tr><td>242</td><td>0.35</td></tr>
<tr><td>363</td><td>0.20</td></tr>
<tr><td rowspan="3">9.0</td><td rowspan="3">7.5</td><td>202</td><td>0.70</td></tr>
<tr><td>242</td><td>0.50</td></tr>
<tr><td>363</td><td>0.30</td></tr>
<tr><td>12.0</td><td>10.5</td><td>363</td><td>0.50</td><td>3.0</td><td>20</td></tr>
</table>

⑥ 仓库及类似场所采用仓库型特殊应用喷头时，湿式系统的设计基本参数不应低于表 4-19 的规定。另外，喷头最小间距为 2.4m，持续喷水时间按 1h 确定。

表 4-19 采用仓库型特殊应用喷头的湿式系统设计基本参数

<table>
<tr><th>储物类别</th><th>最大净空高度 h/m</th><th>最大储物高度 h_s/m</th><th>喷头流量系数 K</th><th>喷头设置方式</th><th>喷头最低工作压力/MPa</th><th>喷头最大间距/m</th><th>作用面积内开放的喷头数</th></tr>
<tr><td rowspan="14">Ⅰ级、Ⅱ级</td><td rowspan="6">7.5</td><td rowspan="6">6.0</td><td rowspan="2">161</td><td>直立型</td><td rowspan="2">0.20</td><td rowspan="12">3.7</td><td rowspan="3">15</td></tr>
<tr><td>下垂型</td></tr>
<tr><td>200</td><td>下垂型</td><td>0.15</td></tr>
<tr><td>242</td><td>直立型</td><td>0.10</td><td rowspan="3">12</td></tr>
<tr><td rowspan="2">363</td><td>直立型</td><td>0.15</td></tr>
<tr><td>下垂型</td><td>0.07</td></tr>
<tr><td rowspan="6">9.0</td><td rowspan="6">7.5</td><td rowspan="2">161</td><td>直立型</td><td rowspan="2">0.35</td><td rowspan="4">20</td></tr>
<tr><td>下垂型</td></tr>
<tr><td>200</td><td>下垂型</td><td>0.25</td></tr>
<tr><td>242</td><td>直立型</td><td>0.15</td></tr>
<tr><td rowspan="2">363</td><td>直立型</td><td>0.15</td><td rowspan="2">12</td></tr>
<tr><td>下垂型</td><td>0.07</td></tr>
<tr><td rowspan="2">12.0</td><td rowspan="2">10.5</td><td rowspan="2">363</td><td>直立型</td><td>0.10</td><td rowspan="2">3.0</td><td>24</td></tr>
<tr><td>下垂型</td><td>0.20</td><td>12</td></tr>
<tr><td rowspan="9">箱装不发泡塑料</td><td rowspan="6">7.5</td><td rowspan="6">6.0</td><td rowspan="2">161</td><td>直立型</td><td rowspan="2">0.35</td><td rowspan="8">3.7</td><td rowspan="4">15</td></tr>
<tr><td>下垂型</td></tr>
<tr><td>200</td><td>下垂型</td><td>0.25</td></tr>
<tr><td>242</td><td>直立型</td><td>0.15</td></tr>
<tr><td rowspan="2">363</td><td>直立型</td><td>0.15</td><td rowspan="5">12</td></tr>
<tr><td>下垂型</td><td>0.07</td></tr>
<tr><td rowspan="2">9.0</td><td rowspan="2">7.5</td><td rowspan="2">363</td><td>直立型</td><td>0.15</td></tr>
<tr><td>下垂型</td><td>0.07</td></tr>
<tr><td>12.0</td><td>10.5</td><td>363</td><td>下垂型</td><td>0.20</td><td>3.0</td></tr>
<tr><td rowspan="6">箱装发泡塑料</td><td rowspan="6">7.5</td><td rowspan="6">6.0</td><td rowspan="2">161</td><td>直立型</td><td rowspan="2">0.35</td><td rowspan="6">3.7</td><td rowspan="6">15</td></tr>
<tr><td>下垂型</td></tr>
<tr><td>200</td><td>下垂型</td><td>0.25</td></tr>
<tr><td>242</td><td>直立型</td><td>0.15</td></tr>
<tr><td rowspan="2">363</td><td>直立型</td><td rowspan="2">0.07</td></tr>
<tr><td>下垂型</td></tr>
</table>

⑦ 仓库或类似场所，采用货架储物时应采用钢制货架，并应采用通透层板，层板中通透部分的面积不应小于层板总面积的 50%。采用木制货架及采用封闭层板货架的仓库，应按堆垛储物仓库设计。

⑧ 货架仓库的最大净空高度或最大储物高度超过表 4-18 的规定时，应设货架内置喷头。货架内置喷头上方的层间隔板应为实层板。

a. 仓库危险级Ⅰ级、Ⅱ级场所应在自地面起每 3.0m 设置一层货架内置洒水喷头，仓库危险级Ⅲ级场所应在自地面起每 1.5～3.0m 设置一层货架内置洒水喷头，且最高层货架内置洒水喷头与储物顶部的距离不应超过 3.0m。

b. 当采用流量系数等于 80 的标准覆盖面积洒水喷头时，工作压力不应小于 0.20MPa；当采用流量系数等于 115 的标准覆盖面积洒水喷头时，工作压力不应小于 0.10MPa。

c. 洒水喷头间距不应大于 3m，且不应小于 2m。计算货架内开放洒水喷头数量不应小于表 4-20 的规定。

d. 设置 2 层及以上货架内置洒水喷头时，洒水喷头应交错布置。

表 4-20 货架内开放洒水喷头数

<table>
<tr><th rowspan="2">仓库危险级</th><th colspan="3">货架内置喷头的层数</th></tr>
<tr><th>1</th><th>2</th><th>>2</th></tr>
<tr><td>Ⅰ</td><td>6</td><td>12</td><td>14</td></tr>
<tr><td>Ⅱ</td><td>8</td><td colspan="2" rowspan="2">14</td></tr>
<tr><td>Ⅲ</td><td>10</td></tr>
</table>

4. 系统设计基本参数的修正

① 仅在走道设置单排喷头的闭式系统，其作用面积应按最大疏散距离所对应的走道面积确定。

② 装设网格、栅板类通透性吊顶的场所，系统的喷水强度应按表 4-11 以及表 4-13～表 4-17 的规定值的 1.3 倍确定。

③ 干式系统。系统的作用面积应按表 4-11 以及表 4-13～表 4-17 规定值的 1.3 倍确定。

④ 预作用系统。当系统采用由火灾自动报警系统和充气管道上设置的压力开关控制预作用装置时，系统的作用面积按表 4-11 以及表 4-13～表 4-17 规定值的 1.3 倍确定。而采用仅由火灾自动报警系统直接控制预作用装置时，系统的作用面积不需修正。喷水强度不需修正。

⑤ 雨淋系统。系统的喷水强度和作用面积应按表 4-11 的规定值确定，且每个雨淋报警阀控制的喷水面积不宜大于表 4-11 中的作用面积。

5. 水幕系统基本参数

水幕系统用水量计算的基本参数包括喷水强度、喷头工作压力和火灾延续时间等。其中，喷水强度应根据水幕的类型和喷水点高度合理确定，见表4-21。

表4-21　水幕系统设计基本参数

水幕类型	喷水点高度/m	喷水强度/[L/(s·m)]	喷头工作压力/MPa
防火分隔水幕	≤12	2	0.1
防护冷却水幕	≤4	0.5	

注：防护冷却水幕的喷水点高度每增加1m，喷水强度应增加0.1L/(s·m)，但超过9m时喷水强度仍采用1.0L/(s·m)

6. 防护冷却系统

采用防护冷却系统保护防火卷帘、防火玻璃墙等防火分隔设施时，系统应独立设置，且应符合下列要求。

① 喷头设置高度不应超过8m；当设置高度为4～8m时，应采用快速响应洒水喷头。

② 喷头设置高度不超过4m时，喷水强度不应小于0.5L/(s·m)；当超过4m时，每增加1m，喷水强度应增加0.1L/(s·m)。

③ 喷头的设置应确保喷洒到被保护对象后布水均匀，喷头间距应为1.8～2.4m；喷头溅水盘与防火分隔设施的水平距离不应大于0.3m，与顶板的距离要求等同于边墙型洒水喷头溅水盘与顶班的距离要求一致。

7. 持续喷水时间

设置自动喷水灭火系统的场所，其系统的持续喷水时间，没有特殊规定时，应按火灾延续时间不小于1h确定。

水幕系统与防护冷却系统的设计持续喷水时间，不应小于设置部位的耐火极限要求。

二、系统设计流量

自动喷水灭火系统设计流量，应按最不利点处作用面积内喷头同时喷水的总流量确定，按下式计算：

$$Q_s = \frac{1}{60}\sum_{i=1}^{n} q_i \tag{4-7}$$

式中　Q_s——系统设计流量，L/s；

n——最不利点处作用面积内所有动作喷头数；

q_i——最不利点处作用面积内每个喷头的实际流量，L/min。按喷头的实际工作压力 p_i（MP_a）计算确定。

确定系统设计流量时，还应符合下列要求。

① 建筑内设有不同类型的系统或有不同危险等级的场所时，系统的设计流

量，应按其设计流量的最大值确定。

② 当建筑物内同时设有自动喷水灭火系统和水幕系统时，系统的设计流量，应按同时启用的自动喷水灭火系统和水幕系统的用水量计算，并取二者之和中的最大值确定。

③ 雨淋系统的设计流量，应按雨淋报警阀控制的喷头的流量之和确定。多个雨淋报警阀并联的雨淋系统，其系统设计流量应按同时启用雨淋报警阀的流量之和的最大值确定。

④ 设置货架内喷头的仓库，顶板下喷头与货架内喷头应分别计算设计流量，并应按其设计流量之和确定系统的设计流量。

三、最不利点处作用面积内动作喷头数确定和平均喷水强度校核

1. 最不利点处作用面积在管网中的位置和形状

最不利点处作用面积是指从系统最不利点喷头处开始划定的作用面积。由于火灾发展一般是由火源点呈辐射状向四周扩散蔓延，而且只有处在失火区上方的喷头才会自动喷水灭火。因此，水力计算选定的最不利点处作用面积的形状宜为矩形，但当在配水支管的间距和喷头的间距不相等，矩形不能包含作用面积内的规定动作喷头数量时，其作用面积的形状可选用凸块的矩形。其矩形的长边应平行于配水支管，长度可按下式计算：

$$L_C = 1.2\sqrt{A} \tag{4-8}$$

式中 L_C——最不利点处作用面积的长边长度，m；

A——最不利点处作用面积，m^2。

2. 最不利点处作用面积内的动作喷头数

最不利点处作用面积内的动作喷头数，可按下式计算：

$$n = \frac{A}{A_1} \text{或} n = \frac{A}{A_j} = \frac{A}{S \times D} \tag{4-9}$$

式中 n——最不利点处作用面积内的动作喷头数，取整数；

A_j——每只喷头实际保护面积，m^2；

S——喷头呈矩形或平行四边形时的长边长度，m；

D——喷头呈矩形或平行四边形时的短边长度，m。

3. 最不利点处作用面积内的长边所包含的动作喷头数

最不利点处作用面积内的长边所包含的动作喷头数，可按下式计算：

$$n_L = \frac{L_C}{S} \tag{4-10}$$

式中 n_L——最不利点处作用面积的长边所包含的动作喷头，个。

最不利点处作用面积在管网中的具体形状，可根据上述已知的 n 和 n_L，并按照长边与配水支管平行的要求，就可在管网平面布置图中的最不利点部位画出

作用面积的具体形状，如图 4-40 所示的虚线部分分别为枝状管网和环状管网最不利点处作用面积的位置及具体形状。

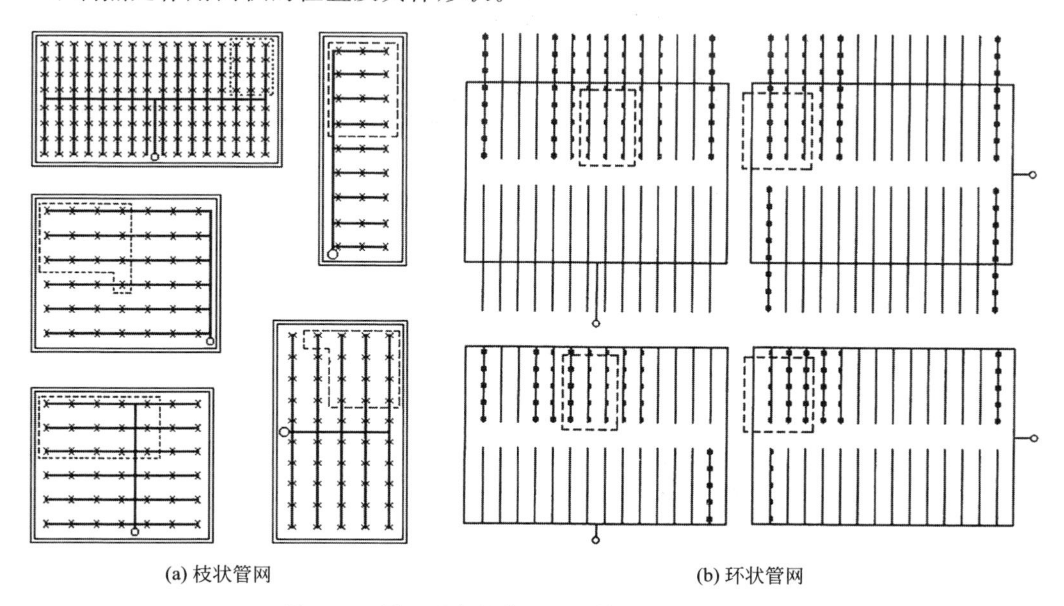

(a) 枝状管网　　(b) 环状管网

图 4-40 最不利点处作用面积的位置及具体形状

4. 作用面积内平均喷水强度的校核

系统设计流量的计算，应保证任意作用面积内的平均喷水强度不低于规定值。最不利点处作用面积内任意 4 只喷头围合范围内的平均喷水强度可按下式进行计算：

$$q_{zp}=\frac{Q_4}{F} \tag{4-11}$$

式中 q_{zp}——最不利点处作用面积内任意 4 只喷头围合范围内的平均喷水强度，$L/(min \cdot m^2)$；

Q_4——最不利点处作用面积内任意 4 只喷头的喷水量之和，L/min；

F——最不利点处作用面积内任意 4 只喷头所组成的保护面积，m^2。

对于轻、中危险级的设置场所，其系统进行水力计算时，应保证最不利点处作用面积内任意 4 只喷头围合范围内的平均喷水强度不应小于表 4-11 规定值的 85%。

四、消防水泵扬程或系统入口的供水压力计算

1. 消防水泵扬程或系统入口的供水压力

消防水泵扬程或系统入口的供水压力可按下式计算：

$$H_b=H_{\Delta}-h_c+p_0+(1.20\sim1.40)\Sigma h_{\omega} \tag{4-12}$$

式中 H_b——消防水泵扬程或系统入口的供水压力，MPa；

H_Δ——最不利点处喷头与消防水池最低水位或系统入口管水平中心线间的静水压力 x（高程差），当系统入口管式消防水池最低水位高于最不利点处喷头时，H_Δ 应取负值，MPa；

h_c——从城市市政管网直接抽水时城市管网的最低水压，MPa，当从消防池取水时，h_c 取 0；

p_0——最不利点处喷头的工作压力，MPa；

Σh_ω——计算管道的总水头损失，MPa。

2. 管道总水头损失计算

管道总水头损失包括沿程水头损失和局部水头损失两部分。

① 管道沿程水头损失，可按下式计算；

$$h_f = 0.0000107 \frac{u^2}{d_j^{1.3}} L \tag{4-13}$$

式中 h_f——沿程水头损失，MPa；

L——计算管段长度，m；

u——管道内水的平均流速，m/s；

d_j——管道的计算内径，m，取值应按管道的内径减 1mm 确定。

以上公式采用舍维列夫公式，当系统采用铜管和不锈钢管时，也可采用 Hazen-Williams（海澄-威廉）公式。

② 管道局部水头损失计算有两种方法，一种方法是按沿程水头损失的 20% 计算；另一种方法是采用当量长度法按下式计算：

$$h_j = 0.0000107 \frac{V^2}{d_j^{1.3}} L_d \tag{4-14}$$

式中 h_j——管道局部水头损失，MPa；

L_d——管件和阀门局部水头损失当量长度，m，当量长度见表 4-22。

表 4-22 不同管径的管件局部水头损失当量长度 单位：m

管件名称	管件直径/mm								
	25	32	40	50	70	80	100	125	150
45°弯头	0.3	0.3	0.6	0.6	0.9	0.9	1.2	1.5	2.1
90°弯头	0.6	0.9	1.2	1.5	1.8	2.1	3.1	3.7	4.3
三通或四通	1.5	1.8	2.4	3.1	3.7	4.6	6.1	7.6	9.2
蝶阀	—	—	—	1.8	2.1	3.1	3.7	2.1	3.1
闸阀	—	—	—	0.3	0.3	0.3	0.6	0.6	0.9
止回阀	1.5	2.1	2.7	3.4	4.3	4.9	6.7	8.3	9.8

续表

管件名称	管件直径/mm								
	25	32	40	50	70	80	100	125	150
异径接头	32/25	40/32	50/40	70/50	80/70	100/80	125/100	150/125	200/125
	0.2	0.3	0.3	0.5	0.6	0.8	1.1	1.3	1.6

注：1. 过滤器当量长度的取值，由生产厂提供；

2. 当异径接头的出口直径不变而入口直径提高1级时，其当量长度应增大0.5倍，提高2级或2级以上时，其当量长度应增大1.0倍。

③ 报警阀和水流指示器的局部水头损失可直接取值：湿式报警阀按0.04MPa、干式报警阀0.02MPa、预作用装置0.08MPa、雨淋报警阀0.07MPa计或按检测数据确定；水流指示器按0.02MPa计；蝶阀型报警阀及马鞍型水流指示器的取值由生产厂提供。

五、系统水力计算方法

自动喷水灭火系统的水力计算宜采用沿途计算法。沿途计算法是指从系统管网最不利点处喷头开始，到作用面积所包括的最后一个喷头为止，采用特性系数法，依次沿途计算各喷头处的工作压力、流量、管段累计流量、管段水头损失等，最终求得系统设计流量和压力。

现以图4-41为例，介绍沿途计算法的方法和步骤。

1. 确定最不利点喷头的工作压力

最不利点喷头的工作压力可计算确定，或直接确定其为喷头最小工作压力0.1MPa。

2. 求支管上各喷头流量

喷头工作压力确定后，根据喷头的流量系数 K，按式（4-1）计算支管上各喷头流量。

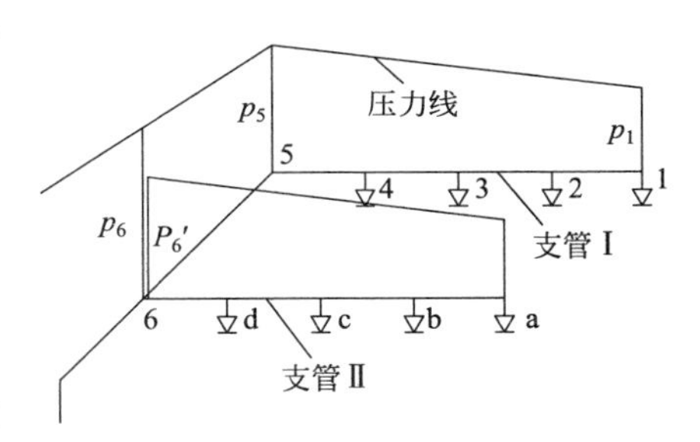

图4-41　沿途计算原理图

① 支管Ⅰ末端喷头1为最不利点，现以规定的喷头最小工作压力作为该喷头的设计压力 p_1，则喷头1的流量为：

$$q_1 = K\sqrt{10p_1}$$

② 喷头2、3、4的流量相应为：

$$q_2 = K\sqrt{10p_2} = K\sqrt{10(p_1 + h_{1-2})}$$

$$q_3 = K\sqrt{10p_3} = K\sqrt{10(p_2 + h_{2-3})} = K\sqrt{10(p_1 + h_{1-2} + h_{2-3})}$$

$$q_4 = K\sqrt{10p_4} = K\sqrt{10(p_3 + h_{3-4})} = K\sqrt{10(p_1 + h_{1-2} + h_{2-3} + h_{3-4})}$$

③ 节点 5 处的流量和水压为：

$$q_5=Q_{4-5}=q_1+q_2+q_3+q_4$$

$$p_5=p_4+h_{4-5}=p_1+h_{1-2}+h_{2-3}+h_{3-4}+h_{4-5}$$

④ 节点 6 处的压力和流量为：

$$p_6=p_5+h_{5-6}=p_1+h_{1-2}+h_{2-3}+h_{3-4}+h_{4-5}+h_{5-6}$$

$$q_6=Q_{5-6}+Q_{d-6}$$

式中，h_{1-2}、h_{2-3}、h_{3-4}、h_{4-5}、h_{5-6} 分别为管段 1－2、2－3、3－4、4—5、5—6 的水头损失。

由于 $Q_{5-6}=q_5$ 已知，求节点 6 处的流量，问题的关键是如何计算 Q_{d-6} 值。为此，引入管系特性系数法求解。

3. 求定管系特性系数

把支管作为一个喷头考虑，其流量与压力应符合式（4-1)。因此，求定管系特性系数可根据总输出的节点流量和该节点的压力，按下式计算：

$$K_g=\frac{Q_{(n-1)-n}}{\sqrt{10p_n}} \tag{4-15}$$

式中 K_g——管系特性系数，它反映了管系的输水性能；

$Q_{(n-1)-n}$——管系总输出节点的流量，L/s；

p_n——管系总输出节点处的水压，MPa。

① 支管Ⅰ的管系特性系数为：

$$K_{g\,\mathrm{I}}=\frac{Q_{4-5}}{\sqrt{10p_5}}$$

② 采用相同的方法，以支管Ⅱ尽端喷头 a 作为计算起点，p_a 为 a 点的压力值，可以对支管Ⅱ各喷头逐项进行计算，进而得出 p'_6 和 Q'_{d-6} 值。

支管Ⅱ的管系特性系数为：

$$K_{g\,\mathrm{II}}=\frac{Q'_{d-6}}{\sqrt{10p'_6}}$$

4. 计算各支管流量

支管Ⅱ的流量计算。当支管Ⅱ在另一水压 p_6 的作用下，其管系流量为 Q_{d-6}，应用管系特性系数法，在所有已知值的情况下，支管Ⅱ的流量为：

$$Q_{d-6}=K_{g\,\mathrm{II}}\sqrt{10p_6}=\frac{Q'_{d-6}}{\sqrt{10p'_6}}\sqrt{10p_6}=Q'_{d-6}\sqrt{\frac{p_6}{p'_6}}$$

在图 4-39 的例子中，由于支管Ⅰ、Ⅱ的水力条件完全相同（即喷头构造、数量、管段长度、管径、标高等均相同），因此，其管系特性系数值也相同，即 $K_{g\,\mathrm{I}}=K_{g\,\mathrm{II}}$。因此有：

$$Q_{d-6}=K_{g\,\mathrm{II}}\sqrt{10p_6}=\frac{Q_{4-5}}{\sqrt{10p_5}}\sqrt{10p_6}=Q_{4-5}\sqrt{\frac{p_6}{p_5}}$$

计算节点 6 的流量：

$$q_6=Q_{5-6}+Q_{d-6}=Q_{4-5}+Q_{4-5}\sqrt{\frac{p_6}{p_5}}=Q_{4-5}\left(1+\sqrt{\frac{p_6}{p_5}}\right)$$

以此类推，求其他支管流量，直到计算到作用面积所包括的最后一个喷头为止。

第五节　系统组件（设备）安装前检查

一、喷头现场检查

喷头到场后，重点检查其外观、密封性、质量偏差等内容。

（一）检查内容及要求

1. 喷头装配性能检查

检查要求：旋拧喷头顶丝，不得轻易旋开，转动溅水盘，无松动、变形等现象，以确保喷头不被轻易调整、拆卸和重装。

2. 喷头外观标志检查要求

① 喷头溅水盘或者本体上至少具有型号规格、生产厂商名称（代号）或者商标、生产时间、响应时间指数（RTI）等永久性标识。

② 边墙型喷头上有水流方向标识；隐蔽式喷头的盖板上有“不可涂覆”等文字标识。

③ 喷头规格型号的标记由类型特征代号（型号）、性能代号、公称口径和公称动作温度等部分组成，规格型号所示的性能参数符合设计文件的选型要求。

类型特征代号表明了产品的结构形式和特征，由不超过 3 位大写英文字母、阿拉伯数字或其他组合构成，可由生产商自己命名。性能代号表明喷头的洒水分布类型、热响应类型或安装位置等特性，符号构成见表 4-23。快速响应喷头、特殊响应喷头在性能代号前分别加“K”“T”并以“-”与性能代号间隔，标准响应喷头在性能代号前不加符号；带涂层喷头、带防水罩的喷头在性能代号前分别加“C”“S”，并以“-”与性能代号间隔。

表 4-23　常见喷头性能代号

喷头名称	直立型喷头	下垂型喷头	直立边墙型喷头	下垂边墙型喷头	水平边墙型喷头	干式喷头	齐平式喷头	嵌入式喷头	隐蔽式喷头
性能代号	ZSTZ	ZSTX	ZSTBZ	ZSTBX	ZSTBS	ZSTG	ZSTDQ	ZSTDR	ZSTDY

［例 4-1］ M1 ZSTX15－68℃表示 M1 型，标准响应、下垂安装，公称口径为 15mm，公称动作温度为 68℃的喷头。

④ 所有标识均为永久性标识，标识正确、清晰。

⑤ 玻璃球、易溶元件的色标与温标（见表 4-1）对应、正确。

喷头的外观检查汇总和密封性检查见表 4-24。

表 4-24 喷头外观检查和密封性检查表

项目	检查项目
喷头外观检查	喷头的商标、型号、公称动作温度、响应时间指数(RTI)、制造厂及生产日期等标志应齐全。 喷头的型号、规格等应符合设计要求。 喷头外观应无加工缺陷和机械损伤。 喷头螺纹密封面应无伤痕、毛刺、缺丝或断丝现象
喷头密封性试验	闭式喷头应进行密封性能试验，以无渗漏、无损伤为合格。 试验数量应从每批中抽查 1%，并不得少于 5 只，试验压力应为 3.0MPa，保压时间不得少于 3min。 当两只及两只以上不合格时，不得使用该批喷头。当仅有一只不合格时，应再抽查 2%，并不得少于 10 只，再重新进行密封性能试验；当仍有不合格时，亦不得使用该批喷头

二、报警阀组检查内容及要求

1. 报警阀组外观检查

① 报警阀的商标、规格型号等标志齐全，阀体上有水流指示方向的永久性标识（图 4-42）。

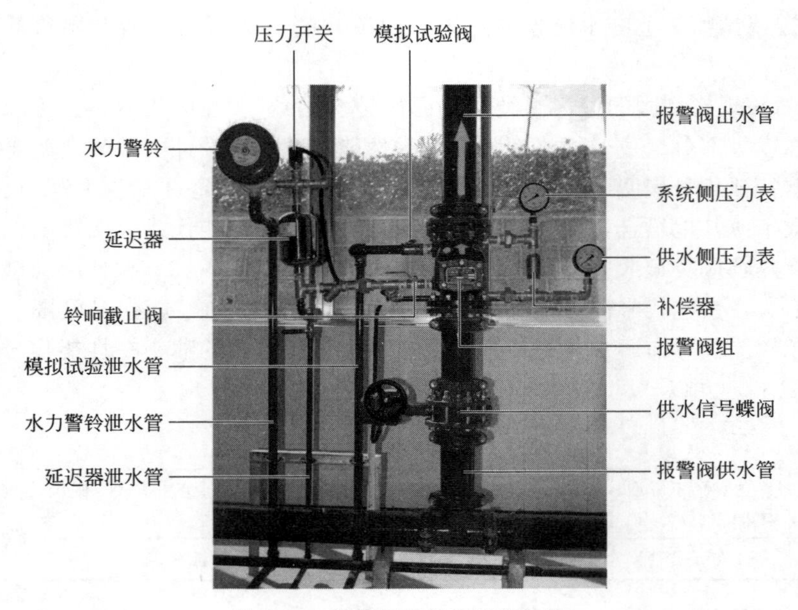

图 4-42 报警阀外观标识和结构

② 报警阀的规格型号应符合设计要求。

③ 报警阀组及其附件配备齐全，表面无裂纹，无加工缺陷和机械损伤。

2. 报警阀结构检查

① 阀体上设有放水口，放水口的公称直径不小于 20mm。

② 阀体的阀瓣组件的供水侧，设有在不开启阀门的情况下测试报警装置的测试管路。

③ 干式报警阀组、雨淋报警阀组设有自动排水阀。

④ 阀体内清洁、无异物堵塞，报警阀阀瓣开启后能够复位。

3. 报警阀组操作性能检验

① 报警阀阀瓣以及操作机构动作灵活，无卡涩现象。

② 水力警铃的铃锤转动灵活，无阻滞现象。

③ 水力警铃传动轴密封性能良好，无渗漏水现象。

④ 进口压力为 0.14MPa，排水流量不大于 15.0L/min 时，不报警，流量在 15.0～60.0L/min 时，可报可不报，流量大于 60L/min 时，必须报警。

4. 报警阀渗漏试验

测试报警阀密封性，试验压力为额定工作压力的 2 倍的静水压力，保压时间不小于 5min 后，阀瓣处无渗漏。

① 将报警阀组进行组装，安装补偿器及其连接管路，其余组件不作安装，阀瓣组件关闭。

② 采用堵头堵住各个阀门开口部位（供水管除外），供水侧管段上安装测试用压力表。

③ 供水侧管段与试压泵、试验用水源连接，经检查各试验组件装配到位。

④ 充水排除阀体内腔、管段内的空气后，对阀体缓慢加压至试验压力并稳压（停止供水）。

⑤ 采用秒表计时 5min，目测观察有无渗漏、变形。

三、其他组件的现场检查

其他组件主要包括压力开关、水流指示器、末端试水装置等，重点对其外观、功能等进场现场检查。

1. 外观检查

① 压力开关、水流指示器、末端试水装置等有清晰的铭牌、安全操作指示标识和产品说明书。

② 水流指示器上有水流方向的永久性标识（图 4-43）；末端试水装置的试水阀上有明显的启闭状态标识。

③ 各组件不得有结构松动、明显的加工缺陷，表面不得有明显锈蚀、涂层剥落、起泡、毛刺等缺陷；水流指示器桨片完好无损。

图 4-43 水流指示器

2. 功能检查

(1) 水流指示器检查要求

① 检查水流指示器灵敏度，试验压力为 0.14～1.2MPa，流量不大于 15.0L/min 时，水流指示器不报警；流量在 15.0～37.5L/min 任一数值可报警可不报警，但到达 37.5L/min 一定报警。

② 具有延迟功能的水流指示器，检查桨片动作后报警延迟时间，在 2～90s 范围内，且可调节。

(2) 压力开关检查要求　测试压力开关动作情况，检查其常开或者常闭触点通断情况，动作可靠、准确（图 4-44）。

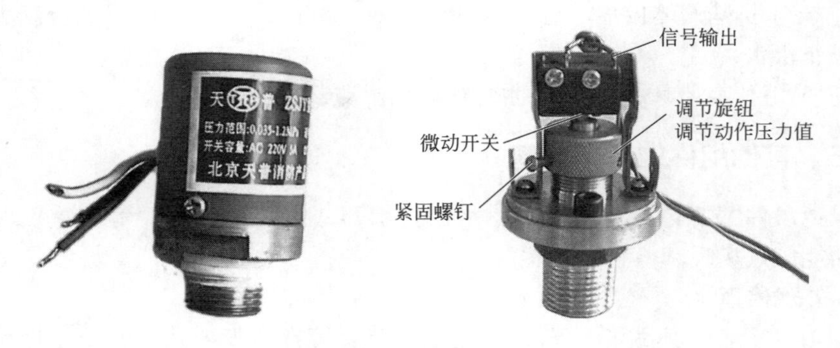

图 4-44 压力开关

(3) 末端试水装置检查要求

① 测试末端试水装置密封性能，试验压力为额定工作压力的 1.1 倍，保压时间为 5min，末端试水装置试水阀关闭，测试结束时末端试水装置各组件无

渗漏。

② 末端试水装置手动（电动）操作方式灵活，便于开启，信号反馈装置能够在末端试水装置开启后输出信号，试水阀关闭后，末端试水装置无渗漏。

第六节 系统组件安装调试与检测验收

一、喷头

系统试压、冲洗合格后，进行喷头安装；安装前，查阅消防设计文件，确定不同使用场所的喷头型号、规格。喷头安装按照下列要求实施：

① 采用专用工具安装喷头（图 4-45），严禁利用喷头的框架施拧；喷头的框架、溅水盘产生变形、释放原件损伤的，采用规格、型号相同的喷头进行更换。

图 4-45 喷头安装工具

② 喷头安装时，不得对喷头进行拆装、改动，严禁给喷头、隐蔽式喷头的装饰盖板附加任何装饰性涂层。

③ 不同类型的喷头按照下列要求安装：

a. 直立型喷头连接 $DN25$ 短立管或者直接向上直立安装于配水支管上。

b. 下垂型喷头连接 $DN25$ 的短立管或者直接下垂安装于配水支管上。

c. 边墙型喷头（图 4-46）根据选定的规格型号，水平安装于顶棚（吊顶）下的边墙上，或者直立向上、下垂安装于顶棚下的边墙上。

(a) 直立边墙型喷头

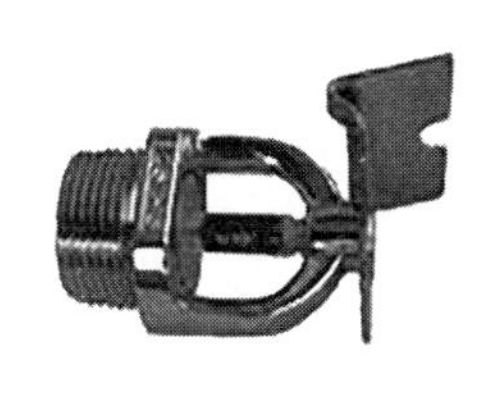

(b) 水平边墙型喷头

图 4-46 边墙型喷头

d. 干式喷头连接于特殊的短立管上（图 4-47），根据其保护区域结构特征和喷头规格型号，直立向上、下垂或者水平安装于配水支管上，短立管入口处设置密封件，阻止水流在喷头动作前进入立管。

e. 嵌入式喷头、隐蔽式喷头（图 4-48）安装时，喷头根部螺纹及其部分或者全部本体嵌入吊顶护罩内，喷头下垂安装于配水支管上。

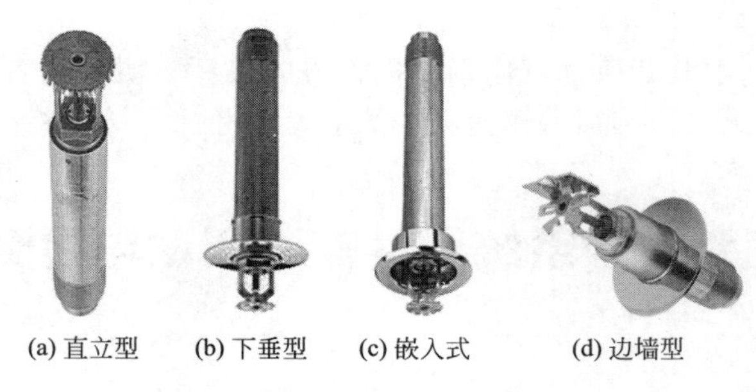

(a) 直立型　(b) 下垂型　(c) 嵌入式　(d) 边墙型

图 4-47　干式喷头

图 4-48　嵌入式喷头、隐蔽式喷头和齐平式喷头

f. 齐平式喷头（图 4-48）安装时，喷头根部螺纹及其部分本体下垂安装于吊顶内配水支管上，部分或者全部热敏元件随部分喷头本体安装于吊顶下。

g. 喷头安装在易受机械损伤处，加设喷头防护罩（图 4-49）。

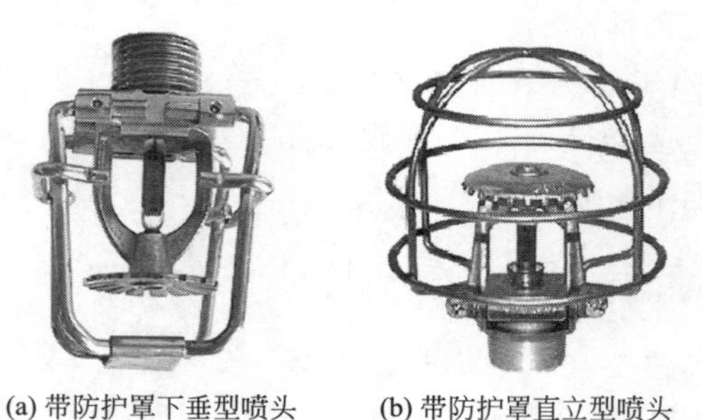

(a) 带防护罩下垂型喷头　(b) 带防护罩直立型喷头

图 4-49　带防护罩喷头

④ 当喷头的公称直径小于 10mm 时，在系统配水干管、配水管上安装过滤器。

⑤ 梁、通风管道、排管、桥架宽度大于 1.2m（如使用采用早期抑制快速响应喷头和特殊应用喷头，障碍物宽度大于 0.6m）时，在其腹面以下部位增设喷头。当增设的喷头上方有孔洞、缝隙时，可在喷头的上方设置挡水板（图 4-50）。

图 4-50 增设喷头集热挡水板

二、报警阀组

为了保证报警阀组及其附件的安装质量和基本性能要求，报警阀组到场后，重点检查（验）其附件配置、外观标识、外观质量、渗漏试验和报警阀结构等内容。

报警阀组安装在供水管网试压、冲洗合格后组织实施。

1. 报警阀组安装与技术检测要求

① 报警阀组垂直安装在配水干管上，水源控制阀、报警阀组水流标识与系统水流方向一致。报警阀组的安装顺序为先安装水源控制阀、报警阀，再进行报警阀辅助管道的连接。

② 报警阀阀体底边距室内地面高度为 1.2m；侧边与墙的距离不小于 0.5m；正面与墙的距离不小于 1.2m；报警阀组凸出部位之间的距离不小于 0.5m。

③ 报警阀组安装在室内时，室内地面增设排水设施。见图 4-51。

图 4-51 报警阀室

2. 报警阀组附件安装要求

报警阀组相关附件按照下列要求确定其安装位置，进行安装，并通过技术检测控制其安装质量。

① 压力表安装在报警阀上便于观测的位置。

② 排水管和试验阀安装在便于操作的位置。

③ 水源控制阀安装在便于操作的位置，且设有明显的开、闭标识和可靠的锁定设施。

④ 水力警铃安装在公共通道或者值班室附近的外墙上，并安装检修、测试用的阀门（图 4-52）。

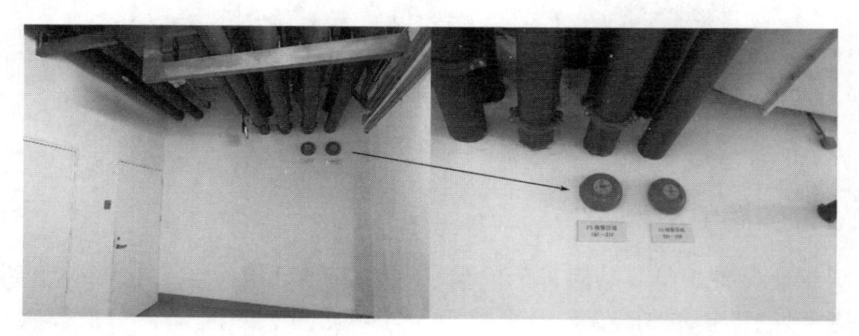

图 4-52 水力警铃安装在公共通道上

⑤ 水力警铃和报警阀的连接，采用热镀锌钢管，当镀锌钢管的公称直径为 20mm 时，其长度不宜大于 20m。

⑥ 安装完毕的水力警铃启动时，警铃声强度不小于 70dB。

⑦ 系统管网试压和冲洗合格后，排气阀安装在配水干管顶部、配水管的末端。

3. 湿式报警阀组安装与技术检测要求

① 报警阀前后的管道能够快速充满水；压力波动时，水力警铃不发生误报警。

② 过滤器安装在报警水流管路上，其位置在延迟器前，且便于排渣操作，见图 4-53。

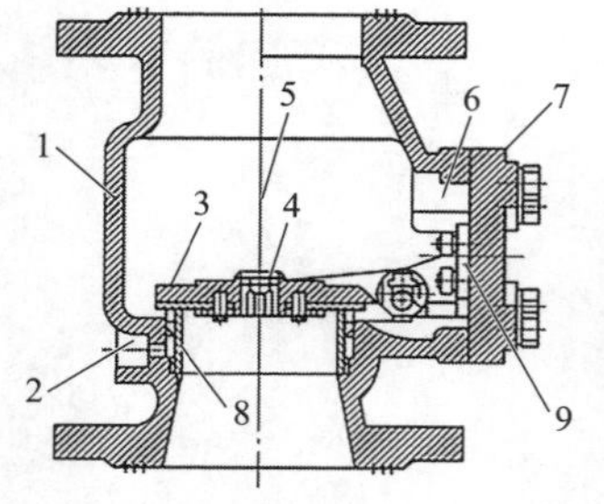

1—阀体; 2—报警口; 3—阀瓣;
4—补水单向阀; 5—测试口;
6—检修口; 7—阀盖;
8—座圈; 9—支架

(a) 结构示意图

(b) 侧剖实物图

(c) 阀瓣凹槽内通往报警信号管路的小孔

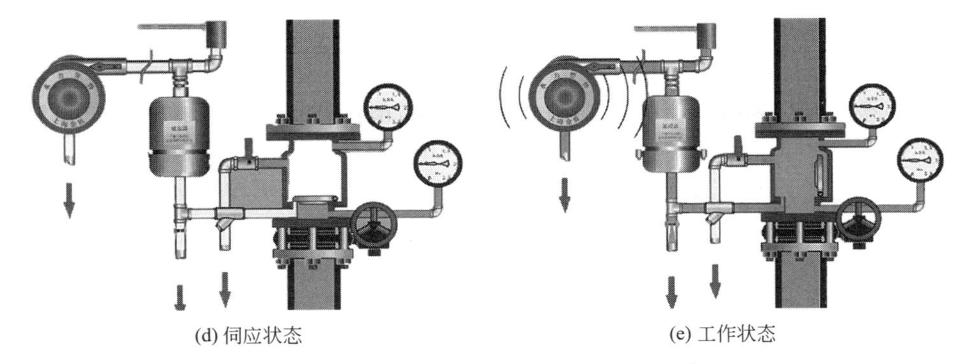
(d) 伺应状态　　(e) 工作状态

图 4-53　湿式报警阀内部结构实物图和示意图

4. 干式报警阀组安装及质量检测要求

干式报警阀组除按照报警阀组安装的共性要求进行安装、技术检测外，还需符合下列要求：

① 安装在不发生冰冻的场所。

② 安装完成后，向报警阀气室注入高度为 50～100mm 的清水。

③ 充气连接管路的接口安装在报警阀气室充注水位以上部位，充气连接管道的直径不得小于 15mm；止回阀、截止阀安装在充气连接管路上。

④ 安全排气阀安装在气源与报警阀组之间，靠近报警阀组一侧，见图 4-54。

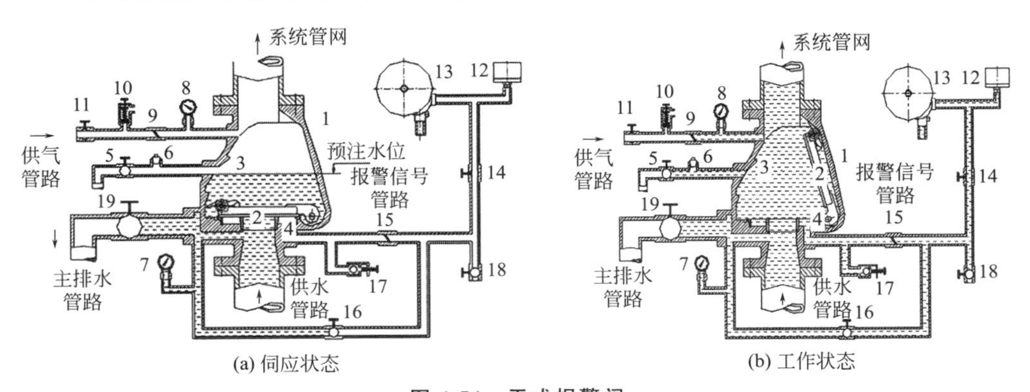

(a) 伺应状态　　(b) 工作状态

图 4-54　干式报警阀

1—报警阀阀体；2—阀瓣；3—防复位凸起；4—凹槽；5，11，14，16，18，19—控制阀；6—底水添加管路；7—供水侧压力表；8—系统侧压力表；9，15—单向阀；10—安全阀；12—压力开关；13—水力警铃；17—自动滴水阀

5. 雨淋报警阀组安装及技术检测要求

技术检测外，还需符合下列要求。

① 雨淋报警阀组可采用电动开启、传动管开启或手动开启等控制方式，手动开启控制装置安装在安全可靠的位置，水传动管的安装参照湿式系统的有关要求布置喷头。

② 需要充气的预作用系统的雨淋报警阀组，按照干式报警阀组有关要求进行安装。

③ 按照消防设计文件要求，在便于观测和操作的位置，设置雨淋报警阀组的观测仪表和操作阀门。

④ 确定雨淋报警阀组手动开启装置的安装位置，以便发生火灾时能安全开启和便于操作。

⑤ 压力表安装在雨淋报警阀的水源一侧。安装后的结构示意，见图 4-19。

6. 预作用装置安装与技术检测要求

预作用装置除按照报警阀组安装的共性要求进行安装、技术检测外，还需符合下列要求。

① 系统主供水信号蝶阀、雨淋报警阀、湿式报警阀等集中垂直安装在被保护区附近，且最低环境温度不低于 4℃的室内，以免低温使隔膜腔内存水因冰冻而导致系统失灵。

② 在隔膜雨淋报警阀组的水源侧管道法兰和隔膜雨淋报警阀系统侧出水口处分别放入密封垫，拧紧法兰螺栓，再进行与系统管网连接。在湿式报警阀的平直管段上开孔接管，与由低气压开关、空压机、电接点压力表等空气维持装置相连接。

③ 将雨淋报警阀上的压力开关、电磁阀、信号蝶阀引出线以及空气维持装置上气压压力开关、电接点压力表引出线分别与消防控制中心控制线路相连接。

④ 水力警铃按照湿式自动喷水灭火系统的要求进行安装。安装后的结构示意，见图 4-19。

三、水流报警装置与末端试水装置

水流报警装置根据系统类型的不同，可选用水流指示器、压力开关及其组合对系统水流压力、流动等进行监控报警。

1. 水流指示器

安装与技术检测要求：管道试压和冲洗合格后，管内不应有焊渣等异物，方可安装水流指示器。水流指示器安装前，对照消防设计文件核对产品规格、型号。

水流指示器按照下列要求进行安装。

① 水流指示器桨片、膜片竖直安装在水平管道上侧，其动作方向与水流方向一致。

② 水流指示器安装后，其桨片、膜片动作灵活，不得与管壁发生碰擦。

③ 同时使用信号阀和水流指示器控制的自动喷水灭火系统，信号阀安装在水流指示器前的管道上，与水流指示器间的距离不小于 300mm。

2. 压力开关安装与技术检测要求

① 压力开关竖直安装在通往水力警铃的管道上，安装中不得拆装改动。

② 按照消防设计文件或者厂家提供的安装图纸安装管网上的压力控制装置。

3. 压力开关、信号阀、水流指示器的引出线

压力开关、信号阀、水流指示器等引出线采用防水套管锁定；采用观察检查进行技术检测。

4. 末端试水装置

末端试水装置和试水阀的安装位置应便于检查、试验，并应有相应排水能力的排水设施（图 4-55）。

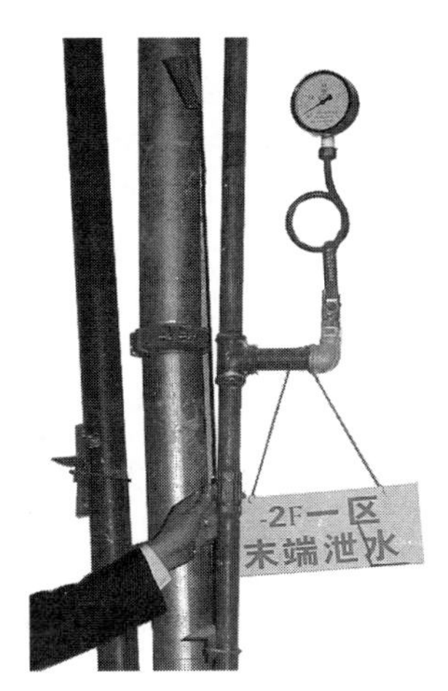

图 4-55　末端试水装置

四、系统调试

系统调试包括水源测试、消防水泵调试、稳压泵调试、报警阀调试、排水设施调试和联动试验等内容。调试过程中，系统出水通过排水设施全部排走。

1. 系统调试准备

系统调试需要具备下列条件：

① 消防水池、消防水箱已储存设计要求的水量。

② 系统供电正常。

③ 消防气压给水设备的水位、气压符合消防设计要求。

④ 湿式系统管网内充满水；干式、预作用系统管网内的气压符合消防设计要求；阀门均无泄漏。

⑤ 与系统配套的火灾自动报警系统调试完毕，处于工作状态。

2. 报警阀组调试

报警阀组调试按照湿式报警阀组、干式报警阀组、预作用装置、雨淋报警阀组各自特点进行调试，报警阀组调试前，首先检查报警阀组组件，确保其组件齐全、装配正确，在确认安装符合消防设计要求和消防技术标准规定后，进行调试。

（1）湿式报警阀组　湿式报警阀组调试时，从试水装置处放水，当湿式报警阀进水压力大于 0.14MPa、放水流量大于 1L/s 时，报警阀启动，带延迟器的水力警铃在 5～90s 内发出报警铃声不带延迟器的水力警铃应在 15s 内发出报警铃声，压力开关动作，并反馈信号。

（2）干式报警阀组　干式报警阀组调试时，开启系统试验阀，报警阀的启动时间、启动点压力、水流到试验装置出口所需时间等符合消防设计要求。

（3）雨淋报警阀组　雨淋报警阀组调试采用检测、试验管道进行供水。自动和手动方式启动的雨淋报警阀，在联动信号发出或者手动控制操作后 15s 内启

动；公称直径大于 200mm 的雨淋报警阀，在 60s 之内启动。雨淋报警阀调试时，当报警水压为 0.05MPa，水力警铃发出报警铃声。

（4）预作用装置　预作用装置的调试按照湿式报警阀组和雨淋报警阀组的调试要求进行综合调试。

3. 联动调试及检测

（1）湿式系统　调试及检测内容：系统控制装置设置为“自动”控制方式，启动 1 只喷头或者开启末端试水装置，流量保持在 0.94～1.5L/s，水流指示器、报警阀压力开关、高位消防水箱流量开关水力警铃、系统管网压力开关和消防水泵等及时动作，并有相应组件的动作信号反馈到消防联动控制设备，见图 4-56。

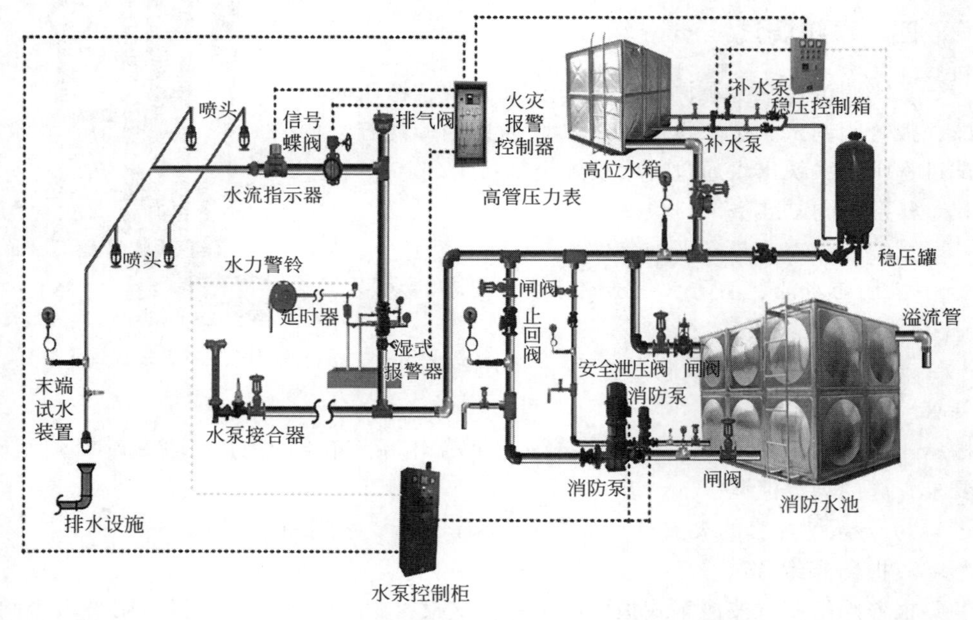

图 4-56　湿式系统图

（2）干式系统　调试检测内容：系统控制装置设置为“自动”控制方式，启动 1 只喷头或者模拟 1 只喷头的排气量排气，报警阀压力开关、水力警铃系统管网压力开关、高位消防水管流量开关和消防水泵等及时动作并有相应的组件信号反馈，见图 4-57。

（3）预作用系统、雨淋系统、水幕系统　调试检测内容：系统控制装置设置为“自动”控制方式，采用专用测试仪表或者其他方式，模拟火灾自动报警系统输入各类火灾探测信号，报警控制器输出声光报警信号，启动自动喷水灭火系统。采用传动管启动的雨淋系统、水幕系统联动试验时，启动 1 只喷头，雨淋报警阀打开，压力开关或系统消防水箱流量开关动作，消防水泵启动，并有相应组件信号反馈，见图 4-58。

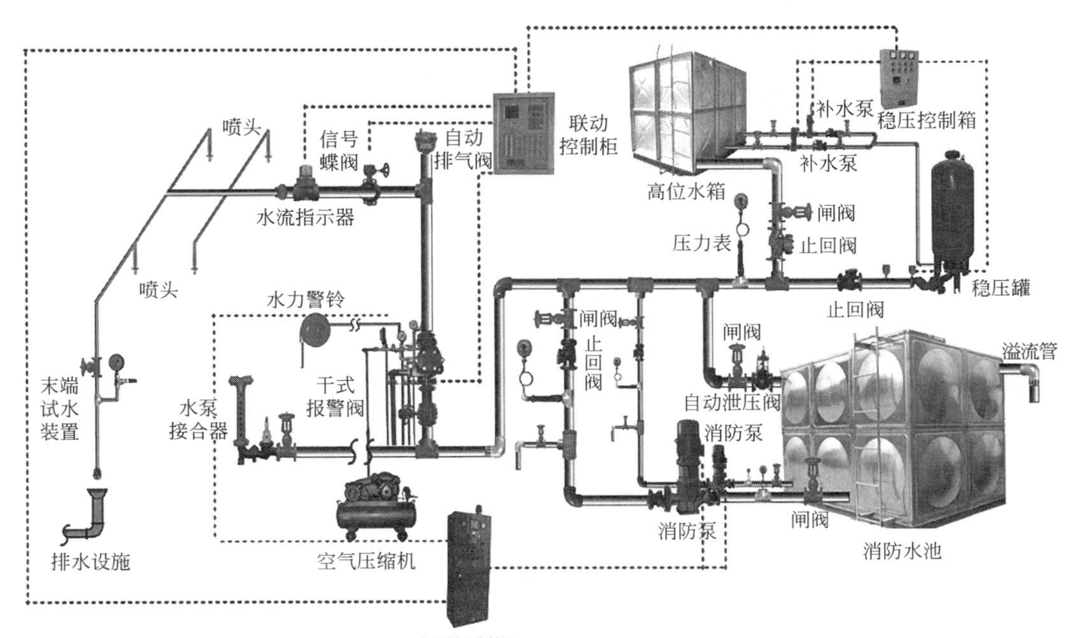

图 4-57　干式系统图

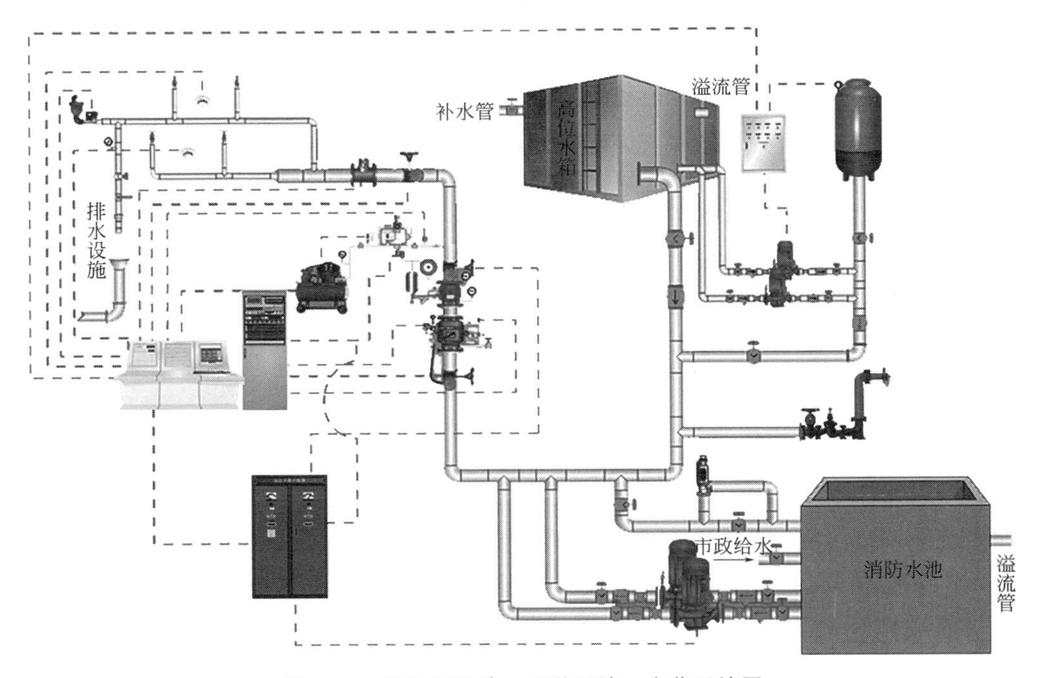

图 4-58　预作用系统、雨淋系统、水幕系统图

五、系统竣工验收

1. 管网验收检查

① 查验管道材质、管径、接头、连接方式及其防腐、防冻措施。

② 测量管网排水坡度（0.002～0.005），检查辅助排水设施设置情况。

③ 检查系统末端试水装置、试水阀、排气阀等设置位置、组件及其设置情况。

④ 检查系统中不同部位安装的报警阀组、闸阀、止回阀、电磁阀、信号阀、水流指示器、减压孔板、节流管、减压阀、柔性接头、排水管、排气阀、泄压阀等组件设置位置、安装情况。

⑤ 测试干式灭火系统管网容积，系统充水时间不大于1min；对于由火灾自动报警系统和充气管道上设置的压力开关开启预作用装置的预作用系统，系统的充水时间不大于1min；对于仅由火灾自动报警系统联动开启预作用装置的预作用系统，系统的充水时间不大于2min。雨淋系统的充水时间不大于2min。

⑥ 检查配水支管、配水管、配水干管的支架、吊架、防晃支架设置情况。

2. 喷头验收检查合格判定标准

① 经核对，喷头设置场所、规格、型号以及公称动作温度、响应时间指数(RTI)、安装方式等性能参数符合消防设计文件要求。

② 按照距离偏差±15mm进行测量，喷头安装间距，喷头与楼板、墙、梁等障碍物的距离符合消防技术标准和消防设计文件要求。

③ 有腐蚀性气体的环境、有冰冻危险的场所安装的喷头，采取了防腐蚀、防冻等防护措施，有碰撞危险的场所的喷头加设有防护罩。

④ 经点验，各种不同规格的喷头的备用品数量不少于安装喷头总数的1%，且每种备用喷头不少于10个。

3. 报警阀组验收检查合格判定标准

① 报警阀组及其各附件安装位置正确，各组件、附件结构安装准确；供水干管侧和配水干管侧控制阀门处于完全开启状态，锁定在常开位置；报警阀组试水阀、检测装置放水阀关闭，检测装置其他控制阀门开启，报警阀组处于伺应状态；报警阀组及其附件设置的压力表读数符合设计要求。

② 经测量，供水干管侧和配水干管侧的流量、压力符合消防技术标准和消防设计文件要求。

③ 启动报警阀组试水阀或者电磁阀后，供水干管侧、配水干管侧压力表值平衡后，报警阀组以及检测装置的压力开关、延迟器、水力警铃等附件动作准确、可靠；与空气压缩机或者火灾自动报警系统的联动控制准确，符合消防设计文件要求。

④ 经测试，水力警铃喷嘴处压力符合消防设计文件要求，且不小于

0.05MPa；距水力警铃 3m 远处警铃声的声强符合设计文件要求，且不小于 70dB。

⑤ 消防水泵自动启动，压力开关、电磁阀、排气阀入口电动阀、消防水泵等动作，且相应信号反馈到消防联动控制设备。

第七节　系统维护管理

一、自动喷水灭火系统的消防监督检查

1. 系统主要组件的检查

（1）报警阀组检查　湿式报警阀组，任选一个查看外观、标志牌、压力表，查看锁具或信号阀及其反馈信号；打开试验阀，查看压力开关、水力警铃动作情况及反馈信号。合格要求：应有注明系统名称和保护区域的标志牌，压力表显示应符合设定值；控制阀应全部开启，并用锁具固定手轮，启闭标志应明显；采用信号阀时，反馈信号应正确；报警阀等组件应灵敏可靠；压力开关动作应向消防控制设备反馈信号。

其他报警阀在湿式报警阀组检查内容的基础上，作专项检查。干式报警阀组要检查空气压缩机的运行情况，核对启停压力；预作用报警阀组应关闭报警阀入口控制阀，消防控制设备输出电磁阀控制信号，查看电磁阀动作情况及反馈信号；雨淋报警阀组要检查传动管的设置情况。

（2）水流指示器检查　查看标志及信号阀；开启末端试水装置，查看消防控制设备报警信号；关闭末端试水装置，查看复位信号。合格要求：应有明显标志；信号阀应全开，并应反馈启闭信号；水流指示器的启动与复位应灵敏可靠，并同时反馈信号。

（3）喷头检查　查看喷头外观。合格要求：应符合设计选型；闭式喷头玻璃球色标应符合设计要求；不得有变形和附着物、悬挂物。

（4）末端试水装置检查　查看末端试水装置的阀门、压力表、试水接头及排水管。合格要求：阀门、试水接头、压力表和排水管应正常。

（5）水泵接合器检查　任选一个水泵接合器，检查供水范围。合格要求：水泵接合器不应被埋压、圈占、遮挡，标识明显，并标明供水系统的类型及供水范围。

（6）消防水泵房、消防水池、消防水箱的检查　查看水泵房配电柜、进出水阀门；查看消防水池、消防水箱。合格要求：配电柜上的消火栓泵、喷淋泵、稳压（增压）泵的开关设置在自动（接通）位置；消火栓泵和喷淋泵进、出水管阀门，高位消防水箱出水管上的阀门，以及自动喷水灭火系统、消火栓系统管道上

的阀门保持常开；高位消防水箱、消防水池、气压水罐等消防储水设施的水量达到规定的水位；北方寒冷地区的高位消防水箱和室内外消防管道有防冻措施。

2. 系统功能检查

以湿式系统为例。

（1）检查方法　将消防控制室的消防联动控制设备设置在自动位置。开启最不利点处的末端试水装置，查看压力表显示、水流指示器、压力开关和消防水泵的动作情况及反馈信号，测量自开启末端试水装置至消防水泵投入运行的时间，用声级计测量水力警铃声强值。

（2）合格要求　末端试水装置出水压力不低于0.05MPa，开启5min内，消防水泵自动启动；报警阀、压力开关、水流指示器动作；水力警铃发出警报信号，且距水力警铃3m远处的声压级不低于70dB；消防控制室应显示水流指示器、压力开关和消防水泵的动作反馈信号。

二、系统巡查

巡查周期：建筑管理使用单位至少每日组织一次系统全面巡查。

三、周期性检查

1. 月检查项目

下列项目至少每月进行一次检查与维护：

① 电动、内燃机驱动的消防水泵（稳压泵）启动运行测试。

② 喷头完好状况、备用量及异物清除等检查。

③ 系统所有阀门状态及其铅封、锁链完好状况检查。

④ 消防气压给水设备的气压、水位测试；消防水池、消防水箱的水位以及消防用水不被挪用的技术措施检查。

⑤ 水泵接合器完好性检查。

⑥ 过滤器排渣、完好状况检查。

⑦ 每月检查电磁阀启动试验。

⑧ 每月应利用末端试水装置对水流指示器进行试验。

⑨ 利用末端试水装置放水试验和观察方式对报警阀及启动性能测试，具体检查内容和要求见表4-25。

表4-25　报警阀周期性检查要求

阀类	检查内容和要求
湿式报警阀	主阀锈蚀状况，各个部件连接处无渗漏现象，主阀前后压力表读数准确及两表压差符合要求（<0.01MPa），延时装置排水畅通，压力开关动作灵活并迅速反馈信号，主阀复位到位，警铃动作灵活、铃声洪亮，排水系统排水畅通

续表

阀类	检查内容和要求
预作用和干式报警阀	检查符合湿式报警阀内容外，另应检查充气装置启停准确，充气压力值符合设计要求，加速排气压装置排气速度正常，电磁阀动作灵敏，主阀瓣复位严密，主阀侧腔（控制腔）锁定到位，阀前稳压值符合设计要求（不得小于 0.25MPa）
雨淋报警阀	检查符合湿式报警阀内容外，另应检查电磁阀动作灵敏，主阀瓣复位严密，主阀侧腔（控制腔）锁定到位，阀前稳压值符合设计要求（不得小于 0.25MPa）

2. 季度检查项目

下列项目至少每季度进行一次检查与维护：

① 对系统所有楼层和防火分区试水阀放水进行水流指示器报警试验。

② 对系统所有的末端试水阀和报警阀旁的放水试验阀进行一次放水试验，检查系统启动、报警功能以及出水情况是否正常。

③ 室外阀门井中的控制阀门开启状况及其使用性能测试。

3. 年度检查项目

下列项目至少每年进行一次检查与维护：

① 水源供水能力测试。

② 水泵接合器通水加压测试。

③ 储水设备结构材料检查。

④ 水泵流量性能测试。

⑤ 系统联动测试。

四、系统常见故障分析

系统周期性检查、年度检测时，对于检查发现的系统故障，要及时分析故障原因，消除故障，确保系统完好有效。自动喷水灭火系统相关组件的故障主要常见于报警阀组及其相关组件，其他设备组件的故障及其分析、处理，可以借鉴此处，进行举一反三。

图 4-59 报警阀中有杂质而造成漏水

（一）湿式报警阀组常见故障分析、处理

1. 报警阀组漏水

(1) 故障原因分析

① 排水阀门未完全关闭。

② 阀瓣密封垫老化或者损坏。

③ 系统侧管道接口渗漏。

④ 报警管路测试控制阀渗漏。

⑤ 阀瓣组件与阀座之间因变形或者污垢、杂物阻挡出现不密封状态。见图 4-59，为编织袋杂

质堵塞报警阀阀瓣，造成报警阀漏水和报警阀经常误报警。

（2）故障处理

① 关紧排水阀门。

② 更换阀瓣密封垫。

③ 检查系统侧管道接口渗漏点，密封垫老化、损坏的，更换密封垫；密封垫错位的，重新调整密封垫位置；管道接口锈蚀、磨损严重的，更换管道接口相关部件。

④ 更换报警管路测试控制阀。

⑤ 先放水冲洗阀体、阀座，存在污垢、杂物的，经冲洗后，渗漏减少或者停止；否则，关闭进水口侧和系统侧控制阀，卸下阀板，仔细清洁阀板上的杂质；拆卸报警阀阀体，检查阀瓣组件、阀座，存在明显变形、损伤、凹痕的，更换相关部件。

2. 报警阀启动后报警管路不排水

（1）故障原因分析

① 报警管路控制阀关闭。

② 限流装置过滤网被堵塞。

（2）故障处理

① 开启报警管路控制阀。

② 卸下限流装置，冲洗干净后重新安装回原位。

3. 报警阀报警管路误报警

（1）故障原因分析

① 未按照安装图纸安装或者未按照调试要求进行调试。

② 报警阀组渗漏通过报警管路流出。

③ 延迟器下部孔板溢出水孔堵塞，发生报警或者缩短延迟时间。

（2）故障处理

① 按照安装图纸核对报警阀组组件安装情况；重新对报警阀组伺应状态进行调试。

② 按照故障查找渗漏原因，进行相应处理。

③ 延迟器下部孔板溢出水孔堵塞，卸下筒体，拆下孔板进行清洗。

4. 水力警铃工作不正常（不响、响度不够、不能持续报警）

（1）故障原因分析

① 产品质量问题或者安装调试不符合要求。

② 控制口阻塞或者铃锤机构被卡住。

（2）故障处理

① 属于产品质量问题的，更换水力警铃；安装缺少组件或者未按照图纸安装的，重新进行安装调试。

② 拆下喷嘴、叶轮及铃锤组件，进行冲洗，重新装合使叶轮转动灵活。

5. 开启测试阀，消防水泵不能正常启动。

（1）故障原因分析

① 压力开关设定值不正确。

② 消防联动控制设备中的控制模块损坏。

③ 水泵控制柜、联动控制设备的控制模式未设定在“自动”状态。

（2）故障处理

① 将压力开关内的调压螺母调整到规定值。

② 逐一检查控制模块，采用其他方式启动消防水泵，核定问题模块，并予以更换。

③ 将控制模式设定为“自动”状态。

（二）预作用装置常见故障分析、处理

1. 报警阀漏水

（1）故障原因分析

① 排水控制阀门未关紧。

② 阀瓣密封垫老化者损坏。

③ 复位杆未复位或者损坏。

（2）故障处理

① 关紧排水控制阀门。

② 更换阀瓣密封垫。

③ 重新复位，或者更换复位装置。

2. 压力表读数不在正常范围

（1）故障原因分析

① 预作用装置前的供水控制阀未打开。

② 压力表管路堵塞。

③ 预作用装置的报警阀体漏水。

④ 压力表管路控制阀未打开或者开启不完全。

（2）故障处理

① 完全开启报警阀前的供水控制阀。

② 拆卸压力表及其管路，疏通压力表管路。

③ 按照湿式报警阀组渗漏的原因进行检查、分析，查找预作用装置的报警阀体的漏水部位，进行修复或者组件更换。

④ 完全开启压力表管路控制阀。

3. 系统管道内有积水

（1）故障原因分析　复位或者试验后，未将管道内的积水排完。

（2）故障处理　开启排水控制阀，完全排除系统内积水。

4. 传动管喷头被堵塞

（1）故障原因分析

① 消防用水水质存在问题，如有杂物等。

② 管道过滤器不能正常工作。

（2）故障处理

① 对水质进行检测，清理不干净、影响系统正常使用的消防用水。

② 检查管道过滤器，清除滤网上的杂质或者更换过滤器。

（三）雨淋报警阀组常见故障分析、处理

1. 自动滴水阀漏水

（1）故障原因分析

① 产品存在质量问题。

② 安装调试或者平时定期试验、实施灭火后，没有将系统侧管内的余水排尽。

③ 雨淋报警阀隔膜球面中线密封处因施工遗留的杂物、不干净消防用水中的杂质等导致球状密封面不能完全密封。

（2）故障处理

① 更换存在问题的产品或者部件。

② 开启放水控制阀排除系统侧管道内的余水。

③ 启动雨淋报警阀，采用洁净水流冲洗遗留在密封面处的杂质。

2. 复位装置不能复位

（1）故障原因分析：水质过脏，有细小杂质进入复位装置密封面。

（2）故障处理：拆下复位装置，用清水冲洗干净后重新安装，调试到位。

3. 长期无故报警

（1）故障原因分析

① 未按照安装图纸进行安装调试。

② 误将试验管路控制阀常开。

（2）故障处理

① 检查各组件安装情况，按照安装图纸重新进行安装调试。

② 关闭试验管路控制阀。

4. 系统测试不报警

（1）故障原因分析

① 消防用水中的杂质堵塞了报警管道上过滤器的滤网。

② 水力警铃进水口处喷嘴被堵塞、未配置铃锤或者铃锤卡死。

（2）故障处理

① 拆下过滤器，用清水将滤网冲洗干净后，重新安装到位。

② 检查水力警铃的配件，配齐组件；有杂物卡阻、堵塞的部件进行冲洗后

重新装配到位。

5.雨淋报警阀不能进入伺应状态

（1）故障原因分析

① 复位装置存在问题。

② 未按照安装调试说明书将报警阀组调试到伺应状态（隔膜室控制阀、复位球阀未关闭）。

③ 消防用水水质存在问题，杂质堵塞了隔膜室管道上的过滤器。

（2）故障处理

① 修复或者更换复位装置。

② 按照安装调试说明书将报警阀组调试到伺应状态（开启隔膜室控制阀、复位球阀）。

③ 将供水控制阀关闭，拆下过滤器的滤网，用清水冲洗干净后，重新安装到位。

（四）水流指示器

水流指示器故障表现为打开末端试水装置，达到规定流量时水流指示器不动作，或者关闭末端试水装置后，水力指示器反馈信号仍然显示为动作信号。

（1）故障原因分析

① 桨片被管腔内杂物卡阻。

② 调整螺母与触头未调试到位。

③ 电路接线脱落。

（2）故障处理

① 清除水流指示器管腔内的杂物。

② 将调整螺母与触头调试到位。

③ 检查并重新将脱落电路接通。

第五章　水喷雾灭火系统

导读

1. 水雾喷头的特点、选型与布置。
2. 水喷雾灭火系统检测验收。

水喷雾灭火系统是利用水雾喷头在一定水压下将水流分解成细小水雾滴进行灭火或防护冷却的灭火系统。该系统不仅能扑救固体火灾、液体火灾和电气火灾，还可为液化烃储罐等火灾危险性大、火灾扑救难度大的设施或设备提供防护冷却，在石化、电力和冶金等行业广泛应用。

第一节　系统概述

一、系统的防护目的与保护范围

水喷雾灭火系统的防护目的有灭火和防护冷却两种。具体在哪些场所设置水喷雾灭火系统，相关规范作出了明确规定。

1. 灭火

水喷雾灭火系统扑救各类设备火灾特别是露天设备火灾效果较好，主要应用于以下范围及保护对象：

① 固体可燃物火灾，如输送机皮带等；

② 可燃液体火灾，可用于扑救闪点高于60℃的可燃液体火灾，如燃油锅炉、发电机油箱、输油管道等的火灾，以及饮料酒火灾；

③ 电气火灾，可用于扑灭油浸式电力变压器、电缆隧道、电缆沟、电缆井、电缆夹层等的电气火灾。

2. 防护冷却

防护冷却一般应用于可燃气体和甲、乙、丙类液体储罐及装卸设施的冷却，且在冷却的同时，可有效地稀释泄漏的气体或液体，主要应用于以下范围及保护对象：

① 可燃气体和液体的生产、储存、装卸、使用设施；

② 气体储罐和甲、乙、丙类液体储罐；

③ 火灾危险性大的化工装置及管道，如加热器、反应器、蒸馏塔等。

二、系统基本组成及工作原理

水喷雾灭火系统由水源、供水设备、管道、雨淋报警阀（或电动控制阀、气动控制阀）、过滤器、水雾喷头和火灾自动探测控制设备等组成，与雨淋系统的组成基本相同。由于水雾喷头的喷水孔较小，在管路上需设置过滤器，以防喷头被堵塞。

发生火灾时，通过雨淋报警阀开启装置探测到的火灾信号自动打开雨淋报警阀（也可以通过手动的方式将雨淋报警阀打开），同时，压力开关将雨淋报警阀开启的信号传给报警控制器，启动消防水泵，通过管网将水输送至水雾喷头，喷雾灭火。

三、系统启动方式

1. 电动启动方式

电动启动水喷雾系统以火灾报警系统作为火灾探测系统，利用设置在防护区域内的点式感温、感烟或缆式火灾探测器探测火灾和启动系统。火灾发生时，火灾探测器将火警信号传给火灾报警控制器，通过火灾报警控制器联动开启雨淋报警阀控制腔的电磁阀以打开雨淋报警阀，同时启动水泵供水。电动启动水喷雾灭火系统的组成如图 5-1 所示。

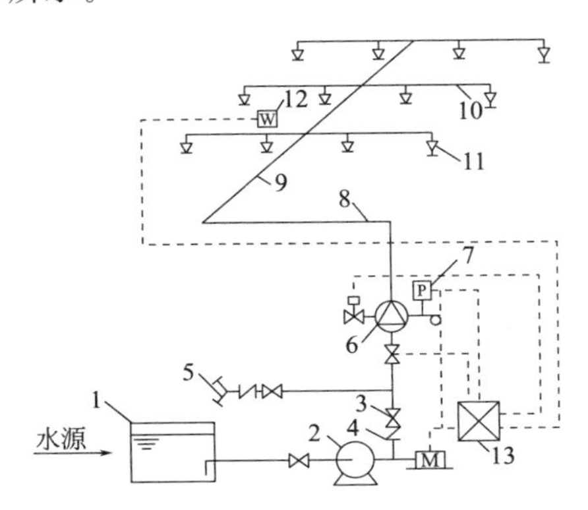

图 5-1　电动启动水喷雾灭火系统

1—水池；2—水泵；3—闸阀；4—止回阀；5—水泵接合器；6—雨淋报警阀；7—压力开关；8—配水干管；9—配水管；10—配水支管；11—开式洒水喷头；12—感温探测器；13—报警控制器；P—压力表；M—驱动电机

2. 传动管启动方式

传动管启动水喷雾系统以传动管作为火灾探测系统，利用传动管路上安装的闭式喷头探测火灾和启动系统。传动管内充满压缩空气或压力水与雨淋报警阀的控制腔相连。当设置在防护区域内的闭式喷头遇火灾爆破后，传动管内的压力迅速下降，从而打开雨淋报警阀。同时，压力开关将电信号传给火灾报警控制器，报警控制器启动水泵，通过管网将水送至水雾喷头。

按传动管内的充压介质不同，可为充液传动管和充气传动管。传动管启动水喷雾灭火系统一般适用于防爆场所，不适合安装普通火灾探测器的场所。传动管启动水喷雾灭火系统的组成如图 5-2 所示。

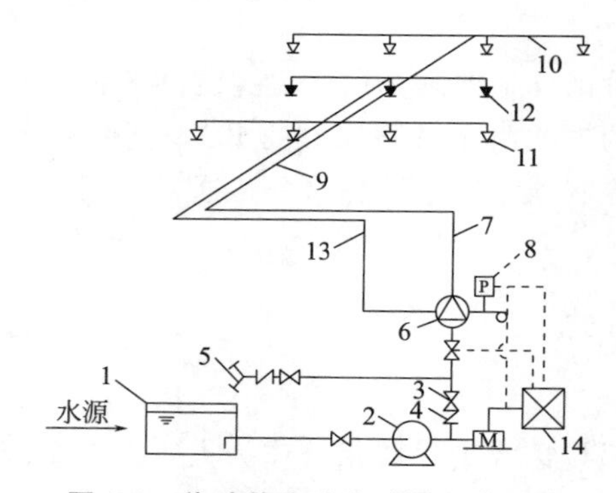

图 5-2 传动管启动水喷雾灭火系统

1—水池；2—水泵；3—闸阀；4—止回阀；5—水泵接合器；6—雨淋报警阀；7—配水干管；8—压力开关；9—配水管；10—配水支管；11—开式洒水喷头；12—闭式洒水喷头；13—传动管；14—报警控制器；P—压力表；M—驱动电机

四、系统的组合应用

1. 自动喷水-水喷雾混合配置系统

该系统是在自动喷水灭火系统的配水干管或配水管上连接局部的水喷雾系统，如图 5-3 所示。混合配置系统中水喷雾系统的火灾探测系统可与自动喷水灭火系统合并或单独设置。火灾发生时，系统供水先通过自动喷水灭火系统的湿式报警阀组，再通过水喷雾系统的雨淋报警阀组，才能输送至水雾喷头。

当建筑内已经设置了自动喷水灭火系统，且水喷雾系统的保护对象比较单一、系统较小、用水量较少时，可采用自动喷水-水喷雾混合配置系统。

2. 泡沫-水喷雾联用系统

该系统在水喷雾系统的雨淋报警阀前连接了泡沫液储罐和泡沫比例混合装置，可先喷泡沫灭火，再喷水雾冷却或灭火，如图 5-4 所示。

泡沫-水喷雾联用系统适用于采用泡沫灭火比采用水灭火效果更好的某些保护对象，或灭火后需要进行冷却，防止火灾复燃的场所。

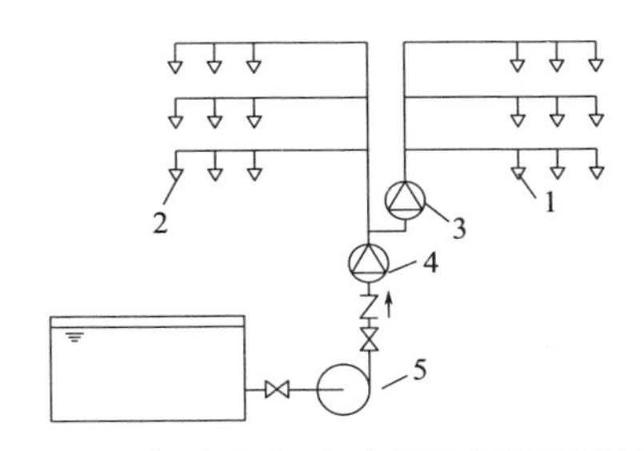

图 5-3　自动喷水-水喷雾混合配置系统

1—水雾喷头；2—闭式喷头；3—雨淋报警阀组；4—湿式报警阀组；5—消防水泵

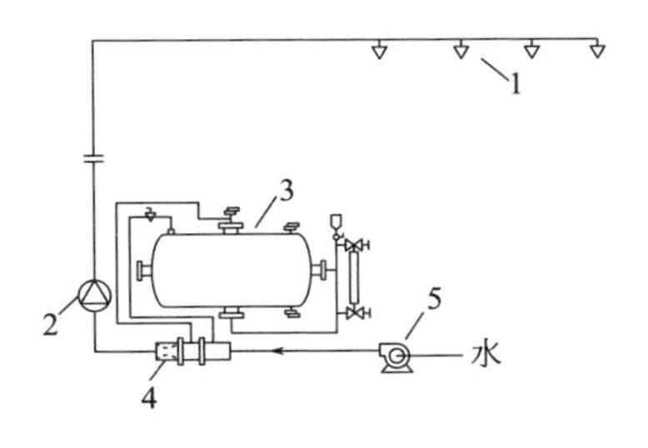

图 5-4　泡沫-水喷雾联用系统

1—水雾喷头；2—雨淋报警阀组；3—泡沫液储罐；4—泡沫比例混合器；5—消防水泵

第二节　系统主要组件及要求

一、水雾喷头

水雾喷头是水喷雾灭火系统中一个重要组成元件。它在一定的压力作用下，在设定的区域内将水流分解为直径 1mm 以下的水滴，按照一定的雾化角均匀喷射并覆盖在相应射程范围内保护对象表面上，达到控火、灭火和冷却保护的目的。

（一）水雾喷头的类型

1. 按结构分类

水雾喷头可分为 A 型、B 型、C 型，如图 5-5 所示。A 型和 B 型为离心雾化型喷头，压力水流进入喷头后，被分解成沿内壁运动的旋转水流，在离心力作用下由喷口喷出而形成雾化。A 型喷头的进水口与出水口成一定角度，又称为角式水雾喷头；B 型喷头的进水口与出水口在一条直线上，又称为高速水雾喷头；C 型喷头为撞击雾化型喷头，又称为中速水雾喷头，其雾化作用是由于压力水流与溅水盘撞击分解而形成雾化。

2. 按压力分类

中速水雾喷头压力为 0.15～0.50MPa，为撞击雾化型水雾喷头，水滴直径为 0.4～0.8mm，主要用于对需要保护的设备提供整体冷却保护，以及对火灾区附近的建筑物、构筑物连续喷水进行冷却。

高速水雾喷头压力为 0.25～0.80MPa，为离心雾化型水雾喷头，水滴直径为 0.3～0.4mm，主要作用是灭火和控火；具有雾化均匀、喷出速度高和贯穿力强的特点，主要用于扑救电气设备火灾和可燃液体火灾，也对可燃液体储罐进行冷却保护。

3. 闭式水雾喷头

常用的水雾喷头都是开式喷头，闭式水雾喷头较少使用。闭式水雾喷头由溅水盘、感温玻璃球、框架本体和过滤器组成，如图 5-6 所示。火灾时喷头感温玻璃球受热爆破，压力水顶开喷头密封座，撞击到溅水盘上，形成细小的雾化水滴。

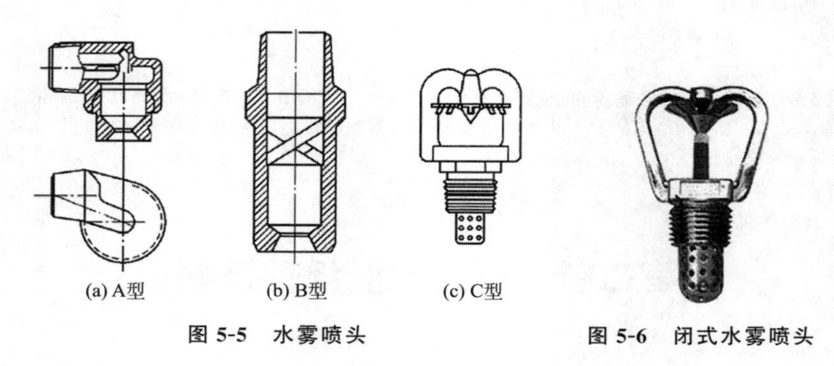

图 5-5 水雾喷头　　图 5-6 闭式水雾喷头

（二）水雾喷头的主要性能参数

1. 工作压力

水雾喷头的雾化效果不仅受喷头类型影响，而且还与喷头的工作压力有直接关系。一般来说，同一种喷头，喷头工作压力越高，其水雾粒径越小，雾化效果越好。用于灭火的水雾喷头，工作压力为 0.35～0.8MPa；用于防护冷却的水雾喷头，工作压力为 0.2～0.6MPa。

2. 水雾锥和雾化角

水雾喷头喷出的水雾形成围绕喷头轴心线扩展的圆锥体，其锥顶角为水雾喷头的雾化角。水雾喷头常见的雾化角有五个规格，即 45°、60°、90°、120°和 150°。

3. 有效射程

水雾喷头有效射程是指喷头水平喷洒时，水雾达到的最高点与喷口所在垂直于喷头轴心线的平面的水平距离。在有效射程范围内的水雾比较密集、雾滴细，可保证灭火和防护冷却效果。因此，水雾喷头与保护对象之间的距离不得大于水雾喷头的有效射程。

（三）水雾喷头的选择

根据保护对象的不同，应选用不同规格、类型的水雾喷头，一个保护对象可以选用不同规格的水雾喷头，总的原则是以均匀的设计喷雾强度完整地包围保护对象。

① 扑救电气火灾应选用离心雾化型水雾喷头。离心雾化型水雾喷头喷射出的雾状水滴是不连续的间断水滴，因此具有良好的电绝缘性能，它不仅可以有效扑救电气火灾，而且不导电，适合在保护电气设施的水喷雾系统中使用。

② 腐蚀性环境应选用防腐型水雾喷头。不符合防腐要求的水雾喷头如果长期暴露在腐蚀性环境中就会很容易被腐蚀，当发生火灾时必然影响水雾喷头的使用。

③ 粉尘场所应选用带防尘罩的水雾喷头。水雾喷头长期暴露于散发粉尘的场所，很容易被堵塞，因此要设置防尘罩。发生火灾时，防尘罩应能在水压作用下打开或脱落，不影响水雾喷头的正常工作。此外，防尘罩的材料也应符合防腐要求。

④ 离心雾化型水雾喷头应带柱状过滤网，主要是防止喷头堵塞。

（四）水雾喷头的布置

水雾喷头的布置首先应保证喷头的雾化角、有效射程能满足喷雾直接喷向并覆盖保护对象，同时还应满足有关要求，当不能满足要求时应增设水雾喷头。

1. 基本要求

① 系统部件与电气设备带电（裸露）部分的安全净距应符合国家现行有关标准的规定。

② 水雾喷头与保护对象之间的距离不得大于水雾喷头的有效射程。在水雾喷头的有效射程内，喷雾的粒径小且均匀，灭火和防护冷却的效率高，超出有效射程后喷雾性能明显下降，且可能出现漂移的现象。

③ 水雾喷头的平面布置方式主要是矩形或菱形。矩形布置时，水雾喷头之间的距离不应大于 1.4 倍水雾锥底圆半径；菱形布置时，水雾喷头之间的距离不应大于 1.7 倍水雾锥底圆半径，如图 5-7 所示。

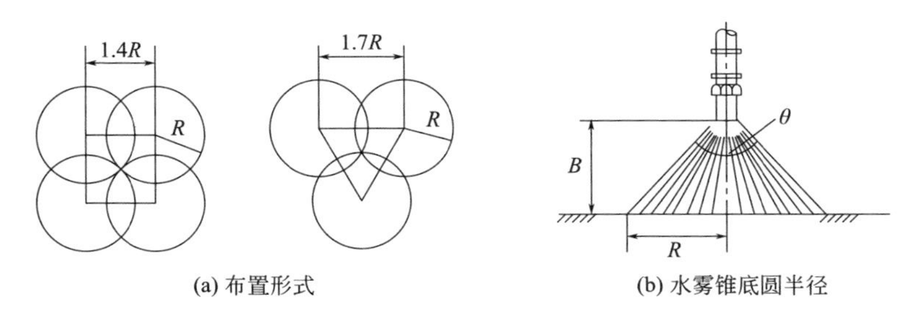

(a) 布置形式　　(b) 水雾锥底圆半径

图 5-7　水雾喷头布置

水雾锥底圆半径可按下式计算：

$$R = B\tan\frac{\theta}{2} \tag{5-1}$$

式中　R——水雾锥底圆半径，m；

B——水雾喷头的喷口与保护对象之间的距离，m；

θ——水雾喷头的雾化角，°。

2. 保护油浸式电力变压器的布置要求

油浸式电力变压器的形状不规则且需考虑喷雾与高压电器之间的最小距离，

因此喷头布置的难度较大。通常在变压器周围设置环状管道，喷头安装在由环管引出的支管上，其典型布置如图 5-8 所示。布置时应注意：水雾喷头应布置在变压器的周围，不宜布置在变压器顶部；保护变压器顶部的水雾不应直接喷向高压套管；水雾喷头之间的水平距离与垂直距离应满足水雾锥相交的要求；变压器绝缘子升高座孔口、油枕、散热器、集油坑应设水雾喷头保护。

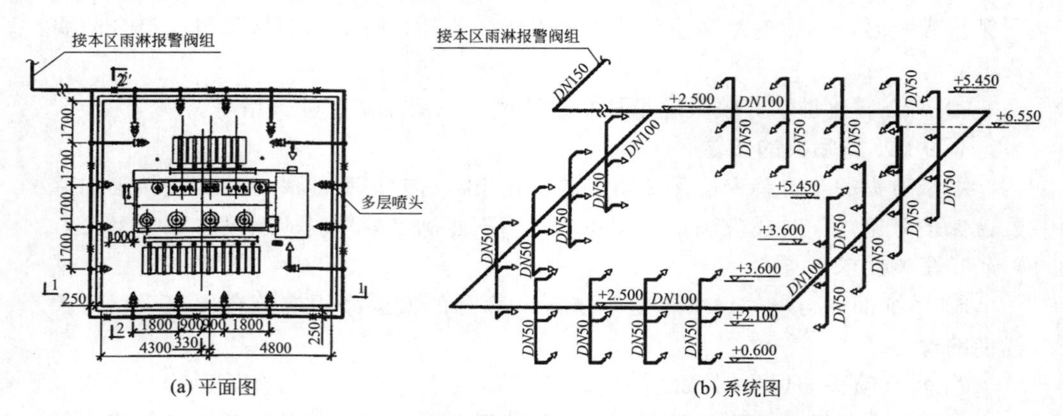

图 5-8 保护油浸式电力变压器的水雾喷头典型布置

3. 保护可燃气体和甲、乙、丙类液体储罐的布置要求

当保护对象为可燃气体和甲、乙、丙类液体储罐时，水喷雾系统的主要作用是在火灾发生时冷却着火罐和相邻罐，保护储罐在受热条件下不被破坏，降低燃烧速率和阻断辐射热的传递。此外，在炎热季节还可对储罐进行冷却降温。喷头的布置应符合以下要求。

① 水雾喷头与储罐外壁之间的距离不应大于 0.7m。通过控制水雾喷头与储罐外壁间的最大距离，可保证水对罐壁的冲击作用，利于水膜的形成，减少火焰的热气流与风对水雾的影响，减少水雾在穿越被火焰加热的空间时汽化损失。

② 当保护对象为球罐时，为保证喷雾在罐壁均匀分布形成完整连续的水膜，能够覆盖容器和可能发生泄漏的地方，为此，水雾喷头的喷口应面向球心，水雾锥沿纬线方向应相交，沿经线方向应相接；当球罐的容积不小于 $1000m^3$ 时，水雾锥沿纬线方向应相交，沿经线方向宜相接，但赤道以上环管之间的距离不应大于 3.6m。无防护层的球罐钢支柱和罐体液位计、阀门等处应设水雾喷头保护。保护球罐的水雾喷头典型布置如图 5-9 所示。

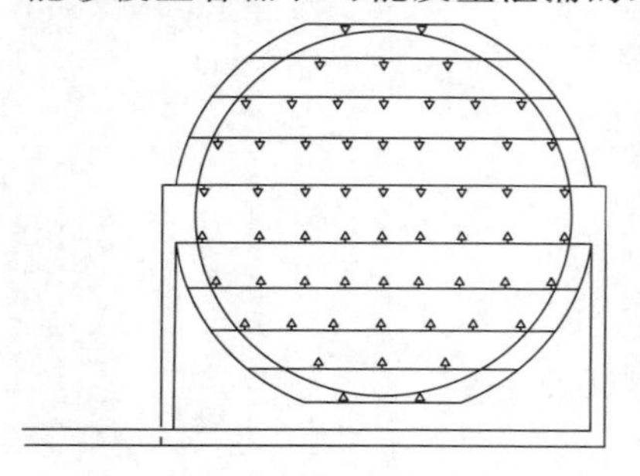

图 5-9 保护球罐的水雾喷头典型布置

③ 当保护对象为卧式储罐时，水雾喷头的布置应使水雾完全覆盖裸露表面，罐体液位计、阀门等处也应设水雾喷头保护。

4. 保护电缆的布置要求

保护电缆时，喷头的布置应使水雾完全包围电缆。电缆水平敷设或垂直敷设时，都按平面保护对象考虑。水平敷设的电缆，喷头宜布置在其上方；垂直敷设的电缆，喷头可沿其侧面布置。保护典型的双侧和单侧电缆隧道的水雾喷头典型布置如图 5-10 所示。

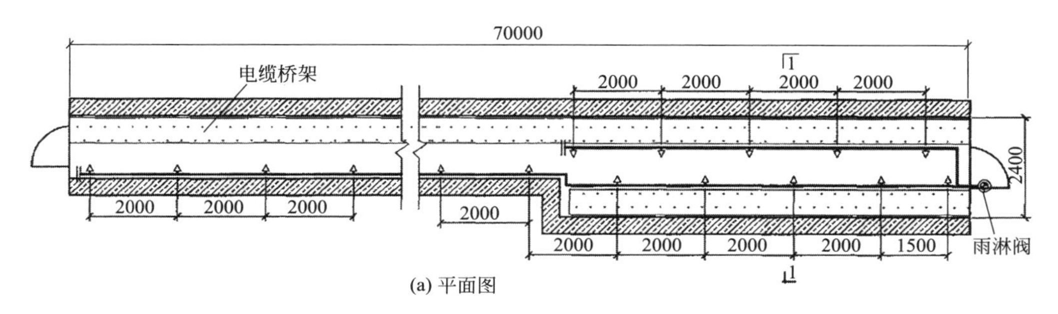

(a) 平面图

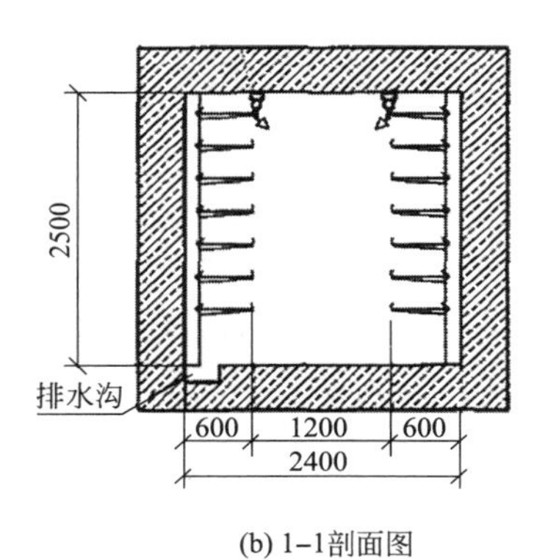

(b) 1-1剖面图

图 5-10　保护典型的双侧和单侧电缆隧道的水雾喷头典型布置

5. 保护输送机皮带的布置要求

当保护对象为输送机皮带时，水雾喷头的布置应使水雾完全包络输送机的机头、机尾和上行皮带上表面。由于输送机皮带是一种平面的往返运动的保护对象，在没有停机前，皮带的着火部位可能随之往返运动，极易造成火灾蔓延，故其喷头的布置应采用包围式，使水雾覆盖上行皮带、输送物、下行返回皮带以及支架构件等全部表面。

6. 保护其他对象的水雾喷头的布置要求

当保护对象为室内燃油锅炉、电液装置、氢密封油装置、发电机、油断路器、汽轮机油箱、磨煤机润滑油箱时，水雾喷头宜布置在保护对象的顶部周围，并应使水雾直接喷向并完全覆盖保护对象。

二、雨淋报警阀组（或电动控制阀、气动控制阀）

对于响应时间不大于120s的水喷雾灭火系统，报警控制阀应采用雨淋报警阀组，由雨淋报警阀、电磁阀、压力开关、水力警铃、压力表以及配套的通用阀门等组成。其功能和设置应满足以下要求：

① 接收电控信号的雨淋报警阀组应能电动开启，接收传动管信号的雨淋报警阀组应能液动或气动开启；

② 应具有远程手动控制和现场应急机械启动功能；

③ 在控制盘上应能显示雨淋报警阀开、闭状态；

④ 宜驱动水力警铃报警；

⑤ 雨淋报警阀进出口应设置压力表；

⑥ 电磁阀前应设置可冲洗的过滤器。

当系统供水控制阀采用电动控制阀或气动控制阀时，应符合下列要求：

① 应能显示阀门的开、闭状态；

② 应具备接收控制信号开、闭阀门的功能；

③ 阀门的开启时间不宜大于45s；

④ 应能在阀门故障时报警，并显示故障原因；

⑤ 应具备现场应急机械启动功能；

⑥ 当阀门安装在阀门井内时，宜将阀门的阀杆加长，并宜使电动执行器高于井顶；

⑦ 气动阀宜设置储备气罐，气罐的容积可按与气罐连接的所有气动阀启闭3次所需气量计算。

雨淋报警阀、电动控制阀、气动控制阀宜布置在靠近保护对象并使人员安全操作的位置。在严寒与寒冷地区室外设置的雨淋报警阀、电动控制阀、气功控制阀及其管道，应采取伴热保温措施。

三、过滤器

过滤器是水喷雾灭火系统必不可少的组件，能够保障水流的畅通和防止杂物破坏雨淋报警阀的严密性，堵塞电磁阀、水雾喷头内部的水流通道。离心雾化型水雾喷头前应安装整体或分体过滤器，雨淋报警阀组的电磁阀前、雨淋报警阀前应设置过滤器，当水雾喷头无滤网时，雨淋报警阀后的管道也应设过滤器。过滤器滤网应采用耐腐蚀金属材料，网孔基本尺寸为0.600～0.710mm（4.0～4.7目/cm^2）。

四、管道

水喷雾灭火系统的管道由配水干管、主管道和供水管所组成。配水干管是指直接安装水雾喷头的管道，可采用枝状管或环状管。主管道是指从雨淋报警阀后到配水干管间的管道，对于在火灾或爆炸时容易受到损坏的地方，应将主管道敷设在地下或接近地面处。供水管是指从消防供水水源或消防水泵出口到雨淋报警阀前的管道。水喷雾灭火系统管道应符合以下要求。

① 过滤器与雨淋报警阀之间及雨淋报警阀后的管道，应采用内外热浸镀锌钢管、不锈钢管或铜管；需要进行弯管加工的管道应采用无缝钢管。

② 管道工作压力不应大于1.6MPa。

③ 系统管道采用镀锌钢管时，公称直径不应小于25mm；采用不锈钢管或铜管时，公称直径不应小于20mm。

④ 系统管道应采用沟槽式管接件（卡箍）、法兰或丝扣连接，普通钢管可采用焊接。

⑤ 沟槽式管接件（卡箍），其外壳的材料应采用牌号不低于QT450-12的球墨铸铁。

⑥ 防护区内的沟槽式管接件（卡箍）密封圈、非金属法兰垫片应通过干烧试验。

⑦ 应在管道的低处设置放水阀或排污口。

五、系统控制装置

水喷雾灭火系统应设有自动控制、手动控制和应急机械启动三种控制方式。当响应时间大于120s时，可采用手动控制和应急机械启动两种控制方式。自动控制指水喷雾灭火系统的火灾探测、报警部分与供水设备、雨淋报警阀组等部件自动联锁操作的控制方式。手动控制指人为远距离操纵供水设备、雨淋报警阀组等系统组件的控制方式。应急机械启动指人为现场操纵供水设备、雨淋报警阀组等系统组件的控制方式。

① 与系统联动的火灾自动报警系统的设计应符合现行国家标准《火灾自动报警系统设计规范》（GB 50116）的规定。当自动水喷雾灭火系统误动作会对保护对象造成不利影响时，应采用两个独立火灾探测器的报警信号进行联锁控制；当保护油浸电力变压器的水喷雾灭火系统采用两路相同的火灾探测器时.系统宜采用火灾探测器的报警信号和变压器的断路器信号进行联锁控制。

② 传动管的长度不宜大于300m，公称直径宜为15～25mm。传动管上闭式喷头之间的距离不宜大于2.5m。电气火灾不应采用液动传动管；在严寒与寒冷地区，不应采用液动传动管；当采用压缩空气传动管时，应采取防止冷凝水积存的措施。

③ 对于保护液化烃储罐的系统，在启动着火罐雨淋报警阀的同时，应能启动需要冷却的相邻储罐的雨淋报警阀。

④ 用于保护甲$_B$、乙、丙类液体储罐的系统，在启动着火罐雨淋报警阀（或电动控制阀、气动控制阀）的同时，应能启动需要冷却的相邻储罐的雨淋报警阀（或电动控制阀、气功控制阀）。

⑤ 分段保护输送机皮带的系统，在启动起火区段的雨淋报警阀的同时，应能启动起火区段下游相邻区段的雨淋报警阀，并应能同时切断皮带输送机的电源。

第三节 系统设计流量

一、基本参数

1. 系统的供给强度、持续供给时间和响应时间

供给强度和持续供给时间是保证灭火或防护冷却效果的基本设计参数，应根据系统防护目的和保护对象类别确定，其不应小于表 5-1 中的规定。

响应时间是指自启动系统供水设施起，至系统中最不利点水雾喷头喷出水雾的时间，其不应大于表 5-1 中的规定。

表 5-1 系统的供给强度、持续供给时间和响应时间

<table>
<tr><th>防护目的</th><th colspan="4">保护对象</th><th>供给强度/[L/(min·m²)]</th><th>持续供给时间/h</th><th>响应时间/s</th></tr>
<tr><td rowspan="8">灭火</td><td colspan="4">固体火灾</td><td>15</td><td>1</td><td rowspan="8">60</td></tr>
<tr><td colspan="4">输送机皮带</td><td>10</td><td>1</td></tr>
<tr><td rowspan="3">液体火灾</td><td colspan="3">闪点 60～120℃的液体</td><td>20</td><td rowspan="3">0.5</td></tr>
<tr><td colspan="3">闪点高于 120℃的液体</td><td>13</td></tr>
<tr><td colspan="3">饮料酒</td><td>20</td></tr>
<tr><td rowspan="3">电气火灾</td><td colspan="3">油浸式电力变压器、油断路器</td><td>20</td><td rowspan="3">0.4</td></tr>
<tr><td colspan="3">油浸式电力变压器的集油坑</td><td>6</td></tr>
<tr><td colspan="3">电缆</td><td>13</td></tr>
<tr><td rowspan="11">防护冷却</td><td rowspan="3">甲$_B$、乙、丙类液体储罐</td><td colspan="3">固定顶罐</td><td>2.5</td><td rowspan="3">直径大于 20m 的固定顶罐为 6h，其他为 4h</td><td rowspan="3">300</td></tr>
<tr><td colspan="3">浮顶罐</td><td>2.0</td></tr>
<tr><td colspan="3">相邻罐</td><td>2.0</td></tr>
<tr><td rowspan="6">液化烃或类似液体储罐</td><td colspan="3">全压力、半冷冻式储罐</td><td>9</td><td rowspan="6">6</td><td rowspan="6">120</td></tr>
<tr><td rowspan="4">全冷冻式储罐</td><td rowspan="2">单、双容罐</td><td>罐壁</td><td>2.5</td></tr>
<tr><td>罐顶</td><td>4</td></tr>
<tr><td rowspan="2">全容罐</td><td>灌顶泵平台、管道进出口等局部危险部位</td><td>20</td></tr>
<tr><td>管带</td><td>10</td></tr>
<tr><td colspan="3">液氨储罐</td><td>6</td></tr>
<tr><td colspan="4">甲、乙类液体及可燃气体生产、输送、装卸设施</td><td>9</td><td>6</td><td>120</td></tr>
<tr><td colspan="4">液化石油气灌瓶间、瓶库</td><td>9</td><td>6</td><td>60</td></tr>
</table>

2. 水雾喷头的工作压力

用于灭火时，水雾喷头的工作压力不应小于 0.35MPa，用于防护冷却时不应小于 0.2MPa，保护甲$_B$、乙、丙类液体储罐时，工作压力不应小于 0.15MPa。

3. 保护面积

保护面积是指保护对象全部暴露的外表面面积。水喷雾灭火系统不仅用于保护建筑物，而且还用于保护露天的设备或装置，因此，其保护面积应根据具体保护对象确定。保护对象为平面时，其保护面积为保护对象的平面面积；保护对象为立体时，其保护面积为保护对象的全部外表面面积。当保护对象外形不规则时，其保护面积可按包容保护对象的最小规则形体的外表面面积确定，并应保证包容形状的表面积不小于保护对象的实际表面积。

① 变压器的保护面积除应包括扣除底面面积以外的变压器油箱外表面面积确定外，还应包括散热器的外表面面积和油枕及集油坑的投影面积。

② 分层敷设的电缆的保护面积应按整体包容的最小规则形体的外表面面积确定。

③ 液化石油气灌瓶间的保护面积应按其使用面积确定，液化石油气瓶库、陶坛或桶装酒库的保护面积应按防火分区的建筑面积确定。

④ 输送机皮带的保护面积应按上行皮带的上表面面积确定；长距离的皮带宜实施分段保护，但每段长度不宜小于 100m。

⑤ 开口容器的保护面积应按液面面积确定。

⑥ 甲、乙类液体泵，可燃气体压缩机及其他相关设备，其保护面积应按相应设备的投影面积确定，且水雾应包络密封面和其他关键部位。

⑦ 系统用于冷却甲$_B$、乙、丙类液体储罐时，着火的地上固定顶储罐及距着火储罐罐壁 1.5 倍着火罐直径范围内的相邻地上储罐应同时冷却，当相邻地上储罐超过 3 座时，可按 3 座较大的相邻储罐计算消防冷却水用量。着火的浮顶罐应冷却，其相邻储罐可不冷却。着火罐的保护面积应按罐壁外表面面积计算，相邻罐的保护面积可按实际需要冷却部位的外表面面积计算，但不得小于罐壁外表面面积的 1/2。

⑧ 系统用于冷却全压力式及半冷冻式液化烃或类似液体储罐时，着火罐及距着火罐罐壁 1.5 倍着火罐直径范围内的相邻罐应同时冷却；当相邻罐超过 3 座时，可按 3 座较大的相邻罐计算消防冷却水用量。着火罐保护面积应按其罐体外表面面积计算，相邻罐保护面积应按其罐体外表面面积的 1/2 计算。

⑨ 系统用于冷却全冷冻式液化烃或类似液体储罐时，采用钢制外壁的单容罐，着火罐及距着火罐罐壁 1.5 倍着火罐直径范围内的相邻罐应同时冷却。着火罐保护面积应按其罐体外表面面积计算，相邻罐保护面积应按罐壁外表面面积的 1/2 及罐顶外表面面积之和计算。

二、计算方法

水雾喷头的流量应按下式计算：

$$q=K\sqrt{10p} \tag{5-2}$$

式中 q——水雾喷头的流量，L/min；

p——水雾喷头的工作压力，MPa；

K——水雾喷头的流量系数，取值由喷头制造商提供。

保护对象所需水雾喷头的计算数量应根据设计供给强度、保护面积按下式计算：

$$N=\frac{WS}{q} \tag{5-3}$$

式中 N——保护对象所需水雾喷头的计算数量，只；

W——保护对象的设计供给强度，L/(min·m^2)；

S——保护对象的保护面积，m^2。

水喷雾灭火系统的设计流量可按下式计算：

$$Q_s=k\,\frac{1}{60}\sum_{i=1}^{n}q_i \tag{5-4}$$

式中 Q_s——系统的设计流量，L/s；

k——安全系数，应不小于1.05；

n——系统启动后同时喷雾的水雾喷头数量，个；

q_i——水雾喷头的实际流量，L/min，应按水雾喷头的实际工作压力计算。

第四节 系统安装调试与检测验收

一、系统设备安装

系统的供水设施、管道等安装可参考自动喷水灭火系统相关要求。

(一)管道的试压冲洗

1. 清洗

管道安装前应分段进行清洗。施工过程中，应保证管道内部清洁，不得留有焊渣、焊瘤、氧化皮、杂质或其他异物。

2. 水压试验

(1) 试验要求　管道安装完毕应进行水压试验，试验宜采用清水进行。试验时，环境温度不宜低于5℃，当环境温度低于5℃时，应采取防冻措施。试验压力应为设计压力的 1.5 倍。试验的测试点宜设在系统管网的最低点，对不能参与试压的设备、阀门及附件，应加以隔离或拆除；

（2）操作方法　管道充满水，排净空气，用试压装置缓慢升压，当压力升至试验压力后，稳压 10min，管道无损坏、变形，再将试验压力降至设计压力，稳压 30min，以压力不降、无渗漏为合格。

3. 冲洗

管道试压合格后，宜用清水冲洗，冲洗合格后，不得再进行影响管内清洁的其他施工。冲洗时宜采用最大设计流量，流速不低于 1.5m/s，以排出水色和透明度与入口水目测一致为合格。

（二）喷头安装

① 喷头安装应在系统试压、冲洗、吹扫合格后进行。

② 喷头安装时，不得对喷头进行拆装、改动，并严禁给喷头附加任何装饰性涂层。

③ 喷头安装应使用专用扳手，严禁利用喷头的框架施拧，喷头的框架、溅水盘产生变形或释放原件损伤时，应采用规格、型号相同的喷头更换。

④ 安装前检查喷头的型号、规格、使用场所应符合设计要求。

（三）报警阀组安装

（1）报警阀组安装前应对供水管网试压、冲洗合格　安装顺序应先安装水源控制阀、报警阀，然后进行报警阀辅助管道的连接，水源控制阀、报警阀与配水干管的连接，应使水流方向一致。报警阀组安装的位置应符合设计要求；当设计无要求时，宜靠近保护对象附近并便于操作的地点。距室内地面高度宜为 1.2m，两侧与墙的距离不应小于 0.5m，正面与墙的距离不应小于 1.2m；报警阀组凸出部位之间的距离不应小于 0.5m。安装报警阀组的室内地面应有排水设施。

（2）报警阀组安装注意事项

① 报警阀组可采用电动开启、传动管开启或手动开启，开启控制装置的安装应安全可靠。充液传动管的安装应符合湿式自动喷水系统有关要求。

② 报警阀组的观测仪表和操作阀门的安装位置应便于观测和操作。

③ 报警阀组手动开启装置的安装位置应在发生火灾时能安全开启和便于操作。

④ 压力表应安装在报警阀的水源一侧。

二、系统调试

1. 系统调试要求

系统调试应在系统施工结束和与系统有关的火灾自动报警装置及联动控制设备调试合格后进行。

2. 系统调试应具备的条件

① 技术资料和施工记录等资料齐全。

② 调试前应制订调试方案。

③ 调试前应对系统进行检查，并应及时处理发现的问题。

④ 调试前应将需要临时安装在系统上并经校验合格的仪器、仪表安装完毕，调试时所需的检查设备应准备齐全。

⑤ 水源、动力源应满足系统调试要求，电气设备应具备与系统联动调试的条件。

3. 系统调试方法

① 报警阀调试宜利用检测、试验管道进行。自动和手动方式启动的雨淋报警阀，应在15s之内启动；公称直径大于200mm的雨淋报警阀调试时，应在60s之内启动；雨淋报警阀调试时，当报警水压为0.05MPa时，水力警铃应发出报警铃声。

② 调试过程中，系统排出的水应通过排水设施全部排走。

③ 水喷雾系统的联动试验，可采用专用测试仪表或其他方式。

a. 采用模拟火灾信号启动系统，相应的分区雨淋报警阀（或电动控制阀、气动控制阀）、压力开关和消防水泵及其他联动设备均应能及时动作并发出相应的信号。

b. 采用传动管启动的系统，启动1只喷头，相应的分区雨淋报警阀、压力开关和消防水泵及其他联动设备均应能及时动作并发出相应的信号。

c. 当为手动控制时，以手动方式进行1～2次试验；当为自动控制时，以自动和手动方式各进行1～2次试验，并用压力表、流量计、秒表计量，系统的响应时间、工作压力和流量应符合设计要求。

三、系统检测与验收

（一）验收资料查验

系统验收时，施工单位应提供下列资料：

① 验收申请报告、设计变更通知书、竣工图。

② 工程质量事故处理报告。

③ 施工现场质量管理检查记录。

④ 系统施工过程质量管理检查记录。

⑤ 系统质量控制检查资料。

（二）各组件检测与验收

1. 系统供水水源、消防泵的验收要求

系统供水水源、消防泵的验收要求与其他水灭火系统相同，这里不做赘述。

2. 报警阀组的验收

① 报警阀组的各组件应符合产品标准要求。

② 报警阀安装地点的常年温度应不小于4℃。

③ 水力警铃的设置位置应正确。测试时，水力警铃喷嘴处压力不应小于0.05MPa，且距水力警铃3m，远处警铃声声强不应小于70dB（A）。

④ 打开手动试水阀或电磁阀时，报警阀组动作应可靠。

⑤ 控制阀均应锁定在常开位置。

⑥ 与火灾自动报警系统的联动控制，应符合设计要求。

3. 管网验收

① 管道的材质与规格、管径、连接方式、安装位置及采取的防腐、防冻措施，应符合设计规范及设计要求。

② 管网排水坡度及辅助排水设施，应符合相关规定。

③ 系统中的试水装置、试水阀应符合设计要求。

④ 管网不同部位安装的报警阀组、闸阀、止回阀、电磁阀、柔性接头、排水管、泄压阀等，均应符合设计要求。

⑤ 报警阀后的管道上不应安装其他用途的支管或阀门。

⑥ 配水支管、配水管、配水干管设置的支架、吊架和防晃支架，应符合相关规定。

4. 喷头验收

① 喷头设置场所、规格、型号等应符合设计要求。

② 喷头安装间距，以及喷头与障碍物的距离应符合设计要求。

③ 各种不同规格的喷头均应有一定数量的备用品，其数量不应小于安装总数的1%，且每种备用喷头不应少于5个。

5. 水泵接合器数量及进水管位置

水泵接合器数量及进水管位置应符合设计要求，消防水泵接合器应进行充水试验，且系统最不利点的压力、流量应符合设计要求。

6. 系统流量、压力

系统流量、压力的验收，应通过系统流量压力检测装置进行放水试验，系统流量、压力应符合设计要求。

第五节 系统维护管理

建设单位需要对水喷雾灭火系统进行定期检查、测试和维护，以确保系统的完好工作状态。系统的维护和维修要选择具有水喷雾灭火系统设计安装经验的单位进行。系统的运行管理需要制订管理、测试和维护规程，明确管理者职责。

① 水喷雾灭火系统应具有管理、检测、操作与维护规程，并应保证系统处于准工作状态。维护管理工作，应按相关要求进行。

② 维护管理人员应经过消防专业培训，应熟悉水喷雾灭火系统的原理、性能和操作与维护规程。

③ 系统应按要求进行日检、周检、月检、季检和年检，具体检查项目宜按表 5-2 的要求进行，检查中发现的问题应及时按规定要求处理。水喷雾灭火系统发生故障，需停水进行修理前，应向主管值班人员报告，取得维护负责人的同意，并临场监督，加强防范措施后方能动工。

表 5-2　系统的维护管理工作检查项目

部位	工作内容	周期
水源控制阀、雨淋报警阀	外观检查	每日
储水设施	检查是否冰冻	寒冷季节每日
消防水泵和备用动力	进行启动试验（当消防水泵为自动控制启动时，应每周模拟自动控制的条件启动运转一次）	每周
电磁阀	进行启动试验	每月
手动控制阀门	检查铅封、锁链	
消防水池（罐）、消防水箱及消防气压给水设备	检查水位、气压及消防用水不作他用的技术措施	
消防水泵接合器	检查接口及附件	
喷头	外观检查（有异物时应及时清除）	
放水试验	检查系统启动、报警功能及出水情况	每季度
室外阀门井中进水管上的控制阀门	检查开启状况	
消防储水设备	修补缺损，重新油漆	每年
水源	测试供水能力	

第六章　细水雾灭火系统

导读

1. 系统类型、工作原理及主要组件。
2. 系统技术参数与安装要求。

细水雾灭火系统是利用专用的细水雾喷头，通过特定的雾化方法将水分解为细小雾滴，充满整个防护空间或包裹并充满保护对象的空隙，具有很好的冷却、隔热和烟气洗涤作用，且细水雾对人体无害、对环境无影响，是水灭火技术的发展方向之一。

第一节　系统概述

一、细水雾

细水雾是由大小不一的微小水雾滴组成的，这些水雾滴的直径可能相差几十倍甚至上百倍，一般用特征直径（用 D_{vf} 表示，也称为代表性直径）来描述细水雾滴的大小。例如，$D_{v0.99}$ 表示喷雾液体总体积中是由 1%直径大于该数值的雾滴，99%直径小于等于该数值的雾滴组成。细水雾定义为：水在最小设计工作压力下，经喷头喷出并在喷头轴线下方 1.0m 处的平面上形成的直径 $D_{v0.50}$ 小于 200μm，$D_{v0.99}$ 小于 400μm 的水雾滴。

细水雾与火焰相互作用时，其灭火机理比较复杂，主要是表面冷却、窒息、辐射热阻隔和浸湿作用。除此之外，细水雾还具有乳化等作用，而在灭火过程中，往往会有几种作用同时发生，从而有效灭火。

二、系统适用范围

细水雾灭火系统用水量少、水渍损失小、传递到火焰区域以外的热量少，可用于扑救带电设备火灾和可燃液体火灾，具体按设置场所有关规范作出明确规定。但可燃固体深位火灾、可燃气体火灾和室外场所火灾不适宜选用。具体适宜扑救的火灾类别为以下几种。

1. 可燃固体表面火灾

细水雾可以有效抑制和扑灭一般 A 类燃烧物的表面火灾，对纸张、木材、纺织品、塑料泡沫、橡胶等危险固体火灾等也具有一定的抑制作用。

2. 可燃液体火灾

细水雾可以有效抑制和扑灭池火、射流火等状态的可燃液体火灾，适用范围包括正庚烷和汽油等低闪点可燃液体到润滑油和液压油等中、高闪点可燃液体。

3. 电气火灾

细水雾可有效扑灭电缆、控制柜等电子电气设备火灾和变压器火灾等电气火灾。

三、系统类型

1. 按供水方式分类

（1）泵组式细水雾灭火系统　泵组式细水雾灭火系统由消防泵组、细水雾喷头、储水箱、分区控制阀、过滤器和管路系统等部件组成，通过消防泵组加压供水，如图 6-1 所示。

（2）瓶组式细水雾灭火系统　瓶组式细水雾灭火系统由储水瓶组、储气瓶组、细水雾喷头、分区控制阀、安全泄放装置、集流管、过滤器和管路系统等部件组成，如图 6-2 所示。通过储气瓶组储存的高压气体驱动储水瓶组中的水喷出灭火，在难以设置泵房或消防供电不能满足系统工作要求的场所，宜选择用该类系统。

2. 按流动介质类型分类

（1）单流体细水雾灭火系统　是指向细水雾喷头供给水的细水雾灭火系统。这类系统一般是通过向细水雾喷头提供较高的工作压力，使水从喷头喷出雾化的。其供水方式既可以是泵组式也可以是瓶组式。

（2）双流体细水雾灭火系统　是指向细水雾喷头分别供给水和高压氮气等雾化气体的细水雾灭火系统，分为气水同管和气水异管两种形式。气水同管式系统的雾化气体与水在管道内混合，通过喷头喷出水雾；气水异管式系统的雾化气体和水分别通过两条管路与喷头相连，在喷头内混合后，喷出水雾。双流体细水雾灭火系统工作压力较低，但系统结构复杂。

3. 按动作方式分类

（1）开式细水雾灭火系统　采用开式细水雾喷头，由火灾自动报警系统控制，自动开启分区控制阀和启动水泵后，向开式细水雾喷头供水。开式系统的应用方式分为全淹没应用和局部应用两种。全淹没应用方式是向整个防护区内喷放

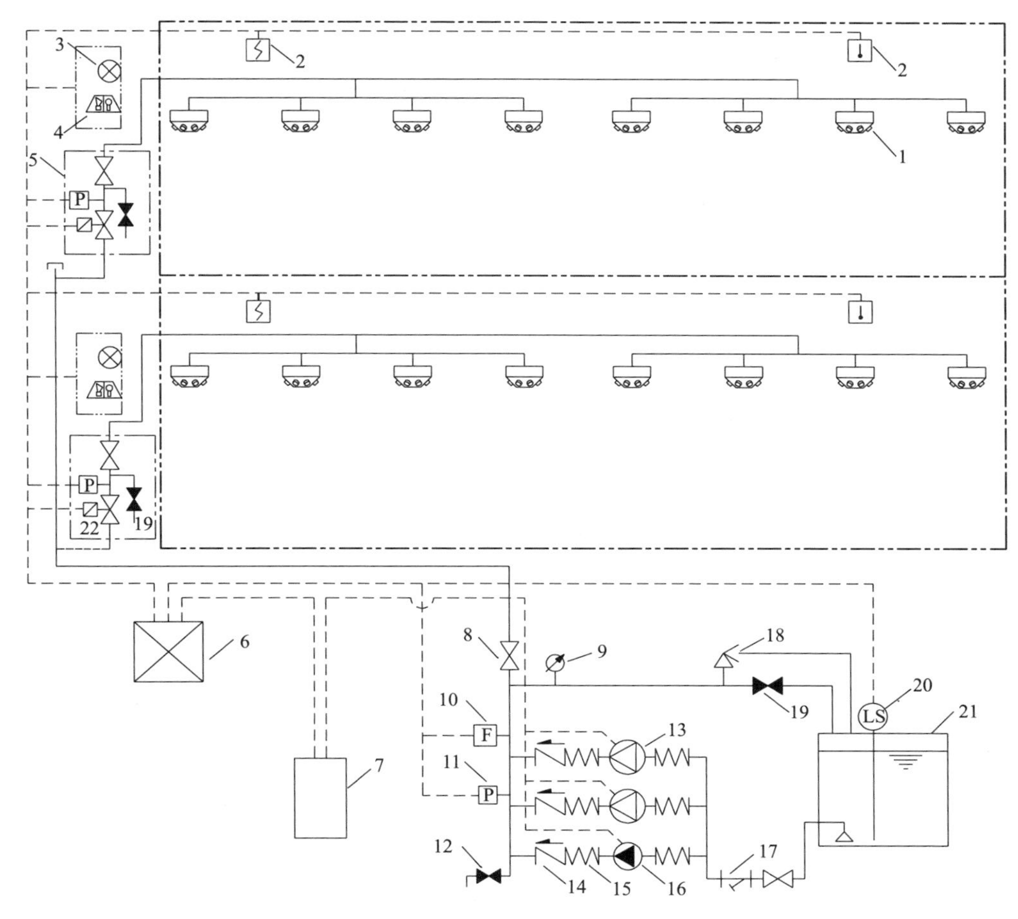

图 6-1　泵组式细水雾灭火系统

1—开式细水雾喷头；2—火灾探测器；3—喷雾指示灯；4—火灾声光报警器；5—分区控制阀组；6—火灾报警控制器；7—消防泵控制柜；8—控制阀（常开）；9—压力表；10—水流传感器；11—压力开关；12—泄水阀（常闭）；13—消防泵；14—止回阀；15—柔性接头；16—稳压泵；17—过滤器；18—安全阀；19—泄放试验阀；20—液位传感器；21—储水箱；22—分区控制阀（电磁/气动/电动阀）

细水雾，保护其内部所有的保护对象，由于微小的雾滴粒径以及较高的喷放压力使得细水雾的雾滴能像气体一样具有一定的流动性和弥散性，可以充满整个空间，并对防护区内的所有保护对象实施保护。局部应用方式是直接向保护对象喷放细水雾，用于保护空间内某具体保护对象。

液压站、配电室、电缆隧道、电缆夹层、电子信息系统机房、文物库，以及以密集柜存储的图书库、资料库和档案库，宜选择全淹没应用方式的开式系统；油浸变压器室、涡轮机房、柴油发电机房、润滑油站和燃油锅炉房、厨房内烹饪设备及其排烟罩和排烟管道部位，宜采用局部应用方式的开式系统。

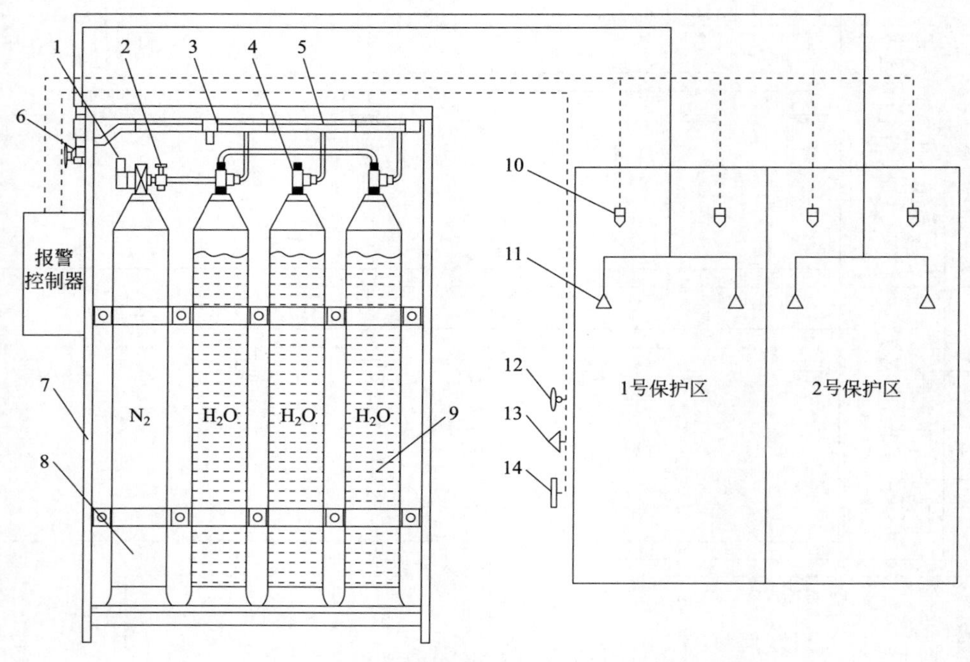

图 6-2 瓶组式细水雾灭火系统组成示意图

1—电控式瓶头阀；2—减压阀；3—过滤器；4—容器阀；5—集流管；6—分区控制阀；
7—瓶组支架；8—储气瓶；9—储水瓶；10—火灾探测器；11—细水雾喷头；
12—声光报警器；13—喷放指示灯；14—紧急启停按钮

(2) 闭式细水雾灭火系统　采用闭式细水雾喷头，有湿式、干式和预作用细水雾系统三种形式，其工作原理和控制方式与自动喷水灭火系统相同。适用于火灾的水平蔓延速度慢，闭式系统能够及时启动控火、灭火的场所。

采用非密集柜储存的图书库、资料库和档案库，可选择闭式系统。

4. 按工作压力分类

(1) 高压细水雾灭火系统　指分配管网中流动介质压力大于等于 3.50MPa 的细水雾灭火系统。

(2) 中压细水雾灭火系统　指分配管网中流动介质压力大于等于 1.20MPa，但小于 3.50MPa 的细水雾灭火系统。

(3) 低压细水雾灭火系统　指分配管网中流动介质压力小于 1.20MPa 的细水雾灭火系统。

四、系统的控制

瓶组式细水雾灭火系统应具有自动、手动和机械应急操作控制方式，其机械应急操作应能在瓶组间直接手动启动系统。泵组式细水雾灭火系统应具有自动、手动控制方式。开式系统的自动控制应能在接收到两个独立的火灾报警信号后自动启动。闭式系统的自动控制应能在喷头动作后，由动作信号反馈装置直接联锁自动启动。

手动启动装置和机械应急操作装置的设置要求如下。

① 在消防控制室内和防护区入口处，应设置系统手动启动装置。

② 手动启动装置和机械应急操作装置应能在一处完成系统启动的全部操作，并应采取防止误操作的措施。

③ 手动启动装置和机械应急操作装置上应设置与所保护场所对应的明确标识。

第二节　系统主要组件及要求

一、细水雾喷头

细水雾喷头是细水雾灭火系统最为关键的部件，为满足其抗冲击性能和耐腐性能的要求，一般用黄铜或不锈钢制成。

1. 喷头类型

液体雾化技术主要有撞击雾化、压力雾化、双流体雾化、旋转雾化、静电雾化和超声波雾化等，目前应用于细水雾灭火系统的主要是压力雾化和双流体雾化。

压力雾化喷头主要是通过较高的工作压力，使射流以高速从直径很小的出口喷出形成细水雾，其内部一般还装有旋流装置，以降低喷头的工作压力和增强雾化效果。压力雾化喷头主要有多头式和多孔式两种，如图 6-3 所示。压力雾化喷头工作稳定、雾化效果好，但工作压力高、喷口直径小、易堵塞。压力雾化喷头的雾滴直径、雾滴动量和通量密度主要由喷头工作压力决定，随压力增加而增加。但压力对雾滴直径的影响存在一个上限，达到这一上限压力后，压力的进一步提高对雾滴直径几乎没有影响。

(a) 多头式

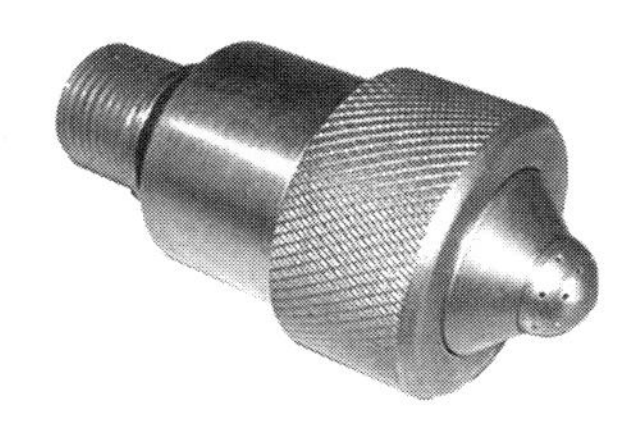

(b) 多孔式

图 6-3　压力雾化喷头

双流体雾化喷头有两个进口，如图 6-4 所示，分别与供水管路和供气管路连接，通过气液两相在喷头内的碰撞、混合形成细水雾由喷口喷出。双流体细水雾喷头工作压力低、雾化效果好、喷口直径较大，但须由两套管线分别供水供气，固定系统中较少应用。

闭式细水雾喷头是以其感温元件作为启动部件的细水雾喷头，如图 6-5 所示。

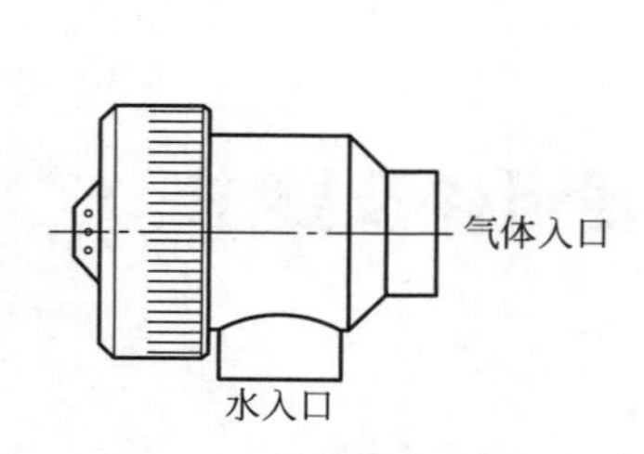

图 6-4　双流体雾化喷头

图 6-5　闭式细水雾喷头

2. 喷头的选择

① 对于环境条件易使喷头喷孔堵塞的场所，应选用具有相应防护措施且不影响细水雾喷放效果的喷头。

② 对于电子信息系统机房的地板夹层，宜选择适用于低矮空间的喷头。

③ 对于闭式系统，应选择响应时间指数（RTI）不大于 $50(\mathrm{m \cdot s})^{0.5}$ 的喷头，其公称动作温度宜高于环境最高温度 30℃，且同一防护区内应采用相同热敏性能的喷头。

3. 喷头流量

细水雾喷头的流量应按下式计算：

$$q = K\sqrt{10p} \tag{6-1}$$

式中　q——喷头的设计流量，L/min；

K——喷头的流量系数，取值由生产厂确定；

p——喷头的设计工作压力，MPa。

4. 喷头备用量

细水雾灭火系统应按喷头的型号、规格储存备用喷头，其数量不应小于相同型号规格喷头实际设计使用总数的 1%，且分别不应少于 5 只。

5. 喷头的布置要求

喷头布置应能保证细水雾喷放均匀、完全覆盖保护区域。具体应符合以下要求。

① 喷头与墙壁的距离不应大于喷头最大布置间距的 1/2。

② 喷头与其他遮挡物的距离应保证遮挡物不影响喷头正常喷放细水雾，当

无法避免时，应采取补偿措施。

③ 闭式系统喷头的感温组件与顶棚或梁底的距离不宜小于75mm，并不宜大于150mm。当场所内设置吊顶时，喷头可贴邻吊顶布置。

④ 对于开式喷头用于电缆隧道或夹层，喷头宜布置在电缆隧道或夹层的上部，并应能使细水雾完全覆盖整个电缆或电缆桥架。

⑤ 局部应用式喷头布置应能保证细水雾完全包络或覆盖保护对象或部位，喷头与保护对象的距离不宜小于0.5m。例如保护室内油浸变压器时，应符合：当变压器高度超过4m时，喷头宜分层布置；当冷却器距变压器本体超过0.7m时，应在其间隙内增设喷头；喷头不应直接对准高压进线套管；当变压器下方设置集油坑时，喷头布置应能使细水雾完全覆盖集油坑。

⑥ 喷头与无绝缘带电设备的最小距离不应小于表6-1的规定。

表6-1　喷头与无绝缘带电设备的最小距离

带电设备额定电压等级 V/kV	最小距离/m
$110<V\leqslant 220$	2.2
$35<V\leqslant 110$	1.1
$V\leqslant 35$	0.5

二、供水装置

供水装置提供的水质除应符合制造商的技术要求外，对于泵组系统的水质不应低于现行国家标准《生活饮用水卫生标准》（GB 5749）的有关规定；瓶组系统的水质不应低于现行国家标准《瓶（桶）装饮用纯净水卫生标准》（GB 17324）的有关规定；系统补水水源的水质应与系统的水质要求一致。

（一）泵组系统

1. 储水箱

泵组系统需要有能不间断自动补水的可靠水源，为保证供水的水质和水量，一般会设置专用的储水箱来储存系统所需的消防用水量。其应满足以下要求：

① 储水箱应采用密闭结构，并应采用不锈钢或其他能保证水质的材料制作。

② 储水箱应具有防尘、避光的技术措施。

③ 储水箱应具有保证自动补水的装置，并应设置液位显示、高低液位报警装置和溢流、透气及放空装置。

2. 消防水泵

泵组式细水雾灭火系统一般为中、高压系统，要求水泵扬程高，消防水泵可采用柱塞泵、高压离心泵或气动泵等。其应满足以下要求：

① 系统应设置独立的水泵。

② 水泵应采用自灌式引水或其他可靠的引水方式。

③ 水泵出水总管上应设置压力显示装置、安全阀和泄放试验阀。

④ 每台泵的出水口均应设置止回阀。

⑤ 水泵的控制装置应布置在干燥、通风的部位，并应便于操作和检修。

⑥ 水泵采用柴油机泵时，应保证其能持续运行60min。

3. 稳压泵

闭式系统的泵组系统应设置稳压泵，稳压泵的流量不应大于系统中水力最不利点一只喷头的流量，其工作压力应满足工作泵的启动要求。

4. 备用泵

泵组系统的工作泵及稳压泵均需要设置备用泵。备用泵的工作性能应与最大一台工作泵相同，主、备用泵应具有自动切换功能，并应能手动操作停泵。主、备用泵的自动切换时间不应小于30s。

（二）瓶组系统

储气瓶组由储气容器、分区控制阀（容器阀）、安全泄放装置、压力显示装置等组成。储水瓶组由储水容器、安全泄放装置、瓶接头及虹吸管等组成。其应满足以下要求：

① 同一系统中的储水容器或储气容器，其规格、充装量和充装压力应分别一致。

② 储水容器、储气容器均应设置安全阀。

③ 储水容器组及其布置应便于检查、测试、重新灌装和维护，其操作面距墙或操作面之间的距离不宜小于0.8m。

④ 瓶组系统的储水量和驱动气体储量，应根据保护对象的重要性、维护恢复时间等设置备用量。对于恢复时间超过48h的瓶组系统，应按主用量的100%设置备用量。

三、控制阀组

控制阀是细水雾灭火系统的重要组件，是执行火灾自动报警系统控制器启/停指令的重要部件。

（一）控制阀的选择

1. 雨淋报警阀

中、低压细水雾灭火系统的控制阀可以采用雨淋报警阀，但细水雾灭火系统中使用的雨淋报警阀的工作压力应满足系统工作的压力要求。

2. 分配阀

高压细水雾灭火系统的控制阀组通常采用分配阀，它类似于气体灭火系统中的选择阀，但它不仅具备了选择阀的功能，而且具有启动系统和关闭系统双重功能。也可采用电动阀和手动阀组合的方式完成控水阀组的功能。见图6-6。

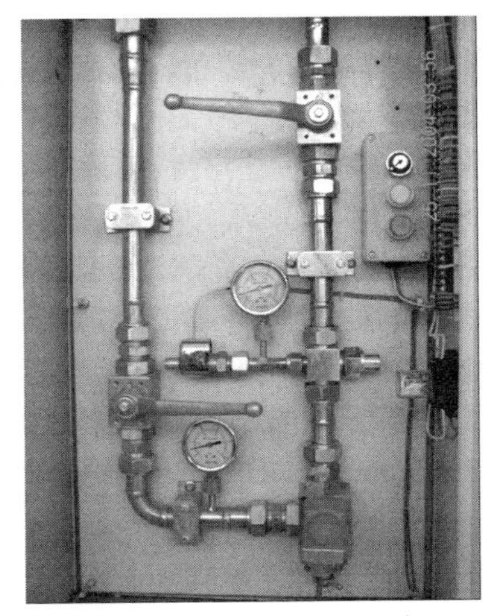

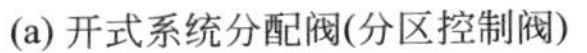

(a) 开式系统分配阀(分区控制阀)

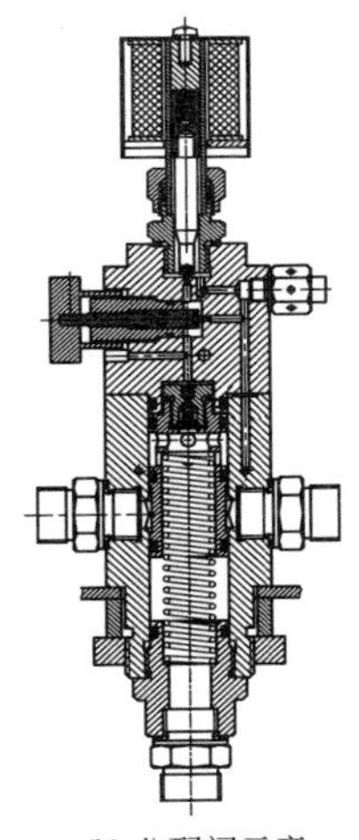

(b) 分配阀示意

图 6-6　分配阀

（二）控制阀的设置

开式系统应按防护区设置分区控制阀，闭式系统应按楼层或防火分区设置分区控制阀。分区控制阀宜靠近防护区设置，并应设置在防护区外便于操作、检查和维护的位置。

闭式系统采用具有明显启闭标志的阀门或专用于消防的信号阀作为分区控制阀，平时保持开启，主要用于切断管网的供水水源，以便系统排空、检修管网及更换喷头等。使用信号阀作为分区控制阀时，其开启状态应能够反馈到消防控制室；使用普通阀门时，须用锁具锁定阀板位置，防止误操作，造成配水管道断水。

开式系统可选用电磁阀、电动阀、气动阀、雨淋报警阀等自动控制阀组作为分区控制阀，平时保持关闭，火灾时能够接收控制信号自动开启，使细水雾向对应的防护区或保护对象喷放。开式系统分区控制阀应符合下列规定：

① 应具有接收控制信号实现启动、反馈阀门启闭或故障信号的功能。

② 应具有自动、手动启动和机械应急操作启动功能，关闭阀门应采用手动操作方式。

③ 应在明显位置设置对应于防护区或保护对象的永久性标识，并应标明水流方向。

四、管网

一方面，细水雾灭火系统的工作压力高，对管道的承压能力要求高；另一方面，细水雾喷头喷孔较小，为防止喷头堵塞，影响灭火效果，需要采用能防止管道锈蚀、不利于微生物滋生的管材。因此，细水雾灭火系统管道应采用冷拔法制造的奥氏体不锈钢钢管，或其他耐腐蚀和耐压性能相当的金属管道。其管网的设置还应满足以下要求：

① 采用全淹没应用方式的开式系统，其管网宜均衡布置。

② 系统管网的最低点处应设置泄水阀，闭式系统的最高点处宜设置手动排气阀。

③ 对于油浸变压器，系统管道不宜横跨变压器的顶部，且不应影响设备的正常操作。

④ 系统管道应采用防晃金属支、吊架固定在建筑构件上。支、吊架应能承受管道充满水时的重量及冲击，还应进行防腐蚀处理，并应采取防止与管道发生电化学腐蚀的措施。

⑤ 系统管道连接件的材质应与管道相同。系统管道宜采用专用接头或法兰连接，也可采用氩弧焊焊接。

⑥ 系统组件、管道和管道附件的公称压力不应小于系统的最大设计工作压力。对于泵组系统，水泵吸水口至储水箱之间的管道、管道附件、阀门的公称压力，不应小于 1.0MPa。

⑦ 设置在有爆炸危险环境中的系统，其管网和组件应采取静电导除措施。

五、其他组件

1. 过滤器

为防止细水雾喷头被杂质堵塞，在储水箱进水口处、出水口处或控制阀前应设置过滤器。对于安装在储水箱入口的过滤器，要满足系统补水时间和通过流量的要求；对于储水箱出口及控制阀前设置的过滤器，要满足系统正常工作时的压力和流量要求。过滤器的设置位置应便于维护、更换和清洗等，并应符合下列规定：

① 过滤器的材质应为不锈钢、铜合金或其他耐腐蚀性能相当的材料。

② 过滤器的网孔孔径不应大于喷头最小喷孔孔径的 80%。

2. 泄放试验阀与试水阀

细水雾灭火系统中应设置能够在平时对系统进行检查的专用试验阀，通过试水试验来检查系统能否正常启动和工作。

在开式系统中，起试验阀作用的阀门为泄放试验阀，设于每个分区控制阀上或阀后邻近位置，不仅用于试水，也具有阀门检修时的泄放功能。其出口需要设置可接泄水口和可接试水喷头的接口。

在闭式系统中，起试验阀作用的阀门为试水阀，设置于每个分区控制阀后的管网末端，并应符合下列规定。

① 试水阀前应设置压力表。

② 试水阀出口的流量系数应与一只喷头的流量系数等效。

③ 试水阀的接口大小应与管网末端的管道一致，测试水的排放不应对人员和设备等造成危害。

3. 动作信号反馈装置（压力开关）

为了知晓反馈系统是否喷放细水雾的信号，分区控制阀上宜设置压力开关等系统动作信号反馈装置。当系统选择雨淋报警阀组等本身带有压力开关的阀组作为分区控制阀时，不需增设压力开关。当分区控制阀上无系统动作信号反馈装置时，应在分区控制阀后的配水干管上设置系统动作信号反馈装置。

4. 火灾报警联动控制系统

火灾报警联动控制系统应能远程启动水泵或瓶组、开式系统分区控制阀，并应能接收水泵的工作状态、分区控制阀的启闭状态及细水雾喷放的反馈信号。

此外，系统启动时，应联动切断带电保护对象的电源，并应同时切断或关闭防护区内或保护对象的可燃气体、液体或可燃粉体供给等影响灭火效果或因灭火可能带来次生危害的设备和设施。

第三节　系统设计流量

一、基本参数

1. 闭式细水雾灭火系统基本参数

闭式系统的喷雾强度、喷头的布置间距和安装高度，宜经实体火灾模拟试验确定。

当喷头的设计工作压力不小于10MPa时，闭式系统也可根据喷头的安装高度按表6-2的规定确定系统的最小喷雾强度和喷头的布置间距；当喷头的设计工作压力小于10MPa时，应经试验确定。

表6-2　闭式系统的基本参数

应用场所	喷头安装高度/m	最小喷雾强度/[L/(min·m^2)]	喷头布置间距/m
采用非密集柜储存的图书库、资料库、档案库	＞3.0且≤5.0	3.0	＞2.0且≤3.0
	≤3.0	2.0	

闭式系统的作用面积不宜小于140m^2。每套泵组所带喷头数量不应超过100只。

2. 全淹没开式细水雾灭火系统基本参数

采用全淹没应用方式的开式系统，其喷雾强度、喷头的布置间距、安装高度和工作压力，宜经实体火灾模拟试验确定，也可根据喷头的安装高度按表6-3确定系统的最小喷雾强度和喷头的最大布置间距。

全淹没开式细水雾灭火系统的防护区数量不应大于 3 个。单个防护区的容积，对于泵组系统不宜超过 3000m³，对于瓶组系统不宜超过 260m³。

表 6-3 全淹没应用方式开式系统的基本参数

<table>
<tr><th colspan="2">应用场所</th><th>喷头的工作压力/MPa</th><th>喷头的安装高度/m</th><th>系统的最小喷雾强度/[L/(min·m²)]</th><th>喷头的最大布置间距/m</th></tr>
<tr><td colspan="2">油浸变压器室、液压站、润滑油站、柴油发电机室、燃油锅炉房等</td><td rowspan="3">>1.2
且≤3.5</td><td>≤7.5</td><td>2.0</td><td rowspan="3">2.5</td></tr>
<tr><td colspan="2">电缆隧道、电缆夹层</td><td>≤5.0</td><td>2.0</td></tr>
<tr><td colspan="2">文物库，以密集柜存储的图书库、资料库、档案库</td><td>≤3.0</td><td>0.9</td></tr>
<tr><td colspan="2">油浸变压器室、涡轮机房等</td><td rowspan="9">≥10</td><td>≤7.5</td><td>1.2</td><td rowspan="9">3.0</td></tr>
<tr><td colspan="2">液压站、柴油发电机室、燃油锅炉房等</td><td>≤5.0</td><td>1.0</td></tr>
<tr><td colspan="2" rowspan="2">电缆隧道、电缆夹层</td><td>>3.0 且≤5.0</td><td>2.0</td></tr>
<tr><td>≤3.0</td><td>1.0</td></tr>
<tr><td colspan="2" rowspan="2">文物库，以密集柜存储的图书库、资料库、档案库</td><td>>3.0 且≤5.0</td><td>2.0</td></tr>
<tr><td>≤3.0</td><td>1.0</td></tr>
<tr><td rowspan="2">电子信息系统机房</td><td>主机工作空间</td><td>≤3.0</td><td>0.7</td></tr>
<tr><td>地板夹层</td><td>≤0.5</td><td>0.3</td></tr>
</table>

3. 局部应用开式细水雾灭火系统基本参数

采用局部应用方式的开式系统，当保护具有可燃液体火灾危险的场所时，系统的设计参数应根据产品认证检验时，国家授权的认证检验机构根据现行国家标准《细水雾灭火系统及部件通用技术条件》（GB/T 26785）认证检验时获得的试验数据确定，且不应超出试验限定的条件。

局部应用开式细水雾灭火系统的保护面积应按下列规定确定：

① 对于外形规则的保护对象，应为该保护对象的外表面面积。

② 对于外形不规则的保护对象，应为包容该保护对象的最小规则形体的外表面面积。

③ 对于可能发生可燃液体流淌火或喷射火的保护对象，除应符合以上要求外，还应包括可燃液体流淌火或喷射火可能影响到的区域的水平投影面积。

4. 喷头最低工作压力

喷头的最低工作压力不应小于 1.20MPa。

5. 响应时间

响应时间是开式细水雾灭火系统从火灾自动报警系统发出灭火指令起至系统

中最不利点喷头喷出细水雾的时间。开式细水雾灭火系统的设计响应时间不应大于 30s。采用全淹没应用方式的开式系统，当采用瓶组系统且在同一防护区内使用多组瓶组时，各瓶组应能同时启动，其动作响应时差不应大于 2s。

6. 持续喷雾时间

细水雾灭火系统的设计持续喷雾时间应符合下列规定：

① 用于保护电子信息系统机房、配电室等电子、电气设备间，图书库、资料库、档案库、文物库，电缆隧道和电缆夹层等场所时，系统的设计持续喷雾时间不应小于 30min。

② 用于保护油浸变压器室、涡轮机房、柴油发电机房、液压站、润滑油站、燃油锅炉房等含有可燃液体的机械设备间时，系统的设计持续喷雾时间不应小于 20min。

③ 用于扑救厨房内烹饪设备及其排烟罩和排烟管道部位的火灾时，系统的设计持续喷雾时间不应小于 15s，设计冷却时间不应小于 15min。

④ 对于瓶组系统，系统的设计持续喷雾时间可按其实体火灾模拟试验灭火时间的 2 倍确定，且不宜小于 10min。

7. 实体模拟实验结果的应用

在工程应用中采用实体模拟实验结果时，应符合下列规定：

① 系统设计喷雾强度不应小于试验所用喷雾强度。

② 喷头最低工作压力不应小于试验测得最不利点喷头的工作压力。

③ 喷头布置间距和安装高度分别不应大于试验时的喷头间距和安装高度。

④ 喷头的安装角度应与试验安装角度一致。

二、设计流量

细水雾灭火系统的设计流量应按下式计算：

$$Q_s = \frac{1}{60}\sum_{i=1}^{n} q_i \tag{6-2}$$

式中　Q_s——系统的设计流量，L/s；

n——计算喷头数；

q_i——计算喷头的设计流量，L/min。

闭式系统的设计流量，应为水力计算最不利点计算面积内所有喷头的流量之和。

一套采用全淹没应用方式保护多个防护区的开式系统，其设计流量应为其中最大一个防护区内喷头的流量之和。当防护区间无耐火构件分隔且相邻时，系统的设计流量应为计算防护区与相邻防护区内的喷头同时开放时的流量之和，并应取其中最大值。

采用局部应用方式的开式系统，其设计流量应为其保护面积内所有喷头的流量之和。

系统设计流量的计算，应确保任意计算面积内任意 4 只喷头围合范围内的平均喷雾强度不低于规定值或实体火灾模拟试验确定的喷雾强度。

三、系统储水箱或储水容器有效容积

细水雾灭火系统储水箱或储水容器的有效容积应按下式计算：

$$V=60Q_{s}t \tag{6-3}$$

式中 V——储水箱或储水容器的设计所需有效容积，L；

t——系统的设计喷雾时间，min。

对于泵组系统，无论外部水源能否在系统动作时保证可靠连续补水，其储水箱均需储存系统设计的全部灭火用水量。泵组系统储水箱的补水流量不应小于系统设计流量。

第四节　系统组件安装调试与检测验收

一、系统组件的现场检查

为了保证施工质量，需要在细水雾灭火系统施工安装前，按照施工过程质量控制要求，对系统组件、管件及其他设备、材料进行现场检查。其中质量文件检查与供水设施、管材管件检查内容与自喷系统基本相同，储气瓶组检查驱动装置的灵活性。

细水雾喷头的现场检查，涉及标志、数量、外观和螺纹密封面检查，分别按不同型号规格抽查 1%，且不少于 5 只，少于 5 只时，全数检查。

为了保证分区控制阀及其附件的安装质量和基本性能要求，阀组产品到场后，要对其标志、外观质量、阀门数量和操作性能等进行检查。

进场抽样检查时，有一件不合格加倍抽检，仍有不合格时判定该批产品不合格。

二、系统设备组件的施工安装

（一）喷头

1. 安装条件

喷头安装应在系统管道试压、吹扫合格后进行。

2. 安装要求

① 应根据设计文件逐个核对其生产厂标志、型号、规格和喷孔方向，不得对喷头进行拆装、改动；

② 应采用专用扳手安装；

③ 喷头安装高度、间距，与吊顶、门、窗、洞口、墙或障碍物的距离应符合设计要求；

④ 不带装饰罩的喷头，其连接管管端螺纹不应露出吊顶；带装饰罩的喷头应紧贴吊顶；带有外置式过滤网的喷头，其过滤网不应伸入支干管内；

⑤ 喷头与管道的连接宜采用端面密封或O形圈密封，不应采用聚四氟乙烯、麻丝、黏结剂等作密封材料。

（二）分区控制阀

① 分区控制阀的安装高度宜为1.2～1.6m，操作面与墙或其他设备的距离不应小于0.8m，并应满足操作要求。

② 分区控制阀的启闭标志便于识别，标明对应防护区，具有启闭状态的信号反馈功能，开启控制装置的安装应安全可靠。

三、管道安装与清洗

管道是细水雾系统的重要组成部分，管道安装也是整个系统安装工程中工作量最大、较容易出问题的环节，返修也较繁杂。管道的安装主要包括对管道清洗、管道固定、管道焊接等加工方法、管道穿过墙体、楼板的安装等。

1. 管道清洗要求

① 管道安装前需要进行分段清洗。

② 管道安装过程中，要求保证管道内部清洁，不得留有焊渣、焊瘤、氧化皮、杂质或其他异物，并及时封闭施工过程中的开口。

③ 所有管道安装好后，需要对整个系统管道进行冲洗，当系统较大时，也可分区进行管道冲洗。

2. 管道固定要求

① 系统管道采用防晃的金属支、吊架固定在建筑构件上。

② 根据规范规定的最大间距进行支、吊架的安装，并尽量使安装间距均匀。

③ 支、吊架要求安装牢固，能够承受管道充满水时的重量及冲击。

④ 对支、吊架进行防腐蚀处理，并采取防止与管道发生电化学腐蚀的措施。

3. 管道焊接等加工方法要求

① 管道之间或管道与管接头之间的焊接采用对口焊接。系统管道焊接时，应使用氩弧焊工艺，并应使用性能相容的焊条。

② 同排管道法兰的间距不宜小于100mm，以方便拆装为原则。

③ 设置在有爆炸危险场所的管道采取导除静电的措施。

4. 管道穿过墙体、楼板的安装要求

① 在管道穿过墙体、楼板处使用套管；穿过墙体的套管长度不小于该墙体的厚度，穿过楼板的套管长度高出楼板地面50mm。

② 采用防火封堵材料填塞管道与套管间的空隙，保证填塞密实。

四、系统冲洗、试压

系统在管道安装完毕并冲洗合格后进行水压试验，以检查管道系统及其各连接部位的工程质量；同时，要求在系统管道水压试验合格后进行吹扫，以清除管道内的铁锈、灰尘、水渍等脏物，保证管道内部的清洁，也避免管道内因为残存水渍而导致生锈。

（一）管网冲洗

1. 冲洗要求

① 冲洗前，应对系统的仪表采取保护措施，并应对管道支、吊架进行检查，必要时应采取加固措施；

② 冲洗用水的水质宜满足系统的要求；

③ 冲洗流速不应低于设计流速；

④ 冲洗合格后，填写管道冲洗记录。

2. 操作方法

宜采用最大设计流量，沿灭火时管网内的水流方向分区、分段进行，用白布检查无杂质为合格。

（二）管网试压

1. 水压试验

（1）试验条件

① 试验用水的水质与管道的冲洗水一致，水中氯离子含量不超过25mg/L；

② 试验压力为系统工作压力的1.5倍；

③ 试验的测试点设在系统管网的最低点。

（2）操作方法

① 管网注水时，将管网内的空气排净，缓慢升压；

② 当压力升至试验压力后，稳压5min，管道无损坏、变形，再将试验压力降至设计压力，稳压120min；

③ 以压力不降、无渗漏、目测管道无变形为合格。

2. 气压试验

对于干式和预作用系统，除要进行水压试验外，还需要进行气压试验。双流体系统的气体管道进行气压强度试验。

（1）试验要求

① 试验介质为空气或氮气；

② 干式和预作用系统的试验压力为0.28MPa，且稳压24h，压力降不大于0.01MPa；

③ 双流体系统气体管道的试验压力为水压强度试验压力的0.8倍。

（2）操作方法　采用试压装置进行试验，目测观察测压用压力表的压降。系统试压过程中，压降超过规定的，停止试验，放空管网中的气体；消除缺陷后，重新试验。

（三）管网吹扫

1. 吹扫要求

（1）采用压缩空气或氮气吹扫；

（2）吹扫压力不大于管道的设计压力；

（3）吹扫气体流速不小于20m/s。

2. 操作方法

在管道末端设置贴有白布或涂白漆的靶板，以5min内靶板上无锈渣、灰尘、水渍及其他杂物为合格。

五、系统调试与现场功能测试

系统调试应包括泵组、稳压泵、分区控制阀的调试和联动试验，并应根据批准的方案按程序进行。

（一）系统调试准备

系统调试需要具备下列条件：

① 系统及与系统联动的火灾报警系统或其他装置、电源等均处于准工作状态，现场安全条件符合调试要求。

② 系统调试时所需的检查设备齐全，调试所需仪器、仪表经校验合格并与系统连接和固定。

③ 具备经监理单位批准的调试方案。

（二）系统调试要求

1. 分区控制阀调试

（1）开式系统分区控制阀　开式系统分区控制阀需要在接到动作指令后立即启动，并发出相应的阀门动作信号。

检查方法：采用自动和手动方式启动分区控制阀，水通过泄放试验阀排出，观察检查。

（2）闭式系统分区控制阀　对于闭式系统，当分区控制阀采用信号阀时，能够反馈阀门的启闭状态和故障信号。

检查方法：采用在试水阀处放水或手动关闭分区控制阀，观察检查。

2. 联动试验

对于允许喷雾的防护区或保护对象，至少在一个防护区进行实际细水雾喷放试验；对于不允许喷雾的防护区或保护对象，进行模拟细水雾喷放试验。

（1）开式系统的联动试验　进行实际细水雾喷放试验时，可采用模拟火灾信号启动系统，分区控制阀、泵组或瓶组应能及时动作并发出相应的动作信号，系统的动作信号反馈装置应能及时发出系统启动的反馈信号，相应防护区或保护对象保护面积内的喷头应喷出细水雾。

进行模拟细水雾喷放试验时，应手动开启泄放试验阀，采用模拟火灾信号启动系统时，泵组或瓶组应能及时动作并发出相应的动作信号，系统的动作信号反馈装置应能及时发出系统启动的反馈信号。

(2) 闭式系统的联动试验　打开试水阀后，泵组应能及时启动并发出相应的动作信号；系统的动作信号反馈装置应能及时发出系统启动的反馈信号。

(3) 当系统需与火灾自动报警系统联动时，可利用模拟火灾信号进行试验　在模拟火灾信号下，火灾报警装置应能自动发出报警信号，系统应动作，相关联动控制装置应能发出自动关断指令，火灾时需要关闭的相关可燃气体或液体供给源关闭等设施应能联动关断。

六、系统验收

系统的验收由建设单位组织监理、设计、施工等单位共同进行。系统验收主要包括对供水水源、泵组、储气瓶组和储水瓶组、控制阀、管网和喷头等主要组件的安装质量验收，以及对系统的功能验收。每个系统应进行模拟联动功能试验，开式系统应进行冷喷试验。

1. 模拟联动功能试验

(1) 试验要求

① 动作信号反馈装置应能正常动作，并应能在动作后启动泵组或开启瓶组及与其联动的相关设备，可正确发出反馈信号。

② 开式系统的分区控制阀应能正常开启，并可正确发出反馈信号。

③ 系统的流量、压力均应符合设计要求。

④ 泵组或瓶组及其他消防联动控制设备应能正常启动，并应有反馈信号显示。

⑤ 主、备电源应能在规定时间内正常切换。

(2) 检查方法

① 试验要求“①、②项和④项”，利用模拟信号试验，观察检查；

② 试验要求“③项”，利用系统流量压力检测装置通过泄放试验，观察检查；

③ 试验要求“⑤项”，模拟主、备电源切换，采用秒表计时检查。

2. 开式系统冷喷试验

(1) 试验要求　除符合上文模拟联动功能试验的试验要求以外，冷喷试验的响应时间符合设计要求。

(2) 检查数量　至少一个系统、一个防护区或一个保护对象。

(3) 检查方法　自动启动系统，采用秒表等观察检查。

第五节　系统维护管理

建筑使用单位应制定细水雾灭火系统的维护管理制度，并应根据维护制度和操作规程进行，使系统处于正常运行状态。系统的维护管理应由经过培训的人员承担。维护管理人员应熟悉系统的工作原理和操作维护方法与要求。

细水雾灭火系统的周期性检查要求，见表6-4。

表6-4　细水雾灭火系统周期性检查维护表

检查周期	检查内容
每日	检查各种阀门的外观及启闭状态是否符合设计要求； 检查系统的主、备电源接通情况； 寒冷和严寒地区，应检查设置储水设备的房间温度，房间温度不应低于5℃； 检查报警控制器、水泵控制柜的控制面板及显示信号状态； 检查系统的标志和使用说明等标识是否正确、清晰、完整，并应处于正确位置
每月	检查系统组件的外观，应无碰撞变形及其他机械性损伤； 检查分区控制阀动作是否正常； 检查阀门上的铅封或锁链是否完好、阀门是否处于正确位置； 检查储水箱和储水容器的水位及储气容器内的气体压力是否符合设计要求； 对于闭式系统，应利用试水阀对动作信号反馈情况进行试验，观察其是否正常动作和显示； 检查喷头的外观及备用数量是否符合要求； 检查手动操作装置的保护罩、铅封等是否完整无损
每季度	通过泄放试验阀对泵组系统进行一次放水试验，并应检查泵组启动，主、备泵切换及报警联动功能是否正常； 检查瓶组系统的控制阀动作是否正常； 检查管道和支、吊架是否松动，以及管道连接件是否变形、老化或有裂纹等现象
每年检查	定期测定一次系统水源的供水能力； 对系统组件、管道及管件进行一次全面检查，并应清洗储水箱、过滤器，同时应对控制阀后的管道进行吹扫； 储水箱应每半年换水一次，储水容器内的水应按产品制造商的要求定期更换； 进行系统模拟联动功能试验

第七章　泡沫灭火系统

导读

1. 储罐区低倍数泡沫灭火系统的类型及工作原理。
2. 泡沫比例混合器和泡沫产生器的作用、原理及要求。
3. 泡沫灭火系统安装与验收。

第一节　泡沫灭火剂

泡沫灭火系统通过施放泡沫覆盖着火对象实施灭火，主要扑救可燃液体和一般固体火灾，在石油化工场所、油库、大型飞机库、地下工程、汽车库等场所中使用广泛。

泡沫灭火剂指以动物蛋白质或植物蛋白质的水解浓缩液为基料，并含有适当的稳定、防腐、防冻等添加剂的起泡性液体，又叫泡沫液。灭火不是直接用泡沫液，而是通过其与水混合形成混合液，再吸入（或鼓入）空气产生泡沫来灭火。

一、灭火作用

泡沫是洁白、细腻的微小气泡群，是经机械作用将混合液与空气充分混合而形成的，通过其覆盖或淹没燃烧物实现灭火，灭火原理是冷却作用、窒息作用、遮断作用、淹没作用等的综合体现。

二、主要性能参数

1. 黏度

黏度是衡量泡沫液流动性能的一个指标。在泡沫灭火系统中，泡沫液是通过管道输送的，其黏度不能太大，否则，在流动过程中压力损失太大，影响泡沫液与水的混合比。

2. 流动点

流动点指泡沫液能够保持流动状态的最低温度，是确定泡沫液储存温度下限的重要参数。一般情况下，以泡沫液流动点上推2.5℃作为其最低储存温度值。

3. 发泡倍数

发泡倍数指混合液吸入空气形成泡沫后的体积膨胀倍数。发泡倍数是影响泡沫稳定性、流动性及灭火效果的综合性能指标，普通蛋白泡沫液应为6～8倍，氟蛋白泡沫液液下喷射时应为3～4倍。

4. 25%析液时间

25%析液时间指所生成的泡沫从开始到析出25%（重量）混合液的时间，是衡量常温下泡沫稳定性的指标。25%析液时间不宜太短，应大于一次灭火时间，一般不小于3～6.5min。

5. 90%火焰控制时间

90%火焰控制时间指从开始喷射泡沫到90%燃烧面积被扑灭的时间。它是衡量泡沫灭火性能的指标，间接反映泡沫流动性和抗烧性的好坏，泡沫的流动性和抗烧性能好，90%火焰控制时间短。

三、泡沫液的类型

1. 蛋白泡沫灭火剂（P）

蛋白泡沫灭火剂是泡沫灭火剂中最基本的一种，其由动、植物蛋白质的水解产物，再加入适当的稳定、防冻、缓蚀、防腐及黏度控制等添加剂制成，是一种黑褐色的黏稠液体，具有天然蛋白质分解后的臭味。具有原料易得，生产工艺简单，成本低，泡沫稳定性好，对水质要求不高，储存性能较好等优点，主要用于扑救油类液体火灾。

2. 氟蛋白泡沫灭火剂（FP）

氟蛋白泡沫灭火剂是在普通蛋白泡沫灭火剂的基础上，加入氟碳表面活性剂、碳氢表面活性剂等，使其性能得到改善，可以用于液下喷射灭火，可以与干粉灭火剂联用，提高整体灭火效率。

3. 水成膜泡沫灭火剂（AFFF）

水成膜泡沫灭火剂由氟碳表面活性剂、碳氢表面活性剂、泡沫稳定剂、抗冻剂及水等制成，是一种高效泡沫灭火剂。其特点是可以在密度较低的烃类油品表面上形成一层能够抑制油品蒸发的水膜，靠泡沫和水膜的双重作用灭火，又叫轻水泡沫灭火剂，具有灭火效果好，可液下喷射，也可与干粉联用，亦可预混等特点。但与蛋白泡沫灭火剂相比，泡沫不够稳定，防复燃隔热性能差，而且成本较高。

4. 抗溶性泡沫灭火剂（AR）

抗溶性泡沫灭火剂用于扑救水溶性甲、乙、丙类液体火灾的泡沫灭火剂，有金属皂型、凝胶型、氟蛋白型、硅酮表面活性剂型等多种类型，产生的泡沫可抗水溶性甲、乙、丙类液体对其的溶解破坏。

四、泡沫液的储存

泡沫液的储存非常重要，严重影响着泡沫的灭火性能，一定要按照产品说明书的要求妥善保管。要注意泡沫液的储存期限、泡沫液的储存温度（0～40℃）、泡沫液的储存环境（注意保持储存场所通风干燥，避免受到阳光的直射，要防止杂质和其他物质混入）。泡沫液一般不能预混，一旦与水混合必须一次使用完毕。

第二节　泡沫灭火系统的类型

一、储罐区低倍数泡沫灭火系统

（一）系统类型

甲、乙、丙类液体储罐区多选用低倍数（发泡倍数低于 20）泡沫灭火系统保护。根据保护对象的规模、火灾危险性、扑救难易程度、消防站设置情况等因素，泡沫灭火系统有固定式、半固定式和移动式三种类型。

1. 固定式泡沫灭火系统

固定式泡沫灭火系统由消防水泵、泡沫液储罐、泡沫比例混合器、泡沫产生器、管道、阀门以及水源组成，如图 7-1 所示。适用于甲、乙、丙类液体总储量或单罐的容量大、火灾危险性大、布置集中、扑救困难且机动消防设施不足的场所。

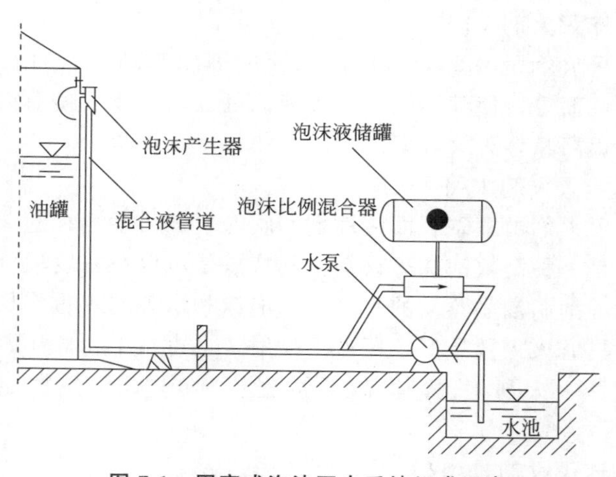

图 7-1　固定式泡沫灭火系统组成示意

油罐着火时，自动或手动启动消防水泵（混合液泵），打开出口阀门，水流经过泡沫比例混合器后，将泡沫液与水按规定比例混合形成混合液，然后混合液经管道输送至泡沫产生器，产生的泡沫沿油罐内壁淌至燃烧油面上，将油面覆盖，从而实施灭火。

2. 半固定式泡沫灭火系统

半固定式泡沫灭火系统由水源、室外消火栓、泡沫消防车、消防水带、泡沫混合液管线和泡沫产生器等组成。其中泡沫产生器、混合液管道及其上的预留混合液接口固定安装，预留接口设在防火堤外，如图 7-2 所示。该系统适用于机动消防设施较强的企业附属甲、乙、丙类液体储罐区。采用半固定式泡沫灭火系统时，储罐区应有足够的消防力量和充足的消防水源，灭火所需的泡沫液一般由消防车携带。

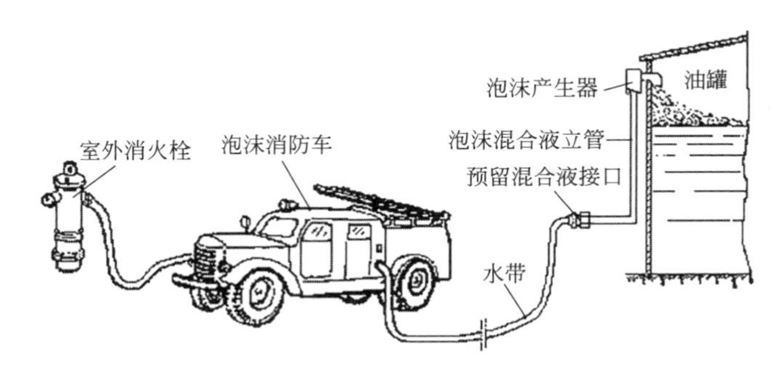

图 7-2 半固定式泡沫灭火系统组成示意

油罐起火，泡沫消防车抵达后，铺设消防水带，接吸水管，并连接固定泡沫混合液管。然后启动车载消防泵，打开消防车上的泡沫比例混合器，消防泵出口形成一定比例的泡沫混合液，通过水带输至固定的泡沫混合液管，进入空气泡沫产生器吸入空气，形成空气泡沫，沿罐内壁流下覆盖燃烧液面。

3. 移动式泡沫灭火系统

移动式泡沫灭火系统一般由水源（室外消火栓、消防水池或天然水源）、泡沫消防车、水带、泡沫钩枪或泡沫炮等组成。当发生火灾时，所有移动设施进入现场通过管道、水带连接组成灭火系统，如图 7-3 所示。

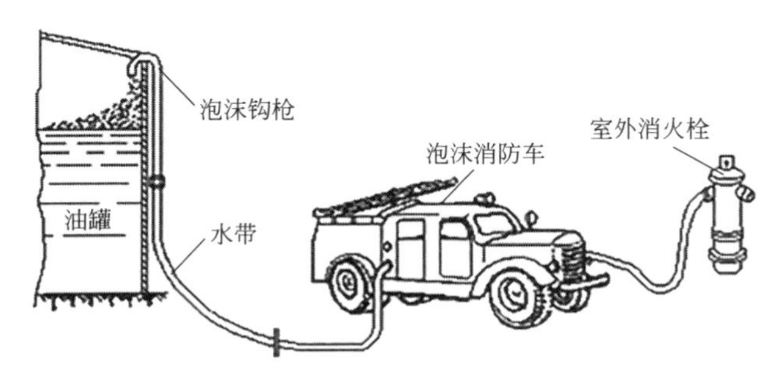

图 7-3 移动式泡沫灭火系统示意图

移动式泡沫系统适用于：总储量不大于 $500m^3$，单罐储量不大于 $200m^3$，且罐高不大于 7m 的地上非水溶性甲、乙、丙类液体立式储罐；总储量小于 $200m^3$，单罐储量不大于 $100m^3$ 且罐高不大于 5m 的地上水溶性甲、乙、丙类液体立式储罐；卧式储罐区；甲、乙、丙类液体装卸区易于泄漏的场所。

（二）泡沫喷射方式

1. 液上喷射

液上喷射泡沫灭火系统是将泡沫产生器安装在油罐的上边，将泡沫从油罐的上部喷入罐内，并顺罐壁流下，形成泡沫层，将燃烧油品的液面覆盖进行灭火，如图 7-4 所示。该系统具有结构简单、安装检修便利、易调试且各种类型的泡沫液均可使用等优点，但缺点是系统的泡沫产生器和部分管线易受到储罐燃烧爆炸的破坏而失去灭火作用。该系统主要适用于独立油库的地上固定顶立式储罐、浮顶罐和水溶性甲、乙、丙类液体储罐以及石油化工企业的燃料罐等。

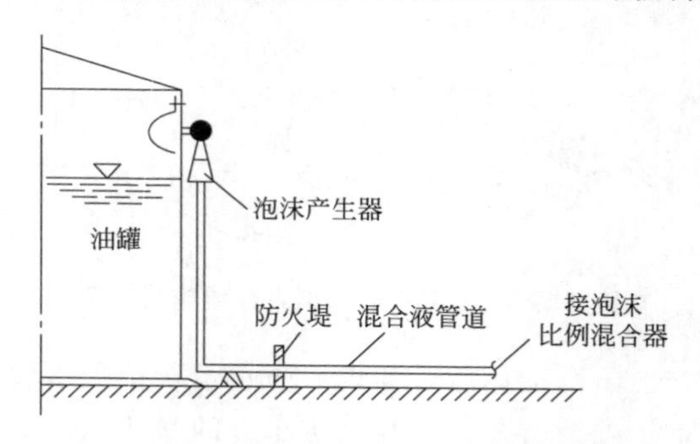

图 7-4　液上喷射泡沫灭火系统示意图

2. 液下喷射

液下喷射泡沫灭火系统是在燃烧油品表面下注入泡沫，泡沫通过油层上浮到油品表面并扩散开形成泡沫层，将燃烧油品液面覆盖进行灭火，如图 7-5 所示。与液上喷射泡沫灭火系统相比，该系统具有以下优点：一是泡沫产生器安装在储罐的防火堤外，不易遭到破坏。二是由于泡沫是从液下到达燃烧液面，不通过高温火焰，不沿灼热的罐壁流入，减少了泡沫的损失，提高了灭火效率。三是泡沫在上浮过程中，使罐内冷油和热油对流，起到一定的冷却作用，有利于灭火。液下喷射泡沫灭火系统仅适用于非水溶性甲、乙、丙类液体的地上固定顶储罐。

3. 半液下喷射

半液下喷射泡沫灭火系统是将一轻质软带卷存于液下喷射管内，当使用时，在泡沫压力和液体浮力的作用下，软带漂浮到燃液表面使泡沫从燃液表面上释放出来实现灭火，如图 7-6 所示。该系统适用于水溶性与非水溶性甲、乙、丙类液体固定顶储罐，但由于其结构比液下喷射泡沫灭火系统复杂，一般非水溶性甲、乙、丙类液体固定顶储罐不采用。

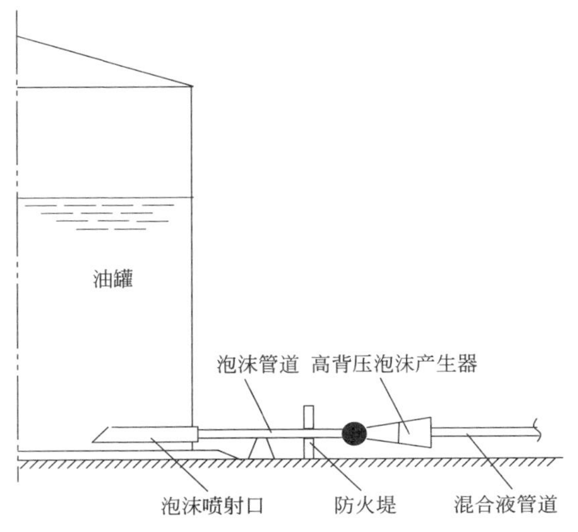

图 7-5　液下喷射泡沫灭火系统示意图

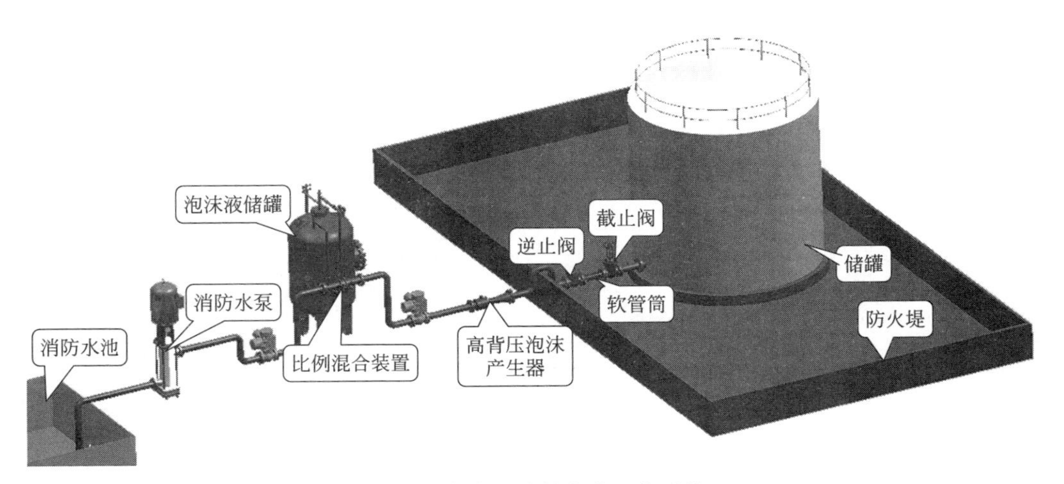

图 7-6　半液下喷射泡沫灭火系统

二、泡沫喷淋灭火系统

泡沫喷淋灭火系统是将泡沫通过设置在防护区上方的泡沫喷头以喷淋或喷雾的形式喷洒到物体表面上，达到控制和扑灭火灾的目的。该系统类似于自动喷水灭火系统，由泡沫喷头、管道、泡沫比例混合器、泡沫液储罐、消防水泵和水源以及火灾报警控制装置等组成。被保护场所发生火灾时，火灾自动报警系统及联动控制设备动作，启动泡沫混合液泵（或水泵），泡沫比例混合器按设定比例产生泡沫混合液，通过泡沫混合液管线至泡沫喷头，泡沫喷淋到被保护物的表面，冷却降温，阻挡辐射热并覆盖窒息灭火。

泡沫喷淋系统适用于非水溶性甲、乙、丙类液体可能泄漏的室内场和泄漏厚度不超过 25mm 或泄漏厚度虽超过 25mm 但有缓冲物的水溶性甲、乙、丙类液体可能泄漏的室内场所。例如油泵房、停车库等堆放复杂的场所，为避免固定设备对泡沫流动的影响，可选用泡沫喷淋灭火系统。

存在较多易燃液体的场所，宜按下列方式之一采用自动喷水-泡沫联用系统：

① 采用泡沫灭火剂强化闭式系统性能；

② 雨淋系统前期喷水控火，后期喷泡沫强化灭火效能；

③ 雨淋系统前期喷泡沫灭火，后期喷水冷却防止复燃。

三、中倍数泡沫灭火系统

中倍数泡沫灭火系统是指发泡倍数为 20～200 的泡沫灭火系统。该系统在实际工程中应用较少，且多被用作辅助灭火设施。

1. 局部应用式中倍数泡沫灭火系统

局部应用式中倍数泡沫灭火系统是将泡沫喷放到火灾部位实施灭火。该系统适用于保护大范围内的局部封闭空间或者大范围内的局部设有阻止泡沫流失围挡设施的场所，以及不超过 $100m^2$ 的流淌 B 类火灾场所。

2. 移动式中倍数泡沫灭火系统

移动式中倍数泡沫灭火系统通过移动式中倍数泡沫产生装置直接或通过导泡筒将泡沫喷放到火灾部位实施灭火。该系统适用于发生火灾的部位难以确定或人员难以接近的较小火灾场所和不超过 $100m^2$ 的流淌 B 类火灾场所。

四、高倍数泡沫灭火系统

高倍数泡沫灭火系统是指发泡倍数为大于 200 的泡沫灭火系统。由消防水源、消防水泵、泡沫比例混合装置、泡沫产生器以及连接管道等组成，有全淹没式、局部应用式和移动式三种类型。

1. 全淹没式高倍数泡沫灭火系统

全淹没系统是指用管道输送高倍数泡沫液和水，发泡后连续地将高倍数泡沫释放并按规定的高度充满被保护区域，并将泡沫保持到所需的时间进行控火或灭火的固定系统。全淹没系统的控制方式通常以自动为主，辅以手动。在不同高度上都存在火灾危险的大范围封闭空间和有固定围墙或其他围挡设施的场所以及Ⅱ类飞机库飞机停放和维修区，可选择全淹没式高倍数泡沫灭火系统。

2. 局部应用式高倍数泡沫灭火系统

局部应用系统是指向局部空间喷放高倍数泡沫，进行控火或灭火的固定、半固定系统。大范围内的局部封闭空间或局部设有阻止泡沫流失围挡设施的场所可选择局部应用式高倍数泡沫灭火系统。

3. 移动式高倍数泡沫灭火系统

移动式高倍数泡沫灭火系统是指车载式或便携式系统，它可作为固定系统的辅助设施，也可作为独立系统用于某些场所。地下工程、矿井巷道等发生火灾的部位难以确定或人员难以接近的场所；需要排烟、降温或排除有害气体的封闭空间等宜选择移动式高倍数泡沫灭火系统。

高倍数泡沫灭火系统能迅速充满较大空间，以淹没或覆盖的方式扑灭 A 类和 B 类火灾，也可用于控制液化烃储罐因泄漏导致的大面积流淌。高倍数泡沫用水量少，灭火区域不存在排水问题，且保护区荷载增加少，用于地下工程上有一定的优势。高倍数泡沫灭火系统与自动喷水系统联合使用时，可同时具备高倍数泡沫灭火系统灭火与自动喷水系统冷却的优点，在灭火的同时保护建筑物。可用于大纸卷仓库、大型橡胶轮胎仓库等危险性极大，发生火灾时会产生极高热量的场所。

第三节　泡沫灭火系统的主要组件及设置要求

泡沫灭火系统的组件分为通用组件和专用组件。通用组件主要包括消防水源、水泵、管路、阀门、消防水泵等；专用组件一般指泡沫比例混合器和泡沫产生装置等只在泡沫灭火系统使用的组件，是本节主要论述对象。

一、泡沫比例混合器

泡沫比例混合器是通过机械作用，使水在流动过程中与泡沫液按一定的比例（混合比）混合，形成混合液。常用的泡沫比例混合装置有以下几种。

1. 环泵式负压泡沫比例混合器

环泵式负压泡沫比例混合器如图 7-7 所示。其安装在泵的旁路上，其进口接泵的出口、出口接泵的进口。水泵工作时，大股液流流向系统终端，小股液流通过旁路回流到泵的进口。当回流的小股液流经过比例混合器时，压力水从其进口进入比例混合器，经喷嘴高速喷入扩散管，在喷嘴与扩散管间的真空室形成负压区。泡沫液被吸入负压区，与压力水混合后一起进入扩散管，从出口流出，再流到泵进口与水进一步混合后抽到泵的出口。如此循环一定时间后，泡沫混合液的混合比达到产生灭火泡沫要求的正常值。旋动混合器的手轮可以调节混合液的混合比。

2. 压力式泡沫比例混合器

压力式泡沫比例混合器有普通型和隔膜型两种。混合器直接安装在耐压的泡沫液储罐上，其进口、出口串接在具有一定水压的供水管线上。其工作原理是：当有压力的水流通过压力比例混合器时，在压差孔板的作用下，造成孔板前后之

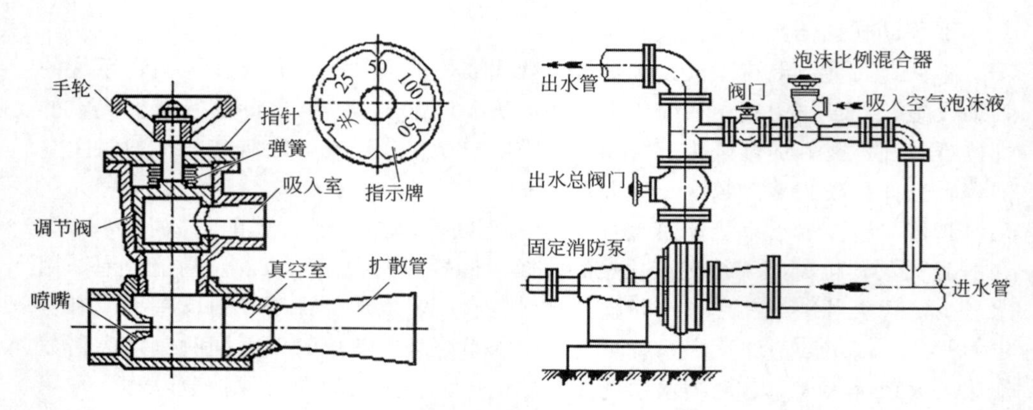

图 7-7　环泵式负压泡沫比例混合器

间的压力差。孔板前较高的压力水经由缓冲管进入泡沫液储罐上部，迫使泡沫液从储罐下部经出液管压出。而且孔板出口处形成一定的负压，对泡沫液还具有抽吸作用，在压迫与抽吸的共同作用下，使泡沫液与水按规定的比例混合，其混合比可通过孔板直径的大小确定。

隔膜型压力式泡沫比例混合器如图 7-8 所示，工作时泡沫液与水不接触，泡沫液一次未使用完可再次使用，便于调试和日常试验，且安装使用方便。由于水流流过压力比例混合器的水头损失比较小，而且随着罐囊式压力比例混合器的开发推广，使得压力比例混合器在新建泡沫灭火系统中得到较广泛的应用。

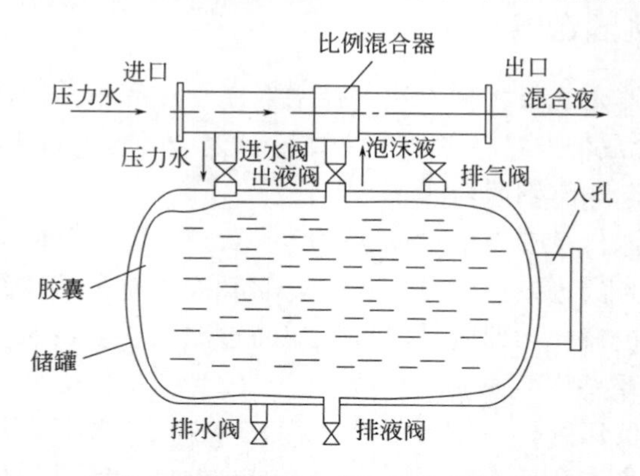

图 7-8　隔膜型压力式泡沫比例混合器

3. 平衡压力式泡沫比例混合器

平衡压力式泡沫比例混合器进行混合是完全自动配比的混合方式，水与泡沫液通过各自的泵加压，并从相应的入口打入平衡压力式泡沫比例混合器，经过泡沫比例混合器的自动调节，水与泡沫液混合形成符合比例要求的混合液。其混合流程如图 7-9 所示。其混合精度高，适应的流量范围较广，适用于自动集中控制的多个保护区的泡沫灭火系统，特别是对保护对象之间流量相差较大的储罐区。

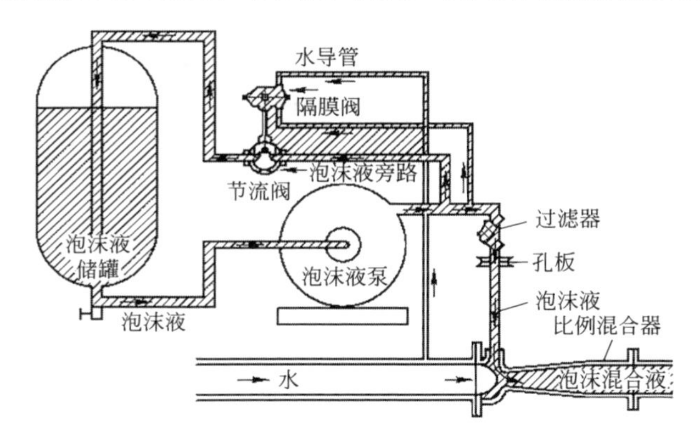

图 7-9　平衡压力式泡沫比例混合流程

4. 管线式比例混合器

管线式比例混合器直接串接在供水管线上，当具有一定压力的水流通过喷嘴以一定流速喷出时，管内形成负压，泡沫液通过吸管被吸入，使水、泡沫液在喉管内混合，形成混合液。这种比例混合器的压力损失较大，为保证泡沫产生装置的进口压力，要求该比例混合器的进口压力应足够大。管线式比例混合器多用于移动式泡沫灭火系统，作为一种便携式比例混合装置使用，可安装在水带或管道上。

二、泡沫产生装置

泡沫产生装置的作用是将空气与混合液充分混合，产生并喷射泡沫实施灭火。为适应不同类型泡沫灭火系统的需要，泡沫产生装置有多种型式。

（一）横式泡沫产生器

横式泡沫产生器用于液上喷射泡沫灭火系统，由壳体组、泡沫喷管组和导板组三个部分组成，其结构及安装要求如图 7-10 所示。当混合液通过产生器的喷嘴时，形成扩散的雾化射流，在其周围产生负压，从而吸入大量空气，形成泡沫。泡沫通过喷管和导向板输入储罐内沿油罐壁淌下，平稳地覆盖在燃烧液面上。其具有结构简单、便于安装等特点。

横式泡沫产生器设置要求：

① 泡沫产生器的进口压力，应为其额定值±0.1MPa；

② 泡沫产生器及露天的泡沫喷射口应设置防止异物进入的金属网；

③ 泡沫产生器进口前应有不小于 1m 的直管段；

④ 外浮顶储罐上的泡沫产生器不应设置密封玻璃；

⑤ 当一个储罐所需的泡沫产生器数量超过一个时，宜选用同规格的泡沫产生器，且应沿罐周围均匀设置；

⑥ 泡沫喷射口设置在外浮顶储罐的罐壁顶部时，应配置泡沫导流罩。

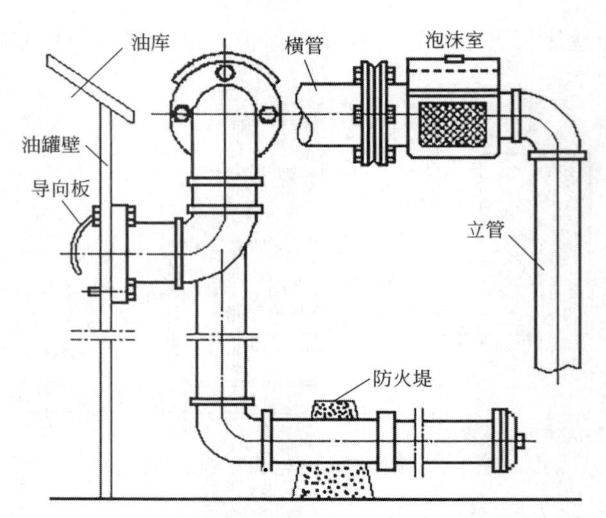

图 7-10 横式泡沫产生器结构图

（二）高背压泡沫产生器

高背压泡沫产生器用于液下喷射泡沫灭火系统，有 PCY 系列型号。其结构如图 7-11 所示，主要由喷嘴、混合室、罩管、扩散管等构成。当有压混合液流通过喷嘴以一定速度喷出时，由于液流质点的横向紊动扩散作用，将混合室内的空气带走，形成真空区（通称负压区）。这时空气由进气口进入混合室，空气与混合液通过混合管混合形成微细泡沫。当泡沫通过扩散管时，由于扩散管已经逐渐扩大而使流速逐渐下降，部分动能转变为势能，压力逐渐上升，流出扩散管后则形成具有一定压力和倍数（约 3 倍）的空气泡沫，以克服管道阻力和油品静压而升浮到油品液面灭火。

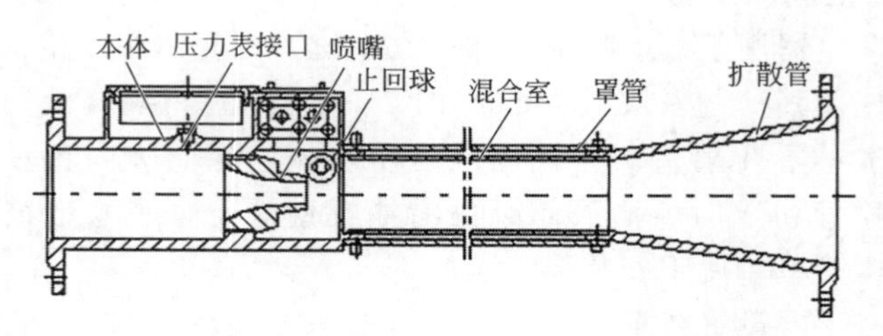

图 7-11 高背压泡沫产生器结构图

（三）高倍数泡沫产生器

高倍数泡沫产生器适用于高倍数泡沫灭火系统，以适应发泡倍数较大的要求。

1. 结构与工作原理

高倍数泡沫产生器一般是利用鼓风的方式产生泡沫。根据其风机的驱动方式，有电动机、内燃机和水力驱动三种类型。图 7-12 为水力驱动式高倍数泡沫产生器。其工作时，将高倍数泡沫混合液注入水轮机，驱动安装在主轴上的叶轮旋转产生运动气流。与此同时，高倍数泡沫混合液由水轮机出口经管道进入喷嘴，以雾状喷向发泡网，在网的内表面上形成一层混合液薄膜，叶轮产生的气流将混合液薄膜吹胀成大量的气泡（泡沫群）。

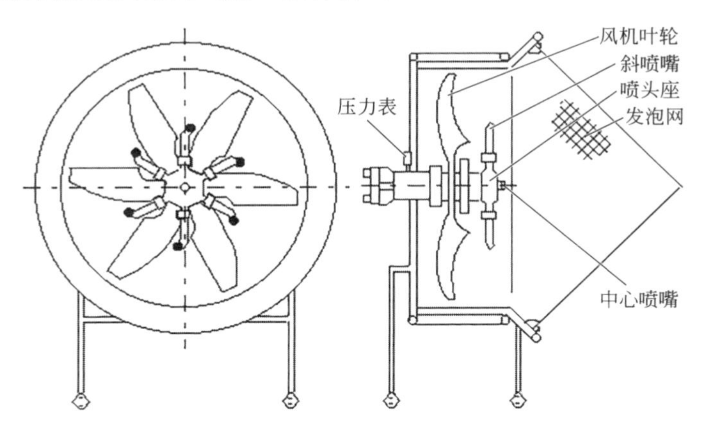

图 7-12　水力驱动式高倍数泡沫产生器构造示意图

2. 设置要求

对于全淹没式和局部应用式高倍数泡沫灭火系统，其高倍数泡沫产生器应设置在泡沫淹没深度以上，位置应免受爆炸或火焰的损坏，宜接近保护对象，能使防护区形成比较均匀的泡沫覆盖层。

对于移动式高倍数泡沫灭火系统，当采用导泡筒输送泡沫时，高倍数泡沫产生器可设置在防护区以外的安全位置，但导泡筒的泡沫出口位置应与全淹没式和局部应用式高倍数泡沫灭火系统的高倍数泡沫产生器设置要求相同。当泡沫产生器直接向防护区喷放泡沫时，其位置应免受爆炸或火焰损坏。

高倍数泡沫产生器前应设置控制阀、压力表和管道过滤器。高倍数泡沫产生器在室外或坑道应用时，应采取防止风对泡沫的产生和分布影响的措施。

（四）中倍数泡沫产生器

中倍数泡沫装置通常被作为移动使用的辅助灭火设施。吹气型中倍数泡沫产生器与高倍数泡沫产生器的发泡原理相同，吸气型中倍数泡沫产生器的发泡原理与低倍数泡沫产生器的原理相同，吸气型的发泡倍数要低于吹气型的。

（五）泡沫喷头

自动喷水-泡沫联用系统应采用洒水喷头。

1. 泡沫喷头类型

（1）吸气型泡沫喷头　该喷头能够吸入空气，混合液经过空气的机械搅拌作用，再加上喷头前金属网的阻挡作用形成泡沫。当泡沫喷淋系统用于保护水溶性和非水溶性甲、乙、丙类液体时，宜选用吸气型泡沫喷头。

(2) 非吸气型泡沫喷头　该喷头没有吸入空气的结构，从喷头喷出的是雾状泡沫混合液。由于没有空气机械搅拌作用，泡沫发泡倍数较低。非吸气型泡沫喷头一般多采用悬挂式，有时也可以侧挂。这种泡沫喷头也可用水喷雾喷头代替。当泡沫喷淋系统用于保护非水溶性甲、乙、丙类液体时，可选用非吸气型泡沫喷头。

2. 泡沫喷头的布置

泡沫喷头的布置一般应保证无喷洒盲区，并应使泡沫直接喷洒到保护对象上；泡沫喷头周围不应有影响泡沫喷洒的障碍物；泡沫喷头的保护面积和间距应符合表 7-1。

表 7-1　泡沫喷头的保护面积和间距

喷头设置高度/m	每只喷头的最大保护面积/m^2	喷头的最大水平距离/m
≤10	12.5	3.6
>10	10	3.2

(六) 泡沫枪与泡沫炮

泡沫枪与泡沫炮是供消防队员操作使用的泡沫灭火器械，用于移动式泡沫灭火系统，扑救流散液体火灾或小型储罐火灾。常见的 PQ 型手提式泡沫枪由喷嘴、枪筒、吸管、枪体等组成，如图 7-13 所示。PQ 型手提式泡沫枪自带吸液装置，进口与水带连接，在压力水流作用下，通过吸管按比例吸入泡沫液，形成混合液，并吸入空气形成泡沫，再通过枪筒喷出泡沫灭火。

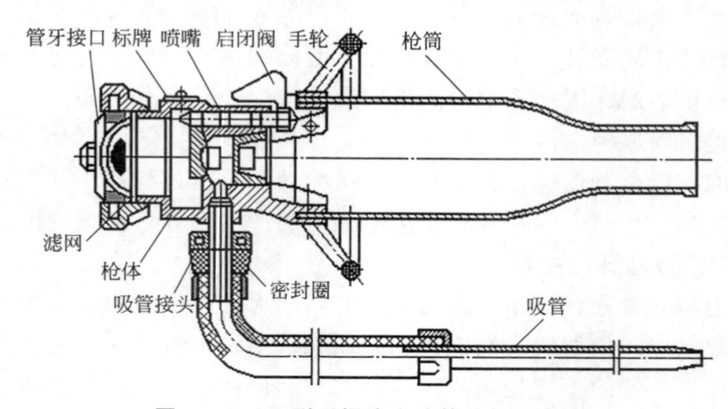

图 7-13　PQ 型手提式泡沫枪结构示意图

三、泡沫液选择及泡沫液储罐

(一) 泡沫液的选择

1. 储罐区低倍数泡沫灭火系统的泡沫液选择

非水溶性甲、乙、丙类液体储罐的液上喷射泡沫灭火系统，可选用蛋白、氟蛋白、水成膜或成膜氟蛋白泡沫液；非水溶性甲、乙、丙类液体储罐的液下喷射泡沫灭火系统，应选用氟蛋白、水成膜或成膜氟蛋白泡沫液。水溶性甲、乙、丙类液体储罐的液上喷射泡沫灭火系统必须选用抗溶性泡沫液。对于无铅汽油，由于其中醚、醇等含氧元素的有机物对普通泡沫具有很强的破坏作用，当其含氧元素组分的净含量体积比超过10%时，用普通泡沫液灭火将出现困难，所以也必须选用抗溶性泡沫液。当某些储罐区既有水溶性液体储罐又有非水溶性液体储罐时，为降低工程造价，可合用一套泡沫灭火系统，但必须选用抗溶性泡沫液。

2. 泡沫喷淋系统的泡沫液选择

保护非水溶性甲、乙、丙类液体时，选用蛋白、氟蛋白、水成膜或成膜氟蛋白泡沫液均可。当选用蛋白、氟蛋白泡沫液时，必须采用吸气型泡沫喷头；当选用水成膜、成膜氟蛋白泡沫液时，可采用吸气型喷头，也可采用开式非吸气型喷头。为减轻泡沫对保护液体的冲击，当选用非吸气型喷头时，宜选用带溅水盘的喷头。

保护水溶性甲、乙、丙类液体时必须选用抗溶泡沫液。抗溶泡沫在扑灭水溶性液体火灾时，尽可能减轻泡沫对液体的冲击是非常重要的，显然，泡沫倍数越高对液体的冲击越小，所以要选用吸气型泡沫喷头。

（二）泡沫液储罐

1. 泡沫液储罐的类型

泡沫液储罐分常压储罐和压力储罐两种。采用环泵负压比例混合或平衡压力比例混合流程时，泡沫液储罐应选用常压储罐，罐体宜为卧式或立式圆柱形储罐。在其上还应有液位计、排渣孔、进料孔、人孔、取样口、呼吸阀或带控制阀的通气管。采用压力式比例混合流程时，泡沫液储罐应选用压力储罐。在压力储罐上应设安全阀、排渣孔、进料孔、人孔和取样口。

2. 泡沫液储罐的设置要求

① 泡沫液储罐容积由计算确定，且应保证储存一次灭火用泡沫液需要量；

② 泡沫液储罐位置高度应满足设计所确定的混合流程对其的要求；

③ 泡沫液储罐宜采用耐腐蚀材料制作，当采用钢罐时，其内壁应做防腐处理。与泡沫液直接接触的内壁或防腐层不应对泡沫液的性能产生不利影响。

四、管道

1. 管道布置形式

固定式泡沫灭火系统管道的总体布置有环状布置、枝状布置或两者结合等形式。环状布置是将泡沫混合液管道在防火堤外布置成环状，再从环管分别引出支管到各保护储罐。枝状布置是直接从泡沫泵站分别引出支管到各保护储罐。一般储罐数量较少，尤其是采用液下喷射泡沫灭火系统时，枝状布置管道便于系统控制与调节，还可能节省管材。当储罐数量较多时，因通向储罐的管道根数太多，环状布置可能较为方便和经济。因此，采用何种布管形式，应视被保护储罐区的具体情况而定。

2. 管道设置基本要求

为便于检测设备的安装和取样，泡沫混合液主管道上应设计有泡沫混合液流量检测仪器的安装位置，泡沫混合液管道上应设置试验检测口，在靠近防火堤外侧处的水平管道上应设置供检测泡沫产生器工作压力的压力表接口。

系统控制阀、泡沫消火栓应设置在防火堤外的管道上，并应有明显标志。防火堤外泡沫混合液管道应有 2‰的坡度坡向放空阀，泡沫混合液管道上的最高处应设排气阀。液下喷射系统的泡沫管道上不应设置消火栓、排气阀。

3. 液上喷射泡沫灭火系统管道设置

固定顶储罐、浅盘和易熔浮盘式内浮顶储罐爆炸着火时，极可能将其中的泡沫产生器破坏。为防止被破坏的泡沫产生器影响正常泡沫产生器，使整个系统无法使用，各泡沫产生器应相互独立。具体措施是每个泡沫产生器用独立的混合液管道引至防火堤外，并且固定系统在防火堤外的每条独立混合液管道上应设置控制阀；半固定系统应设置用以连接泡沫消防车的管牙接口。

外浮顶储罐发生火灾时，其泡沫产生器一般不会受到破坏，所以对于采用泡沫喷射口罐壁设置方式的外浮顶储罐，可将多个泡沫产生器作为一组，在泡沫混合液立管下端合用一根管道引至防火堤外。为了提高可靠性，当三个及以上的泡沫产生器在泡沫混合液立管下端合用一根管道引至防火堤外时，每个泡沫混合液立管上最好设控制阀。半固定式系统引至防火堤外的每根泡沫混合液管道所需的混合液流量不应大于一辆消防车的供给量。单、双盘式内浮顶储罐发生火灾时，其泡沫产生器被破坏的可能性很小，故可按外浮顶储罐对待。

为使泡沫产生器及其管道稳固，连接泡沫产生器的泡沫混合液立管应用管卡固定或焊接在罐壁上，其间距不宜大于 3m。泡沫混合液的立管下端应设锈渣清扫口。对于采用泡沫喷射口浮顶设置方式的外浮顶储罐，当泡沫混合液管道从储罐内通过时，应采用具有重复扭转运动轨迹的耐压软管，并不得与浮顶支承相碰撞，且应距离储罐底部的伴热管 0.5m 以上。

外浮顶储罐的火灾初期，多是在局部密封区，通常用泡沫枪就能扑灭。为此在其梯子平台上应配套设置带闷盖的管牙接口，此接口用管道沿罐壁引至防火堤外距地面 0.7m 处，且应设置相应的管牙接口。

为防止因地基下沉或储罐爆炸着火而拉裂泡沫产生器或泡沫混合液管道，泡沫混合液的立管宜用金属软管与水平管道连接。并且防火堤内地上泡沫混合液水平管道应敷设在管墩或管架上，不应与管墩、管架固定。

为尽可能避免管道遭破坏，防火堤内的埋地管道距离地面的深度应大于 0.3m。将管道埋在地下，突出的优点就是可保持防火堤内整洁，便于防火堤内的日常作业。但也有不利因素，一是控制泡沫产生器的阀门得设置在地下，不利于操作；二是埋地管道的运动受限，对地基的不均匀沉降和储罐爆炸着火时罐体的上冲力敏感；三是不利于管道的维护与更换。另外，埋地管道与罐壁上的泡沫混合液立管之间应用金属软管或金属转向接头连接，其金属转向接头的材质可为铸钢、球墨铸铁或可锻铸铁等。

为利于排液，防火堤内泡沫混合液管道应有3‰坡度坡向防火堤。

4. 储罐液下喷射泡沫灭火系统管道设置

为防止地基下沉拉裂泡沫管道，防火堤内的地上泡沫水平管道应敷设在管墩或管架上，不应与管墩、管架固定。进入储罐的每条泡沫管道上宜连接一段金属软管。泡沫管道应有3‰坡度坡向防火堤。

为使检测或平常试验准确，应在靠近储罐的泡沫管道上设置供系统试验用的支管，支管上应带可拆卸的盲板。

半固定式系统引至防火堤外的泡沫管道上，应设置相应的高背压泡沫产生器快装接口。

5. 高、中倍数泡沫灭火系统管路设置要求

① 系统管道的工作压力不应超过1.2MPa。

② 高倍数泡沫灭火系统的干式管道可采用镀锌钢管，中倍数泡沫灭火系统的干式管道可采用无缝钢管，且均应配备清洗管道的装置。高倍数、中倍数泡沫灭火系统的湿式管道可采用不锈钢管或内、外都进行防腐处理的碳素钢管，在有季节冰冻的地区，并应采取防冻设施。

③ 管道过滤器与泡沫产生器之间的管道宜选用不锈钢管材。

④ 干式水平管道最低点应设排液阀，坡向排液阀的管道坡度不得小于3‰。

⑤ 管道上的操作阀门应设在防火堤以外。

五、火灾报警控制装置

1. 系统控制方式

（1）储罐区低倍数泡沫灭火系统的控制方式　目前我国相关规范尚没有规定出自动控制与手动控制的选择条件，所以一般都选择手动控制方式。但甲、乙、丙类液体储罐区危险程度及火灾后的损失一般高于其他民用场所。为了适当提高泡沫灭火系统的防范能力，《泡沫灭火系统设计规范》规定：“当储罐区固定式泡沫灭火系统的泡沫混合液流量大于或等于100L/s时，系统的泵、比例混合装置及其管道上的控制阀、干管控制阀宜具备遥控操纵功能”。

（2）高倍数泡沫灭火系统和泡沫喷淋灭火系统的控制方式　采用全淹没式或局部应用式高倍数泡沫灭火系统保护的防护区，设置泡沫喷淋灭火系统的场所，可根据防护区或保护场所的重要程度、被保护对象的性质、发生火灾的特点、系统使用情况以及人员安全等因素，确定系统的启动控制方式。一般宜设置火灾自动报警控制装置，以便更有效地对防护区进行监控并及时启动系统进行灭火。

2. 火灾报警控制装置设置要求

① 在防护区和消防控制中心应设置声光报警装置。

② 探测报警系统的设置应符合现行国家标准《火灾自动报警系统设计规范》的规定。

③ 控制系统应具备自动、手动和应急机械启动功能，在自动控制状态下，系统的响应时间不应大于 60s。

④ 对于高倍数泡沫灭火系统，其消防自动控制设备宜与防护区内的门窗的关闭装置、排气口的开启装置以及生产、照明电源的切断装置等联动。

⑤ 当选用带闭式喷头的传动管传递火灾信号时，传动管的长度不应大于 300m，公称直径宜为 15～25mm，传动管上闭式喷头的布置间距不宜大于 2.5m。

六、其他附件

1. 泡沫导流与缓冲装置

保护水溶性甲、乙、丙类液体储罐的泡沫灭火系统，应在储罐内安装泡沫缓冲装置，以避免泡沫与液面的直接冲击，减少泡沫的破损，保证泡沫通过缓冲装置缓慢地铺到液面上扑灭火灾。常用的泡沫缓冲装置有泡沫浮筒、泡沫溜槽、泡沫降落槽、泡沫带发射器等，如图 7-14 所示。

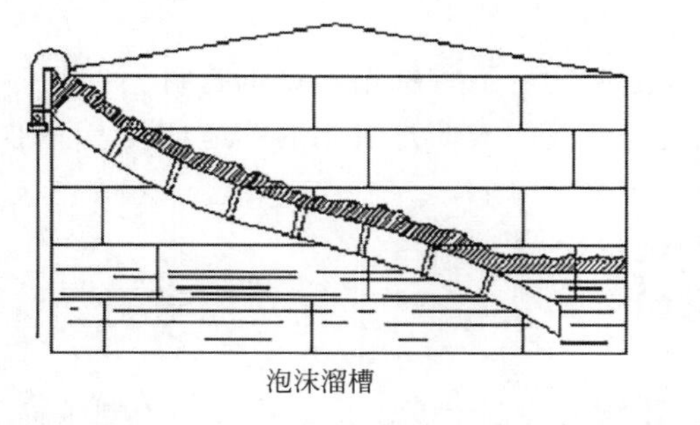
泡沫溜槽

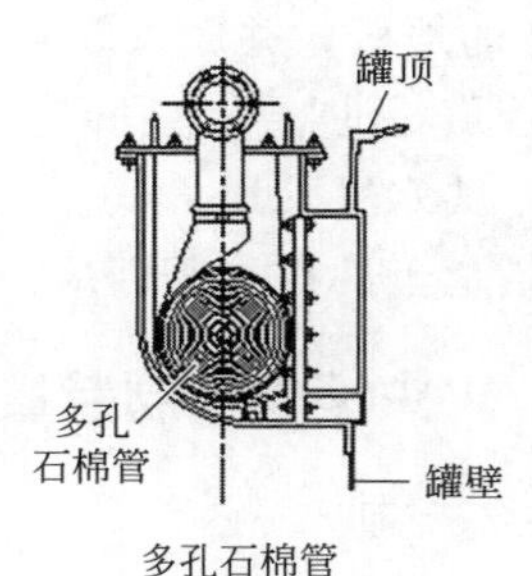

多孔石棉管

图 7-14 泡沫缓冲装置

2. 泡沫堰板

泡沫堰板是设置在浮顶储罐的浮顶上靠外缘的一圈挡板，如图 7-15 所示。其作用是围封泡沫，将泡沫的覆盖面积控制在罐壁与浮顶之间的环形面积内。这样可减小泡沫覆盖面积，避免不必要的浪费。在泡沫堰板最下部位设排水孔，其开孔面积宜按每 $1m^2$ 环形面积设两个长 12mm、高 8mm 的矩形孔确定。

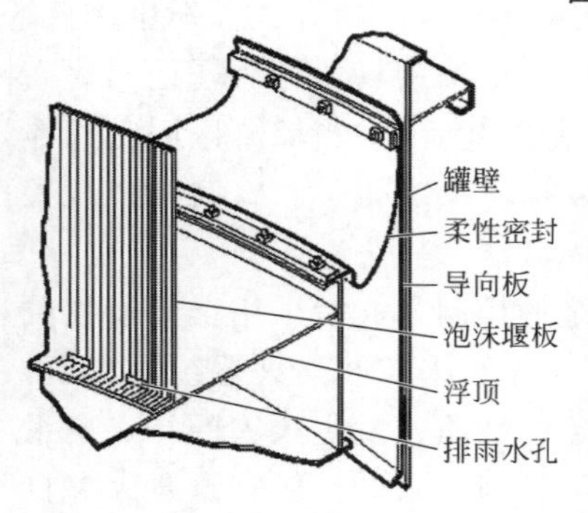

图 7-15 泡沫堰板

3. 管道过滤器

为确保高倍数泡沫灭火系统正常工作，在泡沫比例混合器和泡沫产生器前的管路上均应设置管道过滤器，防止杂质、颗粒进入泡沫比例混合器和泡沫产生器，堵塞孔板和喷嘴。

七、泡沫泵房与泡沫站

泡沫泵房宜与消防水泵房合建，与保护对象的距离不宜小于30m，且应满足在泡沫消防泵启动后，将泡沫混合液或泡沫输送到最远保护对象的时间不宜大于5min。泵房内或泵房外附近泡沫混合液管道上宜设置泡沫消火栓，且泡沫泵房内宜配置泡沫枪，以备试验或应急使用。泡沫泵房的建筑要求同消防水泵房。

当储罐区较大、罐组较多时，如果将泡沫供给源集中到泵房，5min内不能将泡沫混合液或泡沫输送到最远的保护对象，将延误灭火。在此类情况下，可设置独立泡沫站，为了安全使用，独立泡沫泵站必须设置在防火堤外，与甲、乙、丙类液体储罐罐壁的间距应大于20m，且应具备遥控功能。

第四节　泡沫灭火剂用量计算

一、储罐区低倍数泡沫灭火系统泡沫灭火剂用量计算

（一）计算方法

1. 泡沫混合液流量

储罐区低倍数泡沫灭火系统泡沫混合液流量包括泡沫产生器和辅助泡沫枪的混合液流量之和。

① 泡沫产生器的泡沫混合液流量按下式计算：

$$Q_p = \sum_{1}^{N} q_i \geqslant RA \tag{7-1}$$

式中　Q_p——泡沫产生器总的泡沫混合液流量，L/min；

q_i——第 i 个泡沫产生器的泡沫混合液流量，L/min；

R——泡沫混合液供给强度，L/(min·m²)；

A——保护面积，m²；

N——泡沫产生器数量。

② 辅助泡沫枪的泡沫混合液流量按下式计算：

$$Q_q = nq \tag{7-2}$$

式中　Q_q——辅助泡沫枪的泡沫混合液流量，L/min；

q——每支泡沫枪的泡沫混合液流量，L/min；

n——泡沫枪数量。

③ 泡沫灭火系统泡沫混合液流量按下式计算：

$$Q_x = Q_p + Q_q \tag{7-3}$$

式中 Q_x——泡沫灭火系统泡沫混合液流量，L/min。

2. 泡沫灭火剂用量

① 泡沫灭火系统的泡沫混合液用量按下式计算：

$$W = Q_p T_1 + Q_q T_2 + V_s \tag{7-4}$$

式中 W——储罐区泡沫灭火系统的泡沫混合液设计用量，L；

T_1——泡沫产生器混合液连续供给时间，min；

T_2——泡沫枪的混合液连续供给时间，min；

V_s——系统管道内泡沫混合液剩余量，L。

② 泡沫液用量按下式计算：

$$W_p = fW \tag{7-5}$$

式中 W_p——泡沫灭火系统的泡沫液用量，L；

f——泡沫液与水的混合比。

③ 灭火用水量按下式计算：

$$W_s = 10^{-3}(1-f)W \tag{7-6}$$

式中 W_s——泡沫灭火系统的灭火用水量，m^3。

（二）参数的确定

1. 泡沫混合液供给强度和泡沫混合液连续供给时间

① 液上喷射泡沫灭火系统最小泡沫混合液供给强度和泡沫混合液连续供给时间见表 7-2、表 7-3。

表 7-2 非水溶性甲、乙、丙类液体最小泡沫混合液供给强度和连续供给时间

系统形式	泡沫液种类	供给强度/[L/(min·m²)]	连续供给时间/min	
			甲、乙类液体	丙类液体
固定式、半固定式系统	蛋白	6.0	40	30
	氟蛋白、水成膜、成膜氟蛋白	5.0	45	30
移动式系统	蛋白、氟蛋白	8	60	45
	水成膜、成膜氟蛋白	6.5	60	45

注：如果采用大于表中规定的混合液供给强度，混合液连续供给时间可按相应的比例缩短，但不得小于表中规定时间的 80%。

表 7-3 水溶性甲、乙、丙类液体最小泡沫混合液供给强度和连续供给时间

液体类别	供给强度/[L/(min·m²)]	连续供给时间/min
丙酮、丁醇	12	30

续表

液体类别	供给强度/[L/(min·m^2)]	连续供给时间/min
甲醇、乙醇、丁酮丙烯腈、乙酸乙酯	12	25

注：1. 本表未列出的水溶性液体，其泡沫混合液供给强度和连续供给时间由试验确定。

2. 含氧添加剂含量体积比大于10%的无铅汽油，其抗溶泡沫混合液供给强度不应小于6L/(min·m^2)、连续供给时间不应小于40min。

② 非水溶性储罐液下或半液下喷射泡沫灭火系统最小泡沫混合液供给强度为5.0L/(min·m^2)；最小连续供给时间为40min。对于储存温度超过50℃或黏度大于40mm^2/s的液体，其泡沫混合液供给强度应由实验确定，通常泡沫混合液供给强度不宜超过9L/(min·m^2)。

③ 外浮顶储罐最小泡沫混合液供给强度为12.5L/（min·m^2），最小连续供给时间为30min。

④ 内浮顶储罐。钢制单盘式、双盘式与敞口隔舱式内浮顶储罐的泡沫堰板设置、单个泡沫产生器保护周长及泡沫混合液供给强度与连续供给时间，应符合下列规定。

a. 泡沫堰板与罐壁的距离不应小于0.55m，其高度不应小于0.5m。

b. 单个泡沫产生器保护周长不应大于24m。

c. 非水溶性液体的泡沫混合液供给强度不应小于12.5L/（min·m^2）。

d. 水溶性液体的泡沫混合液供给强度不应小于表7-3的1.5倍。

e. 泡沫混合液连续供给时间不应小子30min。

按固定顶储罐对待的内浮顶储罐，其泡沫混合液供给强度和连续供给时间，应符合下列规定。

a. 非水溶性液体，其泡沫混合液供给强度和连续供应时间不应小于表7-2的规定。

b. 水溶性液体，当设有泡沫缓冲装置时，其泡沫混合液供给强度和连续供应时间不应小于表7-3的规定。

c. 水溶性液体，当未设泡沫缓冲装置时，泡沫混合液供给强度不应小于表7-3的规定，但泡沫混合液连续供给时间不应小于表7-3的规定的1.5倍。

2. 保护面积

① 固定顶储罐、浅盘式和浮盘采用易熔材料制作的内浮顶罐的保护面积按罐的横截面积计算。

② 外浮顶储罐、单双盘式内浮顶罐的保护面积应为罐壁与泡沫堰板间的环形面积，即：

$$A=\frac{1}{4}\pi[D^2-(D-2a)^2] \tag{7-7}$$

式中 D——储罐直径，m；

a——泡沫堰板与罐壁的距离，m。

3. 泡沫产生器最少数量

固定顶储罐泡沫灭火系统的泡沫产生器数量按式 7-1 确定，最小设置数量见表 7-4。

表 7-4 泡沫产生器最小设置数量

储罐直径 D/m	泡沫产生器设置数量/个
≤10	1
10＜D≤25	2
25＜D≤30	3
30＜D≤35	4
＞35	横截面积每增加 300m^2，增加 1 个泡沫产生器。

当一个储罐所需的泡沫产生器数量超过一个时，为使泡沫灭火时能在储罐液面上均匀分布，应选同规格的泡沫产生器，且应将它们沿罐周均匀布置。泡沫产生器的设置位置应能防止罐内液体溢流到泡沫管道中，且应能防止因罐顶的位移而导致的严重破坏。

泡沫产生器进口前的直管段长度应大于 1m，并且泡沫产生器的进口工作压力应在额定值±0.1MPa 范围内时，才能形成稳定空气泡沫流，否则会出现泡沫混合液散射、泡沫倍数低等现象。

外浮顶储罐泡沫灭火系统中单个泡沫产生器的最大保护周长见表 7-5。

表 7-5 单个泡沫产生器的最大保护周长

<table>
<tr><th>泡沫喷射口设置部位</th><th colspan="2">堰板高度/m</th><th>保护周长/m</th></tr>
<tr><td rowspan="3">罐壁顶部、密封或挡雨板上方</td><td>软密封</td><td>≥0.9</td><td>24</td></tr>
<tr><td rowspan="2">机械密封</td><td>＜0.6</td><td>12</td></tr>
<tr><td>≥0.6</td><td>24</td></tr>
<tr><td rowspan="2">金属挡雨板下部</td><td colspan="2">＜0.6</td><td>18</td></tr>
<tr><td colspan="2">≥0.6</td><td>24</td></tr>
</table>

4. 泡沫枪数量

设置固定式泡沫灭火系统的储罐区，应在其防火堤外设置一定数量用于扑救流散液体火灾的辅助泡沫枪，其数量和泡沫混合液连续供给时间，不应小于表 7-6 的规定，每支辅助泡沫枪的泡沫混合液流量不应小于 240L/min。

表 7-6 泡沫枪数量和泡沫混合液连续供给时间

储罐直径/m	配备泡沫枪数/支	连续供给时间/min
≤10	1	10

续表

储罐直径/m	配备泡沫枪数/支	连续供给时间/min
$10<D\leqslant 20$	1	20
$20<D\leqslant 30$	2	20
$30<D\leqslant 40$	2	30
>40	3	30

5. 液下喷射泡沫灭火系统泡沫喷射口数量

由于液下喷射泡沫灭火系统中喷射出的泡沫流动距离有限，泡沫喷射口的设置数量应根据储罐的直径确定，最少设置数量不应小于表 7-7 中的规定数量。

表 7-7　泡沫喷射口设置数量

储罐直径/m	泡沫喷射口设置数量/个
$\leqslant 23$	1
$23<D\leqslant 33$	2
$33<D\leqslant 40$	3
>40	储罐横截面积每增加 $400m^2$ 应至少增加 1 个泡沫喷射口

泡沫喷射口的直径应满足系统对泡沫流速的限制要求，甲、乙类液体不大于 3m/s，丙类液体不大于 6m/s。泡沫喷射口宜采用向上 45°的斜口型，当设有一个泡沫喷射口时，喷射口宜设置在储罐中心。泡沫喷射口数量超过 1 个时，应沿储罐周围均匀布置，且每个喷射口的流量宜相等。泡沫喷射管的长度不得小于喷射口直径的 20 倍，以保证流体力学参数的稳定。为防止泡沫喷射到储罐的积水层内而使泡沫被破坏，泡沫喷射口应安装在高于最高积水层 0.3m 之上。喷射口可分别与罐壁连接，也可由一干管与罐壁连接后在罐内分成多个支管。

［**例 7-1**］某油罐区，设有两个地上钢质固定顶油罐，罐内储存汽油，容量均为 $5000m^3$，直径均为 23m，平面布置如图 7-16 所示。计算泡沫灭火系统泡沫产生器的数量、所需泡沫液的储存量、灭火用水量。

解：（1）系统类型和泡沫液种类的选择　由于储罐为固定顶汽油罐，所以选用固定式液上喷射泡沫灭火系统保护，采用蛋白泡沫液，混合比为 6%。

（2）确定系统设计参数

泡沫混合液供给强度：$R=6.0L/(min\cdot m^2)$；

泡沫混合液供给时间：$t_1=40min$。

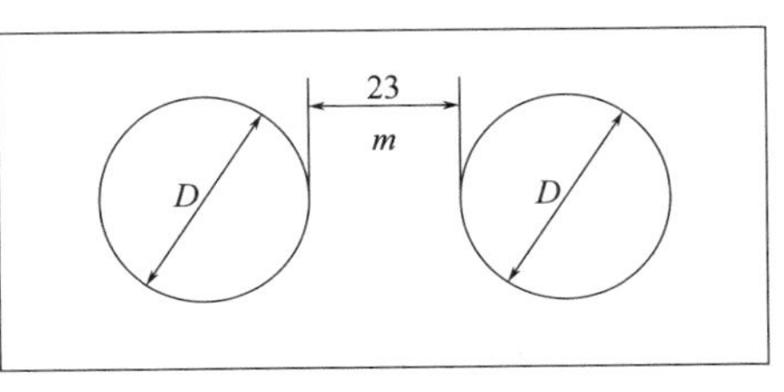

图 7-16　某油罐区平面布置图

（3）油罐保护面积

$$A=\frac{1}{4}\pi D^2=\frac{1}{4}\times 3.14\times 23^2=415m^2$$

(4) 泡沫混合液的流量

$$Q=RA=6.0\times415=2490\text{L/min}$$

(5) 确定泡沫产生器设置数量　选用 PC16 型泡沫产生器，所需数量为：

$$n_1=Q/q_c=2490/960\approx3\ (\text{个})$$

每个泡沫产生器的实际混合液流量：

$$q_1=6.0\times415/3=830\text{L/min}$$

(6) 确定泡沫枪设置数量及其混合液连续供给时间　该油罐需设置 2 支 PQ8 型泡沫枪，其混合液连续供给时间为 20min，每支泡沫枪混合液流量 q_2 为 480L/min。

(7) 计算混合液设计流量

$$Q_h=k(n_1q_1+n_2q_2)=1.05\times(3\times830+2\times480)/60=61\text{L/s}$$

(8) 确定泡沫液储量

$$W_p=f(n_1q_1t_1+n_2q_2t_2)10^{-3}=0.06\times(3\times830\times40+2\times480\times20)\times10^{-3}=7.2\text{m}^3$$

(9) 确定灭火用水储量

$$W_s=(1-f)(n_1q_1t_1+n_2q_2t_2)10^{-3}=112.8\text{m}^3$$

二、泡沫喷淋灭火系统泡沫灭火剂用量计算

(一) 设计参数

1. 泡沫混合液供给强度和连续供给时间

当保护非水溶性甲、乙、丙类液体时，其泡沫混合液供给强度和连续供给时间不应小于表 7-8 的规定；当保护水溶性甲、乙、丙类液体时其混合液供给强度和连续供给时间，宜由试验确定。

表 7-8　泡沫混合液供给强度和连续供给时间

泡沫液种类	喷头设置高度/m	泡沫混合液供给强度/[L/(min·m²)]	泡沫混合液连续供给时间/min
蛋白、氟蛋白	≤10	8	10
	>10	10	
水成膜、成膜氟蛋白	≤10	6.5	
	>10	8	

2. 设计作用面积

泡沫喷淋系统设计作用面积按一个防火分区内的水平面面积或水平面投影面积确定。Ⅰ类飞机库飞机停放和维修区内，应分区设置泡沫-雨淋系统，每个分区的最大保护地面面积不应大于 1400m²。泡沫-雨淋系统的用水量必须满足以火源点为中心，30.0m 半径水平范围内所有分区系统的雨淋报警阀组同时启动时的最大用水量。据此推算其作用面积约为 3000m²。

(二) 泡沫混合液流量计算

泡沫混合液流量可按下式计算：

$$Q_2 = n_2 q_2 = A_2 R \tag{7-8}$$

式中　Q_2——泡沫喷淋系统泡沫混合液流量，L/min；

n_2——保护场所泡沫喷头数量，个；

q_2——喷头的泡沫混合液喷射量，L/min；

A_2——保护场所的设计作用面积，m^2；

R——泡沫混合液供给强度，L/（min·m^2）。

（三）泡沫灭火剂用量计算

泡沫灭火剂用量可按下式计算：

$$W = fQ_2 T_2 \tag{7-9}$$

式中　W——泡沫喷淋系统泡沫灭火剂设计用量，L；

f——泡沫液与水的混合比；

T_2——泡沫喷淋系统混合液连续供给时间，min。

三、高倍数泡沫灭火系统泡沫灭火剂用量计算

（一）设计技术数据

1. 泡沫淹没深度

泡沫淹没深度指为保护对象提供足够的高倍数泡沫覆盖层所需要的最小泡沫堆积高度。泡沫淹没深度的确定：当用于扑救 A 类火灾时，泡沫淹没深度不应小于最高保护对象高度的 1.1 倍，并且应高于最高保护对象最高点以上 0.6m；当用于扑救 B 类火灾，汽油、煤油、柴油、苯等类火灾，泡沫淹没深度应高于起火部位 2m；其他 B 类火灾的泡沫淹没深度应由试验确定。

2. 泡沫淹没时间

泡沫淹没时间指从泡沫产生器喷出泡沫起至泡沫充满淹没体积所需的最长时间间隔。泡沫充满淹没体积的时间的长短，对系统的灭火效能及火灾损失都有着直接的影响。泡沫淹没时间越长，灭火速度越慢，火灾损失程度越大。但减少泡沫淹没时间，会使系统规模加大，系统造价增加。《泡沫灭火系统设计规范》规定的全淹没式、局部应用式高倍数泡沫灭火系统的最大淹没时间见表 7-9。

表 7-9　高倍数泡沫灭火系统的最大淹没时间　　单位：min

可燃物	高倍数泡沫灭火系统单独使用	高倍数泡沫灭火系统与自动喷水灭火系统联合使用
闪点不超过 40℃的液体	2	3
闪点超过 40℃的液体	3	4
发泡橡胶、发泡塑料、成卷的织物或皱纹纸等低密度可燃物	3	4
成卷的纸、压制牛皮纸、涂料纸、纸板箱（袋）、纤维卷筒、橡胶轮胎等高密度可燃物	5	7

3. 泡沫保持时间

泡沫保持时间指维持泡沫淹没体积的最小时间间隔。对于A类火灾，单独使用高倍数泡沫灭火系统时，泡沫淹没体积的保持时间应大于60min；与自动喷水灭火系统联合使用时，泡沫淹没体积的保持时间应大于30min。对于B类火灾，根据国内外灭火试验看，发生复燃的危险性较少。

4. 泡沫液与水的连续供给时间

① 全淹没式高倍数泡沫灭火系统，用于扑救A类火灾时，系统泡沫液和水的连续供应时间不应小于25min；用于扑救B类火灾时，系统泡沫液和水的连续供应时间不应小于15min。

② 局部应用式高倍数泡沫灭火系统，用于扑救A类和B类火灾时，系统泡沫液和水的连续供应时间不应小于12min；控制液化石油气和液化天然气时，系统泡沫液和水的连续供应时间不应小于40min；高倍数泡沫灭火系统保护几个防护区时，应按最大一个防护区的连续供给时间计算系统的泡沫液和水储量。

（二）设计计算

1. 泡沫淹没体积

泡沫淹没体积指保护空间内能够被高倍数泡沫充满的净容积。可按下式计算：

$$V = Ah - V_g \tag{7-10}$$

式中 V——淹没体积，m^3；

A——防护区地面面积，m^2；

h——泡沫淹没深度，m；

V_g——固定的机器设备等不燃物所占的体积，m^3。

如果在泡沫的淹没空间内，有临时放置的或可移动的由不燃材料制成的设备及由可燃材料制作的物品或堆放的可燃材料所占的体积，均不应由淹没体积中减去，以保证有效地达到高倍数泡沫灭火效能。

2. 泡沫最小供给速率

泡沫最小供给速率指单位时间内向防护空间喷射的高倍数泡沫的体积，可按下式计算：

$$R = \left(\frac{V}{T} + R_S\right) C_N C_L \tag{7-11}$$

式中 R——泡沫最小供给速率，m^3/min；

V——淹没体积，m^3；

T——淹没时间，min；

R_S——喷水造成的泡沫破泡率，m^3/min；

C_N——泡沫破裂补偿系数，宜取1.15；

C_L——泡沫泄漏补偿系数，视门、窗的密封情况确定，一般宜取 1.05～1.02。

其中高倍数泡沫灭火系统与自动喷水灭火系统联合使用时，喷水造成的泡沫破泡率可按下式计算：

$$R_S = L_S Q_S \tag{7-12}$$

式中　R_S——喷水造成的泡沫破泡率，m^3/min；

L_S——泡沫破泡率与水喷头排放速率之比，（m^3/min）/（L/min），可取 0.0748；

Q_S——预计动作最大喷头数目的总流量，L/min。

3. 高倍数泡沫产生器设置数量的确定

高倍数泡沫灭火系统所需泡沫产生器的数量应保证总的泡沫供给量不小于防护区要求的泡沫最小供给速率，因此可按下式计算确定：

$$N = \frac{R}{r} \tag{7-13}$$

式中　N——防护区高倍数泡沫产生器的设置数量，台；

R——防护区的泡沫最小供给速率，m^3/min；

r——每台高倍数泡沫产生器额定泡沫供给量，m^3/min。

4. 泡沫混合液流量计算

高倍数泡沫灭火系统的混合液流量应按最大一个防护区考虑，根据该防护区内设置的高倍数泡沫产生器数量，按下式计算确定：

$$Q_h = N q_h \tag{7-14}$$

式中　Q_h——高倍数泡沫灭火系统的泡沫混合液流量，L/min；

N——高倍数泡沫产生器的设置数量；

q_h——每台高倍数泡沫产生器的额定混合液流量，L/min。

第五节　系统组件安装调试与检测验收

一、泡沫液和系统组件（设备）现场检查

泡沫液是泡沫灭火系统的关键材料，直接影响系统的灭火效果，把好泡沫液的质量关是至关重要的环节。对属于下列情况之一的泡沫液需要送检：

① 6%型低倍数泡沫液设计用量大于或等于 7.0t。

② 3%型低倍数泡沫液设计用量大于或等于 3.5t。

③ 6%蛋白型中倍数泡沫液最小储备量大于或等于 2.5t。

④ 6%合成型中倍数泡沫液最小储备量大于或等于 2.0t。

⑤ 高倍数泡沫液最小储备量大于或等于 1.0t。

⑥ 合同文件规定的需要现场取样送检的泡沫液。

送检泡沫液主要对其发泡性能和灭火性能进行检测，检测内容主要包括发泡倍数、析液时间、灭火时间和抗烧时间。

二、设备组件的安装

1. 泡沫液储罐的安装要求

安装泡沫液储罐时，要考虑为日后操作、更换和维修泡沫液储罐以及罐装泡沫液提供便利条件，泡沫液储罐周围要留有满足检修需要的通道，其宽度不能小于 0.7m，且操作面不能小于 1.5m；当泡沫液储罐上的控制阀距地面高度大于 1.8m 时，需要在操作面处设置操作平台或操作凳，见图 7-17。

2. 常压泡沫液储罐的安装要求

① 现场制作的常压钢质泡沫液储罐，考虑到比例混合器要能从储罐内顺利吸入泡沫液，同时防止将储罐内的锈渣和沉淀物吸入管内堵塞管道，泡沫液管道出液口不能高于泡沫液储罐最低液面 1m，泡沫液管道吸液口距泡沫液储罐底面不小于 0.15m，且最好做成喇叭口形。

② 现场制作的常压钢质泡沫液储罐需要进行严密性试验，试验压力为储罐装满水后的静压力，试验时间不能小于 30min，目测不能有渗漏。

③ 现场制作的常压钢质泡沫液储罐内、外表面需要按设计要求进行防腐处理，防腐处理要在严密性试验合格后进行。

3. 环泵式比例混合器的安装要求

① 各部位连接顺序：环泵式比例混合器的进口要与水泵的出口管段连接，环泵式比例混合器的出口要与水泵的进口管段连接，见图 7-18；

② 环泵式比例混合器安装标高的允许偏差为±10mm。

图 7-17　泡沫液储罐

图 7-18　环泵式比例混合器

③ 为了使环泵式比例混合器出现堵塞或腐蚀损坏时，备用的环泵式比例混合器能立即投入使用，备用的环泵式比例混合器需要并联安装在系统上，并要有明显的标志。

4. 管线式比例混合器的安装要求

① 管线式比例混合器与环泵比例混合器的工作原理相同，不同的是管线式比例混合器直接安装在主管线上。管线式比例混合器的工作压力范围通常为0.7～1.3MPa，压力损失在进口压力的1/3以上，混合比精度通常较差。

② 为减少压力损失，管线式泡沫比例混合器的安装位置要靠近储罐或防护区。

③ 为保证管线式泡沫比例混合器能够顺利吸入泡沫液，使混合比维持在正常范围内，比例混合器的吸液口与泡沫液储罐或泡沫液桶最低液面的高度差不得大于1.0m。

5. 压力式比例混合装置的安装要求

① 压力式比例混合装置的压力泡沫液储罐和比例混合器出厂前已经安装固定在一起，见图7-19，因此，压力式比例混合装置要整体安装。从外观上看，压力式比例混合器有横式和立式两种，从结构上来分，压力式比例混合装置又可分为无囊式压力比例混合装置和囊式压力比例混合装置两种。

图7-19　压力式比例混合器及压力泡沫液储罐

② 压力式比例混合装置的压力储罐进水管有0.6～1.2MPa的压力，而且通过压力式比例混合装置的流量也较大，有一定的冲击力，所以安装时压力式比例混合装置要与基础固定牢固。

6. 平衡式比例混合装置的安装

整体平衡式比例混合装置是由平衡压力流量控制阀和比例混合器两大部分安装在一起的，压力表与平衡式比例混合装置的进口处的距离不大于0.3m。

平衡式比例混合装置由泡沫液泵、泡沫比例混合器、平衡压力流量控制阀及管道等组成，见图7-20。平衡式比例混合装置的比例混合精度较高，适用的泡沫混合液流量范围较大，泡沫液储罐为常压储罐。

图 7-20　平衡式比例混合器

7. 泡沫消火栓的安装要求

① 地上式泡沫消火栓要垂直安装，地下式泡沫消火栓要安装在消火栓井内的泡沫混合液管道上。

② 地上式泡沫消火栓的大口径出液口要朝向消防车道，以便于消防车或其他移动式的消防设备吸液口的安装。

③ 地下式泡沫消火栓要有明显永久性标志。

④ 地下式消火栓顶部与井盖底面的距离不大于 0.4m，且不小于井盖半径。

⑤ 室内泡沫消火栓的栓口方向宜向下或与设置泡沫消火栓的墙面呈 90°，栓口离地面或操作基面的高度一般为 1.1m，允许偏差为 ±20mm，坐标的允许偏差为 20mm。

8. 泡沫产生装置的安装

（1）低倍数泡沫产生器的安装要求

① 液上喷射泡沫产生器，有横式和立式两种类型。

② 横式泡沫产生器要水平安装在固定顶储罐罐壁的顶部或外浮顶储罐罐壁顶部的泡沫导流罩上，见图 7-21。

图 7-21　横式泡沫产生器

立式泡沫产生器要垂直安装在固定顶储罐罐壁顶部或按固定顶罐设计的内浮顶上，见图 7-22。

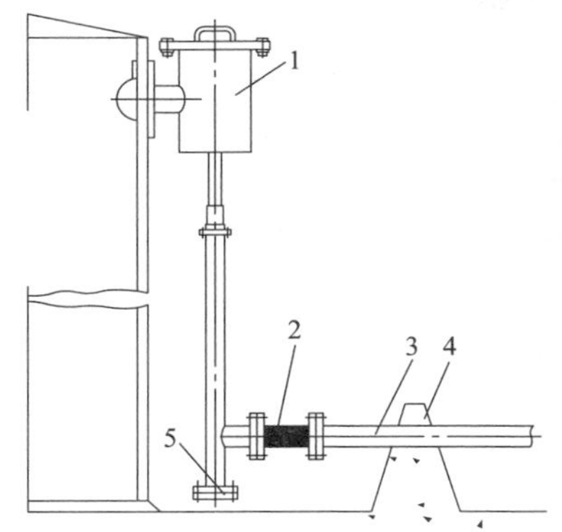

图 7-22　立式泡沫产生器

③ 水溶性液体储罐内泡沫溜槽的安装要沿罐壁内侧螺旋下降到距罐底 1.0～1.5m 处，溜槽与罐底平面夹角一般为 30°～45°；泡沫降落槽要垂直安装，其垂直度允许偏差为降落槽高度的 5‰，且不超过 30mm，坐标允许偏差为 25mm，标高允许偏差为±20mm，见图 7-23。

图 7-23　泡沫缓释装置（泡沫溜槽）

④ 液下及半液下喷射的高背压泡沫产生器要水平安装在防火堤外的泡沫混合液管道上，图 7-24。

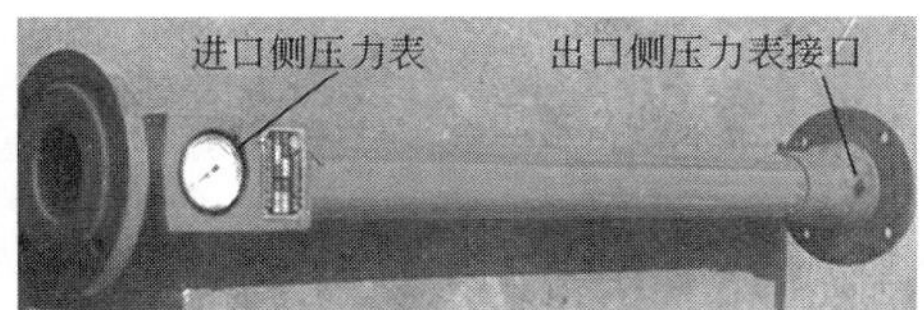

图 7-24　高背压泡沫产生器

⑤ 液上喷射泡沫产生器或泡沫导流罩沿罐周均匀布置时，其间距偏差一般不大于 100mm。

⑥ 外浮顶储罐泡沫喷射口设置在浮顶上时，泡沫混合液支管要固定在支架

上，泡沫喷射口T形管的横管要水平安装，伸入泡沫堰板后要向下倾斜30°～60°，见图7-25。

图7-25 外浮顶储罐泡沫喷射口浮顶安装

⑦ 外浮顶储罐泡沫喷射口设置在罐壁顶部、密封或挡雨板上方时，泡沫堰板要高出密封0.2m以上，泡沫喷射口设置在金属挡雨板下部时，泡沫堰板的高度不低于0.3m。泡沫堰板和罐壁之间的距离要大于0.6m。

⑧ 单、双盘式内浮顶储罐泡沫堰板的高度及与罐壁的间距要符合设计要求。泡沫堰板与罐壁的距离要不小于0.55m，泡沫堰板的高度要不小于0.5m。

半液下泡沫喷射装置需要整体安装在泡沫管道进入储罐处设置的钢质明杆闸阀与止回阀之间的水平管道上，并采用扩张器（伸缩器）或金属软管与止回阀连接，安装时不能拆卸和损坏密封膜及其附件。

(2) 高倍数泡沫产生器的安装　高倍数泡沫产生器的分类和特点见表7-10，具体安装要求如下。

表7-10 高倍数泡沫产生器的分类和特点

泡沫产生器	发泡倍数	发泡量/(m^3/min)
电动式高倍数泡沫产生器	600倍以上	200～2000
水力驱动式高倍数泡沫产生器	200～800倍	40～400

注：由于电动机不耐火，一般不要将电动式高倍数泡沫产生器安装在防护区内。

① 高倍数泡沫产生器要保证距高倍数泡沫产生器的进气端小于或等于0.3m处没有遮挡物。

② 在高倍数泡沫产生器的发泡网前小于或等于1.0m处，不能有影响泡沫喷放的障碍物。

③ 高倍数泡沫产生器要整体安装，不得拆卸。另外，由于风叶由动力源驱动高速旋转，高倍数泡沫产生器固定不牢会产生振动和移位，因此，高倍数泡沫产生器须牢固地安装在建筑物、构筑物上，见图7-26。

图 7-26　高倍数泡沫产生器产生泡沫情况

三、管网、管道安装

1. 管网、管道安装一般要求

① 水平管道安装时要注意留有管道坡度，在防火堤内要以 3‰的坡度坡向防火堤，在防火堤外应以 2‰的坡度坡向放空阀，以便于管道放空，防止积水，避免在冬季冻裂阀门及管道。

② 立管要用管卡固定在支架上，管卡间距不能大于 3m，以确保立管的牢固性，使其在受外力作用和自身泡沫混合液冲击时不致损坏，见图 7-27。

图 7-27　混合液立管上管卡

2. 泡沫混合液管道的安装要求

① 当储罐上的泡沫混合液立管与防火堤内地上水平管道或埋地管道用金属软管连接时，不能损坏其编织网，并要在金属软管与地上水平管道的连接处设置管道支架或管墩，见图 7-28。

② 储罐上泡沫混合液立管下端设置的锈渣清扫口与储罐基础或地面的距离一般为 0.3～0.5m；锈渣清扫口需要采用闸阀或盲板封堵；当采用闸阀时，要竖直安装。

③ 外浮顶储罐梯子平台上设置的带闷盖的管牙接口，要靠近平台栏杆安装，并高出平台 1.0m，其接口要朝向储罐；引至防火堤外设置的相应管牙接口，要面向道路或朝下。

④ 连接泡沫产生装置的泡沫混合液管道上设置的压力表接口要靠近防火堤外侧，并竖直安装。

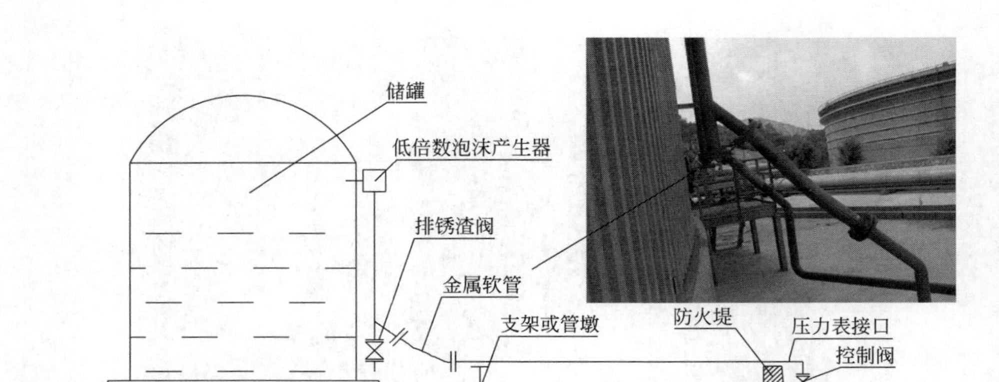

图 7-28 金属软管连接

⑤ 泡沫产生装置入口处的管道要用管卡固定在支架上，其出口管道在储罐上的开口位置和尺寸要符合设计及产品要求。

3. 泡沫管道的安装要求

① 液下喷射泡沫喷射管的长度和泡沫喷射口的安装高度，要符合设计要求。当液下喷射一个喷射口设在储罐中心时，其泡沫喷射管要固定在支架上；当液下喷射和半液下喷射设有 2 个及以上喷射口，并沿罐周均匀设置时，其间距偏差不能大于 100mm。

② 半固定式系统的泡沫管道，在防火堤外设置的高背压泡沫产生器快装接口要水平安装。

③ 液下喷射泡沫管道上的防油品渗漏设施要安装在止回阀出口或泡沫喷射口处；半液下喷射泡沫管道上防油品渗漏的密封膜要安装在泡沫喷射装置的出口；安装要按设计要求进行，且不能损坏密封膜。

4. 泡沫喷淋管道的安装要求

① 泡沫喷淋管道支、吊架与泡沫喷头之间的距离不能小于 0.3m；与末端泡沫喷头之间的距离不能大于 0.5m。

② 泡沫喷淋分支管上每一直管段和相邻两泡沫喷头之间的管段设置的支、吊架均不能少于 1 个，且支、吊架的间距不得大于 3.6m；当泡沫喷头的设置高度大于 10m 时，支、吊架的间距不能大于 3.2m。

四、系统冲洗、试压

为确保系统投入运行后不出现泄露、管道及管件承压能力不足、杂质及污损物影响正常使用等问题，在管道安装完成后，须对管道进行水压强度试验和冲洗。

1. 管道的水压试验

（1） 试验要求

① 试验要采用清水进行，试验时，环境温度不能低于 5℃，当环境温度低于 5℃时，要采取防冻措施；

② 试验压力为设计压力的 1.5 倍；

③ 试验前需要将泡沫产生装置、泡沫比例混合器（装置）隔离。

（2） 检测方法　管道充满水，排净空气，用试压装置缓慢升压，当压力升至试验压力后，稳压 10min，管道无损坏、变形，再将试验压力降至设计压力，稳压 30min，以压力不降、无渗漏为合格。

2. 管道的冲洗

（1） 冲洗要求

① 管道试压合格后，需要用清水冲洗，冲洗合格后，不能再进行影响管内清洁的其他施工。

② 地上管道在试压、冲洗合格后需要进行涂漆防腐。

（2） 检测方法　采用最大设计流量进行冲洗，水流速度不低于 1.5m/s，以排出水颜色和透明度与入口水的颜色、透明度目测一致为合格。

五、系统调试

泡沫灭火系统的调试在系统施工完毕，各项技术参数符合设计要求后进行，系统调试主要包括系统各组件的调试和系统功能调试。

（一）系统组件调试

1. 泡沫比例混合器（装置）的调试

（1） 调试要求　泡沫比例混合器（装置）的调试需要与系统喷泡沫试验同时进行，其混合比要符合设计要求。

（2） 检测方法　用流量计测量；蛋白、氟蛋白等折射指数高的泡沫液可用手持折射仪测量，水成膜、抗溶水成膜等折射指数低的泡沫液可用手持导电度测量仪测量。

2. 泡沫产生装置的调试

（1） 调试要求

① 低倍数（含高背压）泡沫产生器、中倍数泡沫产生器要进行喷水试验，其进口压力要符合设计要求。

② 泡沫喷头要进行喷水试验，其防护区内任意四个相邻喷头组成的四边形保护面积内的平均供给强度要不小于设计值。

③ 固定式泡沫炮要进行喷水试验，其进口压力、射程、射高、仰俯角度、水平回转角度等指标要符合设计要求。

④ 泡沫枪要进行喷水试验，其进口压力和射程要符合设计要求。

⑤ 高倍数泡沫产生器要进行喷水试验，其进口压力的平均值不能小于设计值，每台高倍数泡沫产生器发泡网的喷水状态要正常。

（2）检测方法

① 用压力表检查。当对储罐或不允许进行喷水试验的防护区，喷水口可设在靠近储罐或防护区的水平管道上。关闭非试验储罐或防护区的阀门，调节压力使之符合设计要求。

② 选择最不利防护区的最不利点四个相邻喷头，用压力表测量后进行计算。

③ 用手动或电动实际操作，并用压力表、尺量和观察检查。

④ 用压力表、尺量检查。

⑤ 关闭非试验防护区的阀门，用压力表测量后进行计算和观察检查。

3. 泡沫消火栓的调试

（1）调试要求　泡沫消火栓要进行喷水试验，其出口压力要符合设计要求。

（2）检测方法　用压力表测量。

（二）系统功能测试

1. 系统喷水试验

（1）试验要求　当为手动灭火系统时，要以手动控制的方式进行一次喷水试验；当为自动灭火系统时，要以手动和自动控制的方式各进行一次喷水试验，其各项性能指标均要达到设计要求。

（2）检测方法　用压力表、流量计、秒表测量。当系统为手动灭火系统时，选择最远的防护区或储罐进行喷水试验；当系统为自动灭火系统时，选择最大和最远二个防护区或储罐分别以手动和自动的方式进行喷水试验。

2. 低、中倍数泡沫系统喷泡沫试验

（1）试验要求　低、中倍数泡沫灭火系统喷水试验完毕，将水放空后，进行喷泡沫试验；当为自动灭火系统时，要以自动控制的方式进行；喷射泡沫的时间不小于1min；实测泡沫混合液的混合比和泡沫混合液的发泡倍数及到达最不利点防护区或储罐的时间和湿式联用系统水与泡沫的转换时间要符合设计要求。

（2）检测方法　对于混合比的检测，蛋白、氟蛋白等折射指数高的泡沫液可用手持折射仪测量，水成膜、抗溶水成膜等折射指数低的泡沫液可用手持导电度测量仪测量；泡沫混合液的发泡倍数按现行国家标准《泡沫灭火剂》（GB 15308）规定的方法测量；喷射泡沫的时间和泡沫混合液或泡沫到达最不利点防护区或储罐的时间及湿式系统自喷水至喷泡沫的转换时间，用秒表测量。喷泡沫试验要选择最不利点的防护区或储罐进行，为了节约试验成本，进行一次试验即可。

3. 高倍数泡沫系统喷泡沫试验

（1）试验要求　高倍数泡沫灭火系统喷水试验完毕，将水放空后，以手动或自动控制的方式对防护区进行喷泡沫试验，喷射泡沫的时间不小于30s，实测泡沫混合液的混合比和泡沫供给速率及自接到火灾模拟信号至开始喷泡沫的时间符合设计要求。

（2）检测方法　对于混合比的检测，蛋白、氟蛋白等折射指数高的泡沫液可用手持折射仪测量，水成膜、抗溶水成膜等折射指数低的泡沫液可用手持导电度测量仪测量。泡沫供给速率的检测方法：记录各高倍数泡沫产生器进口端压力表读数，用秒表测量喷射泡沫的时间，然后按制造厂给出的曲线查出对应的发泡量，经计算得出的泡沫供给速率，供给速率不能小于设计要求的最小供给速率。喷射泡沫的时间和自接到火灾模拟信号至开始喷泡沫的时间，用秒表测量。对于高倍数泡沫系统，所有防护区均需要进行喷泡沫试验。

六、泡沫灭火系统的验收

泡沫灭火系统竣工后，应及时对其进行验收。验收合格方可使用，未经验收或验收不合格的不得投入使用。

1. 验收前的准备

① 技术文件应齐全；

② 系统的外观和环境检查符合设计和有关规范的要求；

③ 系统试验合格达到设计要求。

2. 系统的验收

验收工作由设计、安装、使用单位和消防监督部门及上级主管部门的人员共同参与，检查的主要内容有如下。

（1）系统安装检查　检查各组件的安装是否符合设计图纸要求。水泵、阀门是否操作方便；泡沫比例混合器的进出口位置安装是否正确；压力表安装位置及量程是否恰当；泡沫产生器的规格、型号是否与设计图纸一致。所有组件的标志与安装使用说明书是否一致。

（2）水源、电源及泵的检查　检查消防水源是否符合要求；对主电源和备用电源应进行切换试验1～3次，检查是否正常；对主要工作水泵和备用工作水泵进行切换运行1～3次，检查是否正常工作。

（3）管道压力试验　输送泡沫混合液的管道需经1.5倍最大设计压力进行水压试验，保持时间2h。对于所有水平敷设的泡沫混合液管道和泡沫管道要检查排水坡度，检查水是否能够排净。

（4）部件检查　系统的所有组件，必须具有国家或省级检测部门的检验合格证书；泡沫灭火系统组件涂红色，冷却给水系统涂绿色；系统中所有操作装置或设备，安装前应检查它的功能，并应检查此装置和设备已达到其性能要求的报告或说明书。

（5）冷喷射试验　只要有条件就应进行流量测试和泡沫喷射试验，并测定其工作压力和流量、泡沫液和水的混合比、泡沫发泡倍数及泡沫的析液时间、系统从启泵到被保护危险物品最远点输送泡沫的时间等是否符合设计要求。高倍数泡沫灭火系统应进行探测、报警和控制系统的联动试验，检查其自动、手动启动功能。

（6）系统复原　完成验收试验后，需对系统用清水冲洗，并且使其恢复到工作状态。

第六节　泡沫灭火系统的管理

一、系统的操作

1. 系统操作说明

为保证着火时操作人员迅速启动泡沫灭火系统，避免误操作，泡沫灭火系统投入使用前，应编制设备使用与维护说明、系统操作程序与示意图，并制成牌匾悬挂在易于阅读处。对系统设备、控制阀门等进行编号，并制作相关标牌安放到泡沫设备、控制阀门等上面或旁边。用较醒目的标志指示出系统管道的走向。系统操作说明等所有文件应存档。

2. 系统管理与操作训练

泡沫灭火系统投入使用后，应有专人负责系统的使用与维护，建立相应的管理、检查、操作、维护等规程及其档案，以对系统进行有效监管。为了避免非操作人员对系统使用的影响，应有防止无关人员进入重要地点的措施，同时还应注意飞禽等非人为因素的影响。系统使用与维护人员必须经过严格训练，并且这种训练必须是经常性的。

二、定期检查

系统的定期维护保养应由具备从事消防设备维护保养资质的企业承担。

1. 周检

① 启动泵，看能否及时启动，运转是否良好，供水是否正常，压力是否适宜；

② 管道和阀门有无泄漏，各种控制阀门启闭是否灵活，是否处于正常工作状态；

③ 对系统进行外观检查，泡沫产生器、混合液立管是否牢固，有无机械碰撞、腐蚀等人为的或自然的损坏；

④ 全部操作装置和部件是否完好；

⑤ 消防用水是否足够，消防水池的消防储水一经动用应及时补充；

⑥ 半固定式泡沫灭火系统检查其接口堵盖是否完好，要保持管道畅通，预防杂物进入管道；

⑦ 高倍数泡沫灭火系统防护区的封闭情况是否发生变化，如有变动及时恢复。

2. 月检

除周检内容外，还应对操作者进行检查，考核他们对系统中设备的性能、用途、作用的掌握程度。

3. 季检

应对全部电气装置和报警系统进行检查和试验。

4. 半年检

① 检查产生泡沫的有关装置。如检查泡沫比例混合器、泡沫产生器有无机械损伤、腐蚀；空气入口有无堵塞，以及所有阀件手动是否灵活。

② 检查管道。对地上管道进行压力试验，以检查这些管道有无腐蚀及机械损伤。对地下管道应至少5年检查一次。

③ 检查过滤器。检查用过或做过流量试验后的清扫情况。

④ 检查报警和自动设备、自动和手动装置，看其性能是否正常良好。

⑤ 对泡沫液及其储存器进行检查。检查设备是否被损坏，液位高低是否符合要求。

5. 年检

年检的目的是评定系统在检查周期内能否保持正常工作状态。每次年检时应出具年检报告，年检报告应包括评定意见或有关建议，且必须由业主存档。如果年检试验数据与验收试验时记录数据的偏差超过10%时，应与生产商联系或找权威部门评定。为确保泡沫灭火系统完全处于伺服工作状态，必须由能胜任的人员按下列项目对系统进行年检。

（1）泡沫液性能的测定　检查泡沫液是否有过量沉降物或变质。如发现异常，应将其泡沫液取样送生产厂商或有资格的试验室做质量分析。其次检查泡沫液储量是否满足要求，有时可能由于冷喷试验后未及时补充，使泡沫液储量达不到设计储存量。补充泡沫液时应注意：不同种类、牌号泡沫液不能混合，相同种类、牌号但批次不同的泡沫液也不能盲目混合。

（2）泡沫比例混合器与泡沫液储罐的检查　压力比例混合器与泡沫液储罐通常是一体的，环泵比例混合器、平衡压力比例混合器尽管与泡沫液储罐不是一体的，但也相互关联，所以将泡沫比例混合器与泡沫液储罐按一体进行检查较适宜。通常先进行直观检查，检查密封与锈蚀情况、相关阀门启闭情况、泡沫液储罐的膨胀空间是否正常等。

（3）泡沫产（发）生装置的检查　泡沫产生器、高背压泡沫产生器、泡沫喷头、泡沫枪、泡沫炮、高倍数泡沫产生器等泡沫产（发）生装置首先应进行直观检查，检查是否有异物。泡沫产生器内常有鸟类做窝，发现后应及时清理。固定顶储罐上的泡沫产生器装有密封玻璃，破裂后应及时更换。

（4）管道的检查 主要检查其锈蚀和机械损伤等影响机械强度的情况，其次是检查横向管道的放空坡度。地上管道应至少每年检查一次，地下管道至少每五年进行一次定点检查。特别是对于平时无压的管道，当直观检查不能确认其是否正常时，应做压力试验。

（5）过滤器 过滤器应定期检查，每次使用和试验后必须清理干净。

（6）系统试验 在条件许可的场合应进行喷射试验，以检验系统是否处于正常状态。系统试验时应检测下列参数：最不利点泡沫产生装置的工作压力；泡沫混合液实际流量；泡沫混合液的泡沫混合比；泡沫混合液的泡沫混合比可用折射仪或测电导率方法测定，也可由泡沫混合液和泡沫液流量通过计算确定。泡沫混合液流量可用分别或同时记录系统进口、末端工作压力的方法计算确定。

（7）泡沫质量的检测 检测泡沫质量通常是测泡沫发泡倍数与析液时间，如果同时还要检测泡沫液的质量，可进行泡沫的灭火与抗烧性能测试，检测方法见《泡沫灭火剂》（GB 15308）。

自动系统的火灾自动报警与联动控制系统部分试验与检查应参照有关规范进行，在此不再赘述。

6. 系统复原

试验结束后，系统必须进行冲洗并恢复到正常状态。

第八章　气体灭火系统

导读

1. 气体灭火系统的组成、类型、特点及工作原理。
2. 气体灭火系统的技术参数，防护区应符合的要求。
3. 气体灭火系统的维护管理。

为避免灭火时对保护对象造成次生危害，在特定场合需要安装气体灭火系统。气体灭火系统是以某些在常温、常压下呈气态的灭火介质，通过在整个防护区内或保护对象周围的局部区域建立起灭火浓度实现灭火。

第一节　系统概述

一、气体灭火系统的应用

相对于传统的水灭火系统，气体灭火系统具有明显的特点，有其特定的应用范围，是水灭火系统的重要补充。

1. 气体灭火系统的优点

（1）灭火效率高　气体灭火系统启动后，达到灭火浓度的气体灭火剂将充满整个空间，对房间内各处的立体火均有很好的灭火作用，使得气体灭火系统的灭火效率高。

（2）灭火速度快　灭火速度快体现在两个方面，一是气体灭火系统多为自动控制，探测、启动及时；二是对火的抑制速度快，可以快速将火灾控制在初期。这样，可最大限度地避免恶性火灾事故的发生。

（3）适应范围广　从可以扑救的火灾类别看，气体灭火系统可以有效地扑救固体火灾、液体火灾、气体火灾，而且由于灭火剂不导电，可以利用其扑救电气设备火灾，因此，具有较宽的灭火范围。

（4）对被保护物不造成二次污损　气体灭火剂是一种清洁灭火剂，灭火后很快挥发，对保护对象无任何污损。火灾和实验说明，气体灭火系统在灭火的同时或火灾扑灭以后，计算机和其他的电气设备可继续运行，对磁盘、胶卷等储存的信息无影响。气体灭火系统的“清洁”是其他灭火系统所不可比拟的。

2. 气体灭火系统的缺点

(1) 系统一次投资较大　与建筑物设置的其他固定灭火系统相比，气体灭火系统投资较大。因此，是否设置就要考虑造价与受益的关系。

(2) 对大气环境的影响　近几年的科学研究证明，气体灭火系统对大气环境有一定的影响，一是破坏大气臭氧层，再就是产生温室效应。鉴于此，传统的卤代烷 1301 和卤代烷 1211 灭火系统已经限制使用。

(3) 不能扑灭固体物质深位火灾　由于气体灭火系统的冷却效果较差，而且灭火剂设计浓度不易维持太长的时间，因此，不能用气体灭火系统扑救固体物质的深位火灾，这类火灾适宜用水灭火系统扑救。

(4) 被保护对象限制条件多　气体灭火系统的灭火成败，不仅取决于气体灭火系统本身，防护区或保护对象能否满足要求，也起着关键的作用，因此，要求气体灭火系统的防护区或保护对象要符合规定的条件。

3. 适宜用气体灭火系统扑救的火灾

① 液体火灾或石蜡、沥青等可熔化的固体火灾。

② 气体火灾。

③ 固体表面火灾及棉毛、织物、纸张等部分固体深位火灾。

④ 电气设备火灾。

4. 不适宜用气体灭火系统扑救的火灾

① 硝化纤维、火药等含氧化剂的化学制品火灾。

② 钾、钠、镁、钛、锆等活泼金属火灾。

③ 氢化钾、氢化钠等金属氢化物火灾。

5. 常用的场合

(1) 重要场所　气体灭火系统本身造价较高，因此一般应用于在政治、经济、军事、文化以及关乎众多人员生命的重要场合。

(2) 怕水污损的场所　如重要的通信机房、调度指挥控制中心、图书档案室等，这类场所无疑非常重要，而且要求灭火剂清洁，灭火时不产生次生危害。

(3) 甲、乙、丙类液体和可燃气体储藏室或具有这些危险物的工作场所　气体灭火系统对于扑救甲、乙、丙类液体火灾非常有效，而且在灭火的同时，对防护区及内部的设备、物品等提供保护，可及时控制火势的蔓延扩大。

(4) 电气设备场所　安装有发电机、变压器、油浸开关等场所，用气体灭火系统灭火不影响这些设备的正常运行。

二、气体灭火系统的类型

1. 按使用的灭火剂分类

(1) 二氧化碳灭火系统　以二氧化碳作为灭火介质。由于二氧化碳主要通过窒息作用灭火，灭火剂用量较大，相应的系统规模大、投资大、灭火时的毒性危害大。另外，二氧化碳会产生温室效应，对环境有影响。

二氧化碳灭火系统有高压系统和低压系统两种应用形式。高压二氧化碳灭火系统是将灭火剂储存容器放置在自然环境中，在20℃时，工作压力为5.17MPa；低压二氧化碳灭火系统是将灭火剂储存容器的温度维持在－18℃，其系统工作压力为2.17MPa，由于其工作压力较低，灭火剂储存容器容积较大，避免了高压二氧化碳灭火系统储存容器数量过多、不便管理的缺点。

（2）IG541灭火系统　以氮气、氩气、二氧化碳三种惰性气体的混合物作为灭火介质，通过窒息作用灭火，也存在系统规模大、投资大的缺点。由于其组分均来自自然，是一种无毒、无色、无味、惰性及不导电的纯“绿色”压缩气体，又称为洁净气体灭火系统。

（3）七氟丙烷灭火系统　以七氟丙烷作为灭火介质，通过化学作用灭火。具有清洁、毒性小、使用期长、喷射性能好、灭火效果好等优点，可用于保护经常有人工作的场所。

2. 按灭火方式分类

（1）全淹没气体灭火系统　喷头均匀布置在保护房间的顶部，喷射的灭火剂能在封闭空间内迅速形成浓度比较均匀的灭火剂气体与空气的混合气体，并在灭火必需的“浸渍”时间内维持灭火浓度，即通过灭火剂气体将封闭空间淹没实施灭火的系统形式，如图8-1所示。该系统对防护房间提供整体保护，不仅仅局限于房间内的某个设备。

这里所说的封闭空间是相对而言的，并不要求完全密闭，在顶棚、四壁允许存在一些缝隙或开口，但要符合一定的限制条件，以保证灭火剂的“浸渍”时间。

（2）局部应用气体灭火系统　喷头均匀布置在保护对象的四周，将灭火剂直接而集中地喷射到保护对象上，使其笼罩整个保护物外表面，在其周围局部范围内建立起灭火剂气体浓度保护层的系统形式，如图8-2所示。局部应用气体灭火系统保护房间内或室外的某一设备（局部区域），就整个房间而言，灭火剂气体浓度远远达不到灭火浓度。

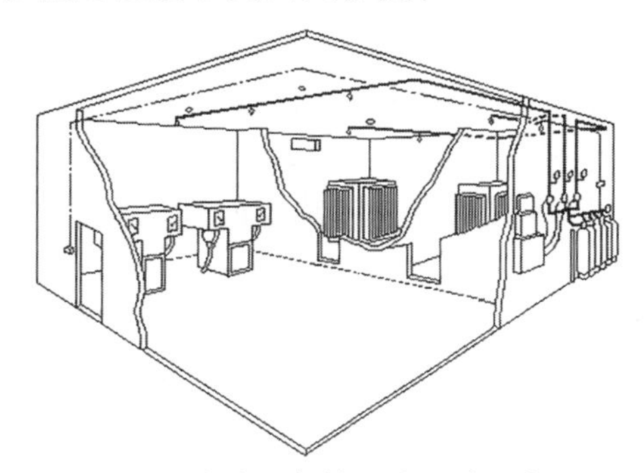

图8-1　全淹没气体灭火系统示意图

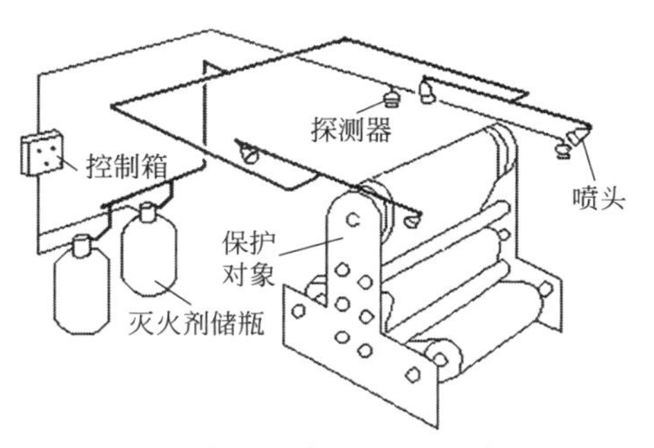

图8-2　局部应用气体灭火系统示意图

3. 按管网的布置分类

（1）组合分配灭火系统　用一套灭火剂储存装置同时保护多个场所的气体灭火系统称为组合分配系统。组合分配系统是通过选择阀的控制，实现灭火剂释放到着火的保护区。如图 8-3 所示。该系统适用于多个不会同时着火的相邻保护区或保护对象的保护，具有同时保护但不能同时灭火的特点。

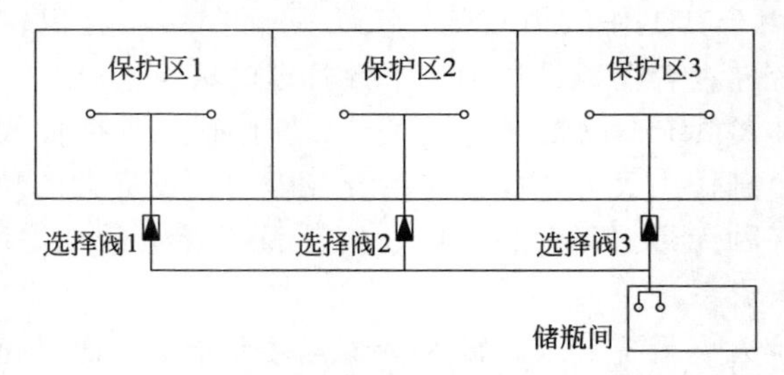

图 8-3　组合分配灭火系统示意图

组合分配系统灭火剂设计用量是按最大的一个保护区或保护对象来确定的，对于较小的保护区或保护对象，若不需要释放全部的灭火剂量，可根据需要，利用启动气瓶来控制打开储存容器的数量，以释放全部或部分灭火剂。

（2）单元独立灭火系统　为确保万无一失，每个保护区各自设置气体灭火系统保护，称为单元独立灭火系统，如图 8-4 所示。很明显，采用单元独立灭火系统可提高其安全可靠性能，但投资较大。另外，单元独立系统管路布置简单，维护管理较方便。

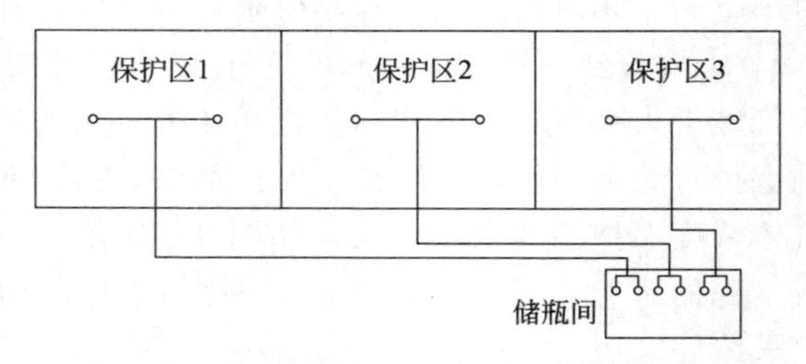

图 8-4　单元独立灭火系统示意图

（3）无管网灭火系统　将灭火剂储存容器、控制和释放部件等组合在一起的小型、轻便灭火系统。这种系统没有管网或仅有一段短管，因此称为无管网灭火系统，如图 8-5 所示。这种系统多放置在防护区内，亦可放置在防护区的墙外，通过短管将喷头伸进防护区。

无管网灭火系统一般由工厂成系列生产，又称预制系统。使用时可根据保护区的大小直接选用，这样省去了烦琐的设计计算，便于施工，适应于较小的、无特殊要求的保护区。

图 8-5　无管网灭火系统

三、气体灭火系统的工作原理

1. 系统基本组成

气体灭火系统由灭火剂储存装置、启动分配装置、输送释放装置、监控装置等组成，如图 8-6 所示。

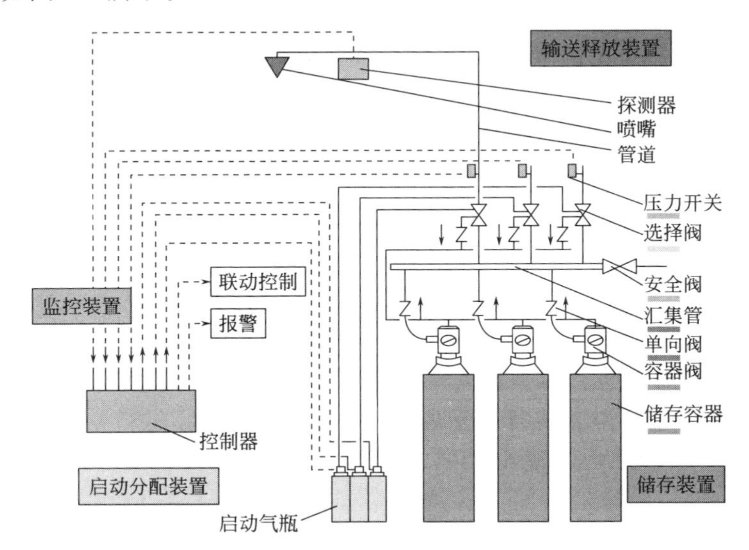

图 8-6　气体灭火系统组成示意图

2. 系统的启动控制

为确保系统在发生火灾时及时可靠地启动，系统的控制与操作应满足一定的要求。全淹没气体灭火系统一般应具有自动控制、手动控制和机械应急操作三种启动方式，无管网灭火系统应具有自动控制、手动控制两种启动方式。局部气体灭火系统用于经常有人的保护场所时，可不设自动控制。

（1）自动控制　是利用火灾报警系统自动探测火灾并由消防控制中心自动启动灭火系统的启动方式。为防止火灾自动报警系统误报并引起误喷，应在接收到两个独立的火灾报警信号后，才能启动系统。因此，宜采用复合探测。自动控制应根据人员疏散要求，适当延迟启动，但延迟时间不应大于30s。经常有人的场合还可设置紧急切断装置，关闭系统的自动控制启动功能。这样可保证在误报情况下，或在火势很小，用灭火器即可扑灭的情况下，不启动气体灭火系统。

（2）手动控制　是一种采用气动或电动远程控制的启动方式。手动控制操作装置设在保护区外便于操作的地方，使人容易识别，并应能在一处完成系统启动的全部操作。手动控制操作应不受自动控制的制约，在自动控制失灵或遭到破坏时能进行释放灭火剂操作。

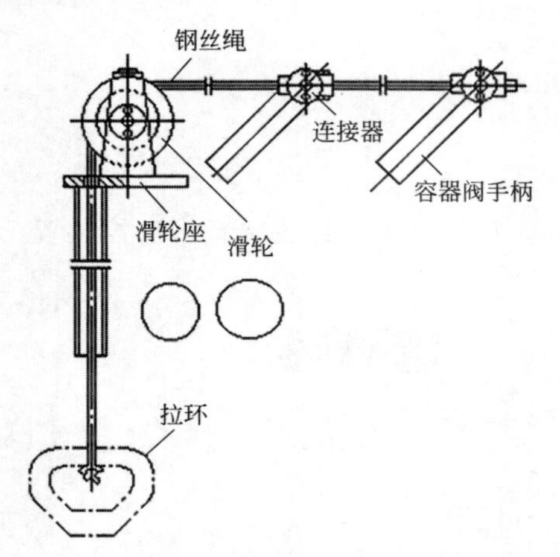

图 8-7　拉索启动方式

（3）机械应急操作　是一种应急手段，在电动或气动启动装置发生故障时，能够保证系统启动。机械应急操作应是直接启动灭火剂储存容器的容器阀，尽量减少中间环节。

不论采用何种启动方式，应保证每组系统所有的灭火剂储存容器全部一次开启，如图8-7所示，是一种拉索启动方式。机械应急操作的操作位置应为高1.5m左右，拉力不宜大于150N。

3. 系统工作过程

防护区一旦出现火警，火灾探测器报警，消防控制中心接到火灾信号后，启动联动装置（关闭开口、停止空调等），延时30s（保证防护区内人员的疏散）后，打开启动气瓶的瓶头阀，利用气瓶中的高压氮气将灭火剂储存容器上的容器阀打开，灭火剂经管道输送到喷头喷出实施灭火。另外，通过压力开关监测系统是否正常工作，若系统故障，值班人员听到事故报警，手动开启储存容器上的容器阀，实施人工启动灭火。

第二节　系统主要组件及要求

一、储存装置

气体灭火系统储存装置包括灭火剂储存容器、容器阀、集流管、单向阀及连接软管等，通常是将其组合在一起，放置在靠近防护区的专用储瓶间内。

1. 灭火剂储存容器

灭火剂储存容器在储存灭火剂的同时，又是系统工作的动力源，为系统正常工作提供足够的压力，对系统能否正常工作影响很大。各类气体灭火系统有其相应的灭火剂储存容器，如低压二氧化碳储存容器等。在储存容器或容器阀上，应设安全泄压装置和压力表，以防止意外出现，储存容器内的压力超过允许的最高压力而引起事故，确保设备和人身安全。压力表应朝向操作面，安装高度和方向应一致。储存容器上应设有耐久固定的金属标牌，标明每个储存容器的号码、灭火剂充装量、充装日期、储存压力等内容，安装时标牌应朝外，以便于进行验收、检查和维护。储存容器的设置应符合下列要求：

① 同一防护区的灭火剂储存容器，其尺寸大小、灭火剂充装量和充装压力应相同，以便相互替换和维护管理。

② 储存容器和集流管必须用支架或框架固定，以防止储存容器翻倒或零部件损坏。因储存压力较高，灭火剂释放时间极短，系统启动时灭火剂液流产生的冲击力很大。支架应做防腐处理，其设置应考虑到便于单个储存容器的称重和维护。

③ 储存装置的布置及安装必须便于检查、试验、补充和维护，并确保尽量减少中断保护的时间。储存容器可单排布置，亦可双排布置，具体根据储存容器数量和储瓶间的面积大小确定。

④ 储存装置不应安装在气候条件恶劣或易受机械、化学或其他伤害的场所，否则，应加强保护或设置围护装置。

2. 容器阀

容器阀是指安装在灭火剂储存容器出口的控制阀门，平时用来封存灭火剂，火灾时自动或手动开启释放灭火剂。容器阀有电动型、气动型、机械型和电引爆型四类，其开启是一次性的，打开后不能关闭，需要重新更换膜片或重新支撑后才能关闭。容器阀上都安装有导液管，以保证液态灭火剂的喷出，如图 8-8 所示。

3. 集流管

集流管是将若干储瓶同时开启施放出的灭火剂汇集起来，然后通过分配管道输送至保护空间，如图 8-9 所示。集流管为一较粗的管道，工作压力不小于最高环境温度时储存容器内的压力。集流管上应有安全泄压装置，可采用安全阀或泄压膜片，但泄压时不应造成人身伤害，尽量用管道将泄出物排至安全地带。装有泄压装置的集流管，其泄压方向不应朝向操作面。集流管应与储存容器固定在支、框架上。集流管外表面应涂红色油漆。

4. 单向阀

单向阀是用来控制介质流向的。当气体灭火系统较大，灭火剂储存容器较多时，需成组布置，这种情况下，每个储存容器都应设有单向阀，防止灭火剂回流到空瓶或从卸下的储瓶接口处泄漏灭火剂。

单向阀可设置在连接软管的前边或后边。

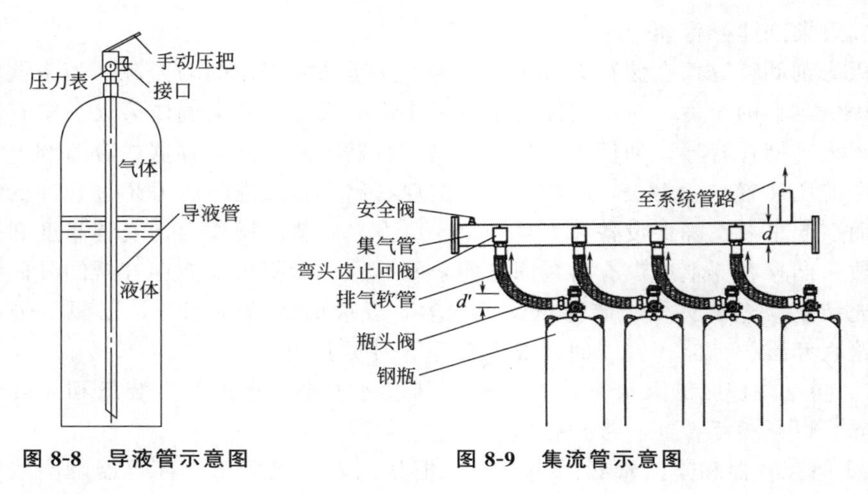

图 8-8 导液管示意图　　图 8-9 集流管示意图

5. 连接软管

为了便于储存容器的安装与维护，减缓施放灭火剂时对管网系统的冲击力，一般在单向阀与容器阀或单向阀与集流管之间采用软管连接。连接软管应为钢丝编织的耐压胶管，两端装有接头组成连接软管组。

二、启动分配装置

1. 启动气瓶

启动气瓶充有高压氮气，用以打开灭火剂储存容器上的容器阀及相应的选择阀。组合分配系统和灭火剂储存容器较多的单元独立系统，多采用这种设置启动气瓶启动系统的方式。

启动气瓶容积较小，通过其上的瓶头阀实现自动开启，瓶头阀为电动型或电引爆型，由火灾自动报警系统控制开启。

2. 选择阀

组合分配系统中，应设置与每个防护区相对应的选择阀，以便在系统启动时，能够将灭火剂输送到需要灭火的防护区。选择阀的功能相当于一个常闭的二位二通阀，平时处于关闭状态，系统启动时，与需要施放灭火剂的防护区相对应的选择阀则被打开。

选择阀的启动方式有电动式和气动式两类。电动式一般是利用电磁铁通电时产生的吸力或推力打开阀门。气动式则是利用压缩气体推动气缸中的活塞打开阀门，压缩气体一般来自启动气瓶，也可采用其他的气源。无论是电动式或气动式选择阀，均设有手动操作机构，以便在自动启动失灵时，仍能将阀门打开，保证系统将灭火剂输送到需要灭火的防护区。操作手柄应布置在操作面一侧，安装高度超过 1.7m 时应有便于操作的措施，其附近应有固定的永久性标志牌。选择阀的位置应靠近储存容器且便于手动操作，选择阀的公称直径应与所对应的防护区主管道的公称直径相等，采用螺纹连接时，与管网连接处宜采用活接头。

3. 启动气体管路

输送启动气体管路多采用铜管，系统所选用的铜管应符合有关国家现行标准中对“拉制铜管”和“挤制铜管”的规定。

三、喷头

喷头的作用是保证灭火剂以特定的射流形式喷出，促使灭火剂迅速气化，在保护空间内达到灭火浓度。

1. 类型

由于各种灭火剂的喷射性能不同，所应用的喷头结构形式有所不同，各类系统都有相应的喷头形式，不能相互代替。如图 8-10 所示全淹没二氧化碳灭火系统喷头，其构造即适应二氧化碳灭火剂的气化，并有一定的喷射范围，不能用于其他灭火系统，也不能用作局部应用二氧化碳灭火系统喷头。

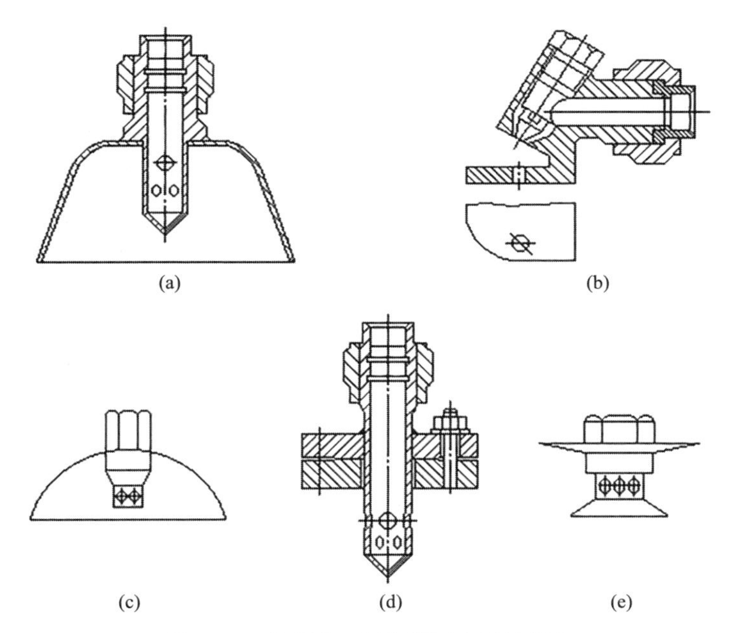

图 8-10　全淹没二氧化碳灭火系统喷头

2. 喷头布置与安装

喷头应均匀分布，以保证防护区内灭火剂分布均匀。局部应用二氧化碳灭火系统采用面积法设计时，喷头宜等距布置；架空型喷头宜垂直于保护对象的表面，其瞄准点（喷头射流的轴中心）应是喷头保护面积的中心。

喷头一般向下安装，当封闭空间的高度很小时，可侧向安装或向上安装，如活动地板下及吊顶内。安装在吊顶下的不带装饰罩的喷头，其连接管管端螺纹不应露出吊顶。安装在吊顶下的带装饰罩的喷头，其装饰罩应紧贴吊顶。设置在有粉尘场所的喷头应增设不影响喷射效果的防尘罩。喷头安装时应逐个核对其孔口型号、规格和喷孔方向是否符合要求。

四、管道与管件

对于有管网气体灭火系统，管道是将储存容器释放出的灭火剂输送到保护场所，经喷头喷出实施灭火。由于气体灭火系统工作压力较高，因此，输送灭火剂的管道及管道连接件应能承受较高的压力。鉴于气体灭火系统的特点，系统的管网一般不是很大，但对管道材料、施工安装要求较高。

1. 管道

气体灭火系统使用的管道有无缝管和加厚管，当系统设计工作压力较高时，应采用无缝管。输送灭火剂管道必须进行内外镀锌处理，防护区有腐蚀镀锌层的气体、蒸气或粉尘存在时，应采用不锈钢管或铜管。管道布置与安装应符合下列要求：

① 管道应尽量短、直，避免绕流。

② 七氟丙烷灭火系统管网宜布置成均衡管网。均衡管网应符合下列两个条件：喷头设计流量均应相等；管网的第1分流点至各喷头的管道阻力损失，其相互间的最大差值不应大于20%。均衡管网系统的计算较简单，只需针对最不利点一个喷头进行计算，且管网内灭火剂剩余量可不考虑。实际工程中，特别是较大的防护区，要设计成均衡系统是很困难的，因此多为非均衡系统。非均衡系统的管网要尽量对称布置，以增加喷射的均匀性，并减少管网剩余量。

③ 阀门之间的封闭管段应设置泄压装置。在设置安全卸荷装置时，应考虑到卸荷时，喷射物不会伤人或不会使人处于危险境地。如有必要的话，应该用管道将释放物输送到对人员无危险的地方。另外，在通向每个防护区的主管道上应设压力信号器或流量信号器。

④ 设置在有爆炸危险的可燃气体、蒸气或粉尘场所内的气体灭火系统，其管网应设防静电接地装置。管道系统的对地电阻不大于100Ω。管道上每对法兰或其他接头间的电阻值应不大于0.03Ω，如果大于0.03Ω，则应用金属线跨接使其不大于此电阻值。因为当释放液化气体时，不接地的导体可能产生静电荷，而通过导体可能向其他物体放电，产生足够量的电火花，在有爆炸危险的防护区内可能引起爆炸。

⑤ 二氧化碳管路不应采用“四通”分流。采用“三通”分流时，两个分流出口应在同一水平面上，而且，两侧分流时任一侧的流量不能小于40%（或不能大于60%），直侧分流时，直流部分的流量不能小于60%（侧流部分的流量不能大于40%）。

⑥ 管道的连接，公称直径等于或小于80mm的管道宜采用螺纹连接，公称

直径大于 80mm 的管道应采用法兰连接，已镀锌的无缝钢管不宜采用焊接连接，与选择阀等个别连接部位需采用法兰焊接时，应对被焊接损坏的镀锌层另做防腐处理。

2. 管道连接件

气体灭火系统管道常用的管接件与水系统相同，有弯头、三通、接头等，应根据与其连接的管道材料和壁厚来进行选择。管道连接件的材质一般为 25 号、30 号钢，内外镀锌，管道连接件与管道连接后应具有良好的密封性能和强度。

五、其他装置

1. 监控装置

防护区应有火灾自动报警系统，通过其探测火灾并监控气体灭火系统的启动，实现气体灭火系统的自动启动、自动监控。气体灭火系统可单独设置火灾自动报警系统，也可以由整个建筑物的火灾自动报警系统集中控制。气体灭火系统工作状态一般通过监测其流量或压力实现，常用的监测装置有压力开关。

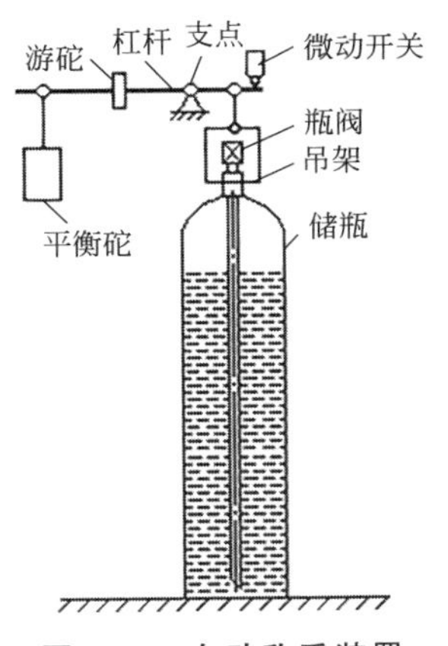

图 8-11　自动称重装置

2. 检漏装置

气体灭火系统在定期检查时，需要检查储存容器的压力和重量，以检查充压气体和灭火剂是否有泄漏。包括压力显示器、称重装置和液位测量装置等。压力可通过压力表检查，重量需要通过称重来检查。因此，为方便检查，每个储存容器应设有称重检测装置，如图 8-11 所示的自动称重装置，当灭火剂泄漏量超过标定值（一般为 5%），就自动报警。

第三节　灭火剂用量计算

气体灭火系统的工作，是将灭火剂一次性地释放到被保护房间，通过建立灭火浓度灭火，这与水灭火系统连续不断喷放水来灭火不同。需要根据保护对象的燃烧特性、所处的环境和防护区的大小及封闭情况，精确计算灭火剂用量。

一、气体灭火系统主要性能参数

为确保系统的安全可靠，相关的气体灭火系统设计规范提出了相应系统的技术性能参数。这些参数有的直接给出，并由此确定了系统的设计取值；有的需通过验算，来验证系统设计的合理性。

（一）充压压力

系统充压压力指气体灭火系统启动前灭火剂储存容器内具有的压力，与环境温度有关，一般指特定温度下的压力。

1. 二氧化碳灭火系统充压压力

二氧化碳储存容器内的压力为二氧化碳的蒸气压，随温度的变化而变化，如图 8-12 所示。

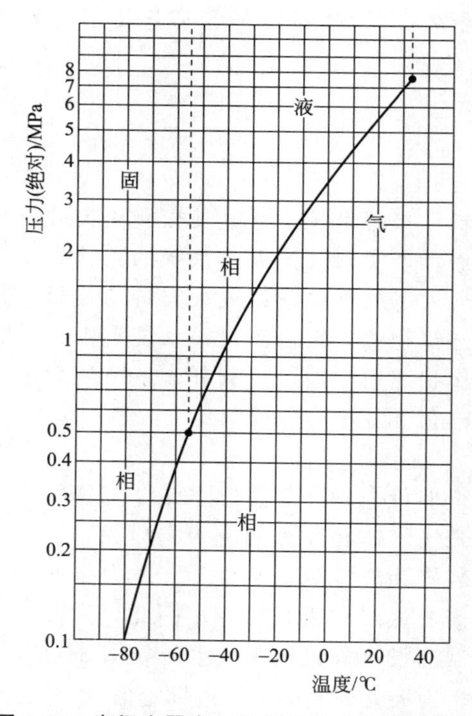

图 8-12　密闭容器内二氧化碳压力与温度关系

从图 8-12 中可以看出，在常温、常压条件下，二氧化碳呈气态，其临界温度为 31.4℃，临界压力为 7.4MPa。固相、液相、气相三相共存点（三相点）的温度为−56.6℃，压力为 0.52MPa，温度高于这一温度，固相不存在；压力低于这一压力，液相不复存在。密闭容器内的二氧化碳，在三相点与临界点之间是以液、气两相共存。

高压二氧化碳灭火系统的充压压力按 20℃时的二氧化碳蒸气压考虑，为 5.17MPa。储存温度应为 0～49℃。

低压二氧化碳灭火系统的充压压力按−18℃时的二氧化碳蒸气压考虑，为 2.17MPa。储存温度应维持在−18～−20℃的范围内。

2. IG541 灭火系统充压压力

IG541 灭火系统充压压力分为两个等级，一级充压 15MPa，二级充压 20MPa。

3. 七氟丙烷灭火系统充压压力

七氟丙烷灭火系统的充压压力分三个等级，一级充压系统（2.5±0.1）MPa（表压），二级充压系统（4.2±0.1）MPa（表压），三级充压系统（5.6±0.1）MPa（表压）。

管网较小时，宜选择较小的充压压力，管网较大时，可选用较大的充压压力。充压压力选择是否合适，要通过管网的水力计算认定。

（二）充装量

充装量指储存容器内灭火剂的质量与储存容器的容积之比，单位为 kg/m^3 或 kg/L，又称充装密度。充装量的大小对储存容器的安全和系统灭火剂释放过程的压力变化有影响。充装量越小，对灭火剂释放越有利，但所需的灭火剂储存容器的容量应随之增加，系统总的造价就随之提高。因此，要合理确定充装量。气体灭火系统充装量可按下式计算确定：

$$\rho_C = \frac{W_C}{V} \tag{8-1}$$

式中　ρ_C——气体灭火系统充装量，kg/m^3；

W_C——储存容器内充装的灭火剂量，kg；

V——储存容器容积，m^3。

1. 二氧化碳灭火系统最大充装量

二氧化碳储存容器内的压力随温度变化较大，且与二氧化碳灭火剂充装量有很大关系。为了确保储存容器的安全，二氧化碳灭火剂的充装量应为 0.6～0.67kg/L，当储存容器工作压力不小于 20MPa 时，其充装量可为 0.75kg/L。

2. IG541 灭火系统最大充装量

一级充压储瓶，充装量应不大于 $211.15kg/m^3$；

二级充压储瓶，充装量应不大于 $281.06kg/m^3$。

3. 七氟丙烷灭火系统最大充装量

一级增压储存容器，不应大于 $1120kg/m^3$；二级增压焊接结构储存容器，不应大于 $950kg/m^3$；二级增压无缝结构储存容器，不应大于 $1120kg/m^3$；三级增压储存容器，不应大于 $1080kg/m^3$。

（三）设计喷放时间

灭火剂设计喷放时间指从全部喷嘴开始喷射液态灭火剂到其中任何一个喷嘴开始喷射驱动气体为止的一段时间间隔。对于全淹没气体灭火系统来说，灭火剂设计喷放时间越小越好，有利于快速灭火；而对于局部应用气体灭火系统来说，灭火剂喷射时间不能太短，以保证彻底灭火。因此，不同的气体灭火系统对灭火剂设计喷放时间有着不同的要求。该参数是气体灭火系统设计计算的一个主要技术参数，设计时根据系统类型和保护对象的具体情况合理选择。

1. 二氧化碳灭火系统

全淹没灭火系统二氧化碳的喷放时间一般不应大于1min。当扑救固体深位火灾时，喷射时间不应大于7min，并应在前2min内使二氧化碳的浓度达到30%。

局部应用二氧化碳灭火系统的灭火剂喷射时间一般不应小于0.5min。对于燃点温度低于沸点温度的液体（含可熔化的固体）火灾，灭火剂喷射时间不应小于1.5min。

2. IG541灭火系统

IG541设计用量95%的喷放时间，应不大于60s且不小于48s。

3. 七氟丙烷灭火系统

七氟丙烷的喷放时间，在通信机房和电子计算机房等场合，不应大于8s；在其他场合，不应大于10s。

（四）灭火浸渍时间

灭火浸渍时间（或抑制时间）是指被保护物完全浸没在保持着灭火剂设计浓度的混合气体中，使火灾完全熄灭所需的时间，是全淹没气体灭火系统所必须达到的，但这一参数与气体灭火系统本身无关，需要通过防护区的良好封闭实现。

1. 二氧化碳灭火系统

各种可燃物所需的二氧化碳灭火剂抑制（浸渍）时间见表8-1。

表8-1　二氧化碳灭火剂抑制（浸渍）时间

可燃物	抑制时间/min
电缆间和电缆沟、电子计算机房、电气开关和配电室	10
纤维材料、棉花、纸张、塑料（颗粒）、数据存储间、数据打印设备间	20
带冷却系统的发电机	至停转止

2. IG541灭火系统

① 扑救木材、纸张、织物等固体表面火灾时，宜采用20min；

② 扑救通信机房、电子计算机房等防护区火灾及其他固体表面火灾时，宜采用10min。

3. 七氟丙烷灭火系统

① 木材、纸张、织物等固体表面火灾，宜采用20min；

② 通信机房、电子计算机房内的电气设备火灾，应采用5min；

③ 其他固体表面火灾，宜采用10min；

④ 气体和液体火灾，不应小于1min。

（五）喷头最小工作压力

由于气体灭火系统的两相流特性，系统工作时，需要控制储存容器及管道内的压力，以限制流体中气相部分的相对量，为此，限定喷头工作压力不能小于规定值。在目前所应用的几类气体灭火系统中，喷头最小工作压力的限定方式不同，有采用绝对限制条件的，也有采用相对限制条件的。

1. 二氧化碳灭火系统

① 高压二氧化碳灭火系统喷头工作压力不应小于 1.4MPa（绝对压力）；

② 低压二氧化碳灭火系统喷头工作压力不应小于 1.0MPa（绝对压力）。

2. IG541 灭火系统

IG541 灭火系统喷头工作压力，一级充压系统应大于等于 2.0MPa（绝对压力），二级充压系统应大于等于 2.1MPa（绝对压力）。

3. 七氟丙烷灭火系统

七氟丙烷灭火系统喷头工作压力，一级充压系统大于等于 0.6MPa（绝对压力），二级充压系统大于等于 0.7MPa（绝对压力），三级充压系统大于等于 0.8MPa（绝对压力）。当受条件限制难以满足要求时，应大于等于中期容器压力的 1/2（MPa 绝对压力）。

二、二氧化碳灭火系统灭火剂用量

（一）全淹没二氧化碳灭火系统灭火剂用量

全淹没二氧化碳灭火系统灭火剂用量包括设计用量和剩余量。

1. 设计用量

全淹没二氧化碳灭火系统的灭火剂设计用量应按下式计算：

$$W = K_b(0.2A + 0.7V) \tag{8-2}$$

其中：

$$A = A_v + 30A_0$$

$$V = V_v - V_g$$

式中　W——全淹没二氧化碳灭火系统灭火剂设计用量，kg；

K_b——物质系数，见表 8-2；

A——折算面积，m^2；

A_v——防护区的内侧、底面、顶面的总面积（包括其中的开口），m^2；

A_0——开口总面积，m^2；

V——防护区的净容积，m^3；

V_v——防护区容积，m^3；

V_g——防护区内非燃烧体和难燃烧体的总体积，m^3。

式（8-2）是全淹没二氧化碳灭火系统设计用量基本计算公式，包括了灭火用量和开口流失补偿量。其中系数 0.2 是二氧化碳设计用量的面积系数（kg/m^2）；系数 0.7 是二氧化碳设计用量的体积系数（kg/m^3）；系数 30 是开口面积的补偿系数。

表 8-2 二氧化碳物质系数、设计浓度和抑制时间

可燃物	物质系数 K_b	设计浓度/%	抑制时间/min
丙酮	1.00	34	—
乙炔	2.57	66	—
航空燃料 115#/145#	1.06	36	—
粗苯(安息油、偏苏油)、苯	1.10	37	—
丁二烯	1.26	41	—
丁烷	1.00	34	—
丁烯-1	1.10	37	—
二硫化碳	3.03	72	—
一氧化碳	2.43	64	—
煤气或天然气	1.10	37	—
环丙烷	1.10	37	—
柴油	1.00	34	—
二甲醚	1.22	40	—
二苯与其氧化物的混合物	1.47	46	—
乙烷	1.22	40	—
乙醇(酒精)	1.34	43	—
乙醚	1.47	46	—
乙烯	1.60	49	—
二氯乙烯	1.00	34	—
环氧乙烷	1.80	53	—
汽油	1.00	34	—
己烷	1.03	35	—
正庚烷	1.03	35	—
氢	3.30	75	—
硫化氢	1.06	36	—
异丁烷	1.06	36	—
异丁烯	1.00	34	—
甲酸异丁酯	1.00	34	—
航空煤油 JP-4	1.06	36	—
煤油	1.00	34	—
甲烷	1.00	34	—
醋酸甲酯	1.03	35	—
甲醇	1.22	40	—
甲基丁烯-1	1.06	36	—
甲基乙基酮(丁酮)	1.22	40	—

续表

可燃物	物质系数 K_b	设计浓度/%	抑制时间/min
甲酸甲酯	1.18	39	—
戊烷	1.03	35	—
正辛烷	1.03	35	—
丙烷	1.06	36	—
丙烯	1.06	36	—
淬火油(灭弧油)、润滑油	1.00	34	—
纤维材料	2.25	62	20
棉花	2.00	58	20
纸	2.25	62	20
塑料(颗粒)	2.00	58	20
聚苯乙烯	1.00	34	—
聚氨基甲酸甲酯(硬)	1.00	34	—
电缆间和电缆沟	1.50	47	10
数据储存间	2.25	62	20
电子计算机房	1.50	47	10
电器开关和配电室	1.20	40	10
带冷却系统的发电机	2.00	58	至停转止
油浸变压器	2.00	58	—
数据打印设备间	2.25	62	20
油漆间和干燥设备	1.20	40	—
纺织机	2.00	58	—

表 8-2 中未列出的可燃物，其灭火浓度应通过试验确定，二氧化碳的设计浓度不应小于灭火浓度的 1.7 倍，并不得低于 34%。当防护区存在两种或两种以上的可燃物时，该防护区的二氧化碳设计浓度应按这些可燃物中最大的考虑。

另外，防护区的环境温度对二氧化碳设计用量也有影响。当防护区环境温度超过 100℃时，二氧化碳设计用量应在式（8-2）计算值的基础上，每超过 5℃增加 2%；当防护区环境温度低于－20℃时，二氧化碳设计用量应在式（8-2）计算值的基础上，每降低 1℃增加 2%。

2. 剩余量

二氧化碳灭火系统剩余量包括储存容器剩余量和管道剩余量两部分。

储存容器内的二氧化碳剩余量应由产品制造商提供。

高压二氧化碳灭火系统管道内剩余量可视为零，不予考虑；低压二氧化碳灭火系统管道内的剩余量可按下式计算：

$$W_r = \sum V_i \rho_i \tag{8-3}$$

式中 W_r——管道内的二氧化碳剩余量，kg；

V_i——管网中第 i 段管道的容积，m^3；

ρ_i——第 i 段管道内二氧化碳平均密度，kg/m^3。

3. 储存量

二氧化碳灭火系统的灭火剂储存量可按下式计算：

$$W_C = W + W_S + W_r \tag{8-4}$$

式中 W_C——全淹没二氧化碳灭火系统灭火剂储存量，kg；

W——全淹没二氧化碳灭火系统灭火剂设计用量，kg；

W_S——储存容器内的二氧化碳剩余量，kg；

W_r——管道内的二氧化碳剩余量，kg。

［**例 8-1**］一散装乙醇储存库，侧墙上有一个 2m×1m 的不能关闭的开口，库房尺寸为长 16m、宽 10m、高 3.5m。采用全淹没二氧化碳灭火系统保护，试计算二氧化碳灭火剂设计用量。

解：从表 8-2 中可查得，$K_b = 1.34$

防护区净容积 $V = 16 \times 10 \times 3.5 - 0 = 560m^3$

总表面积 $A_v = (16 \times 10 + 16 \times 3.5 + 10 \times 3.5) \times 2 = 502m^2$

开口总面积 $A_0 = 2 \times 1 = 2m^2$

折算面积 $A = 502 + 30 \times 2 = 562m^2$

设计用量 $W = K_b (0.2A + 0.7V) = 1.34 \times (0.2 \times 562 + 0.7 \times 560) = 675.9kg$

（二）局部应用二氧化碳灭火系统灭火剂用量

局部应用二氧化碳灭火系统灭火剂用量包括设计用量、管道蒸发量和剩余量。

1. 设计用量

局部应用二氧化碳灭火系统灭火剂设计用量计算有面积计算法和体积计算法两种，根据保护对象的具体情况确定。

（1）面积计算法 当保护对象为油盘等液体火灾时，局部应用灭火系统宜采用面积法设计，二氧化碳灭火剂设计用量应按下式计算：

$$W = NQ_i t \tag{8-5}$$

式中 W——二氧化碳灭火剂设计用量，kg；

N——喷头数量；

Q_i——单个喷头设计流量，kg/min；

t——二氧化碳灭火剂喷射时间，min。

（2）体积计算法

当保护对象为变压器及其类似物体时，局部应用灭火系统宜采用体积法设计，二氧化碳灭火剂设计用量应按下式计算：

$$W = V_i q_v t \tag{8-6}$$

式中　W——二氧化碳灭火剂设计用量，kg；

V_i——保护对象的计算体积，m^3；

q_v——二氧化碳体积喷射强度，kg/(min·m^3)；

t——二氧化碳喷射时间，min。

保护对象的计算体积应采用设定的封闭罩体积。封闭罩体积为假想将保护对象包围起来的设定空间，其封闭面为实体面或想定面。在确定计算体积时，封闭罩的底应为保护对象下边的实际地面，各个侧面和顶面与被保护对象的距离不小于 0.6m。在这个设定空间内的物体体积不能被扣除。

二氧化碳体积喷射强度按下式计算：

$$q_v = K_b\left(16 - \frac{12A_p}{A_t}\right) \tag{8-7}$$

式中　q_v——二氧化碳体积喷射强度，kg/(min·m^3)；

K_b——物质系数；

A_p——在设定的封闭罩内存在的实体墙等实际围封面的面积，m^2；

A_t——设定的封闭罩侧面围封面积，m^2。

［**例 8-2**］某油浸变压器，其外部尺寸为 2.5m×2.3m×2.6m，设有局部应用二氧化碳灭火系统，试计算该系统二氧化碳设计用量。

解：采用体积法设计。

（1）计算体积

$$V_t = (2.5+0.6\times2)\times(2.3+0.6\times2)\times(2.6+0.6) = 41.44m^3$$

（2）二氧化碳体积喷射强度　物质系数 $K_b=2$；设定封闭罩内存在的实际围封面面积 $A_p=0$。

$$q_v = K_b\left(16 - \frac{12A_p}{A_t}\right) = 2\times16 = 32kg/(min\cdot m^3)$$

（3）二氧化碳喷射时间　$t=0.5min$

（4）二氧化碳设计用量　$W = V_i q_v t = 41.44\times32\times0.5 = 663.04kg$

2. 二氧化碳管道蒸发量

当管道敷设在环境温度超过 45℃的场所且无绝热层保护时，应考虑二氧化碳在管道中的蒸发量。因为对于局部应用二氧化碳灭火系统，只有液态和固态二氧化碳才能有效灭火。二氧化碳在管道中的蒸发量可按下式计算：

$$W_V = \frac{M_g c_p (T_1 - T_2)}{H} \tag{8-8}$$

式中　W_V——二氧化碳在管道中的蒸发量，kg；

M_g——受热管网的管道质量，kg；

c_p——管道金属材料的比热容，kJ/(kg·℃)，钢管可取 0.46kJ/(kg·℃)；

T_1——二氧化碳喷射前管道的平均温度,℃，可取环境平均温度；

T_2——二氧化碳的平均温度,℃，高压系统取 15.6℃，低压系统取 −20.6℃；

H——二氧化碳蒸发潜热，kJ/kg，高压系统取 150.7kJ/kg，低压系统取 276.3kJ/kg。

3. 剩余量

剩余量的计算同全淹没二氧化碳灭火系统。

4. 系统储存量

局部应用二氧化碳灭火系统储存量按下式计算：

$$W_C = K_m W + W_V + W_S + W_r \tag{8-9}$$

式中 W_C——局部应用二氧化碳灭火系统储存量，kg；

K_m——裕度系数，高压系统取 1.4，低压系统取 1.1；

W——局部应用二氧化碳灭火系统设计用量，kg；

W_V——二氧化碳在管道中的蒸发量，kg；

W_S——储存容器内的二氧化碳剩余量，kg；

W_r——管道内的二氧化碳剩余量，kg。

三、IG541 灭火系统灭火剂用量

IG541 灭火系统灭火剂用量包括设计用量和系统剩余量。

1. 设计用量

IG541 灭火系统灭火剂设计用量可按下式计算：

$$W = K\frac{V}{\mu}\ln\left(\frac{1}{1-\varphi}\right) \tag{8-10}$$

式中 W——灭火剂设计用量，kg；

φ——IG541 灭火（或惰化）设计浓度,%；

V——防护区的净容积，m^3；

μ——灭火剂在 101kPa 和防护区最低环境温度下的比容，m^3/kg；

K——海拔高度修正系数。

IG541 在 101kPa 下的比容，应按下式计算：

$$\mu = 0.6575 + 0.0024T \tag{8-11}$$

式中 T——防护区最低环境温度,℃。

可燃物的灭火设计浓度不应小于该可燃物灭火浓度的 1.3 倍，可燃物的惰化设计浓度不应小于该可燃物惰化浓度的 1.1 倍。

一般固体表面火灾的灭火浓度为 28.1%，最小设计浓度 37.0%。IG541 灭火系统的灭火浓度和设计浓度见表 8-3。

表 8-3　IG541 灭火系统的灭火浓度和设计浓度

燃料	灭火浓度/%	最小设计浓度/%
丙酮	30. 3	35. 3
乙腈	26. 7	34. 7
喷气燃料	29. 5	35. 4
AVTUR(JetA)	36. 2	47. 1
1-丁醇	37. 2	48. 4
环已酮	42. 1	54. 7
柴油 2 号	35. 8	46. 5
二乙醚	34. 9	45. 4
乙烷	29. 5	38. 4
乙醇	35. 0	45. 5
乙酸乙酯	32. 7	42. 5
乙烯	42. 1	54. 7
庚烷	31. 1	37. 5
异丁醇	28. 3	33. 9
甲烷	15. 4	20. O
甲醇	44. 2	57. 5
丁酮	35. 8	46. 5
甲基异丁基酮	32. 3	42. o
辛烷	35. 8	46. 5
戊烷	37. 2	48. 4
石油醚	35. 0	45. 5
丙烷	32. 3	42. 0
普通汽油	35. 8	46. 5
甲苯	25. 0	30. O
乙酸乙烯酯	34. 4	44. 7
真空泵油	32. 0	41. 6

注：所列全部 B 类火的灭火浓度均根据 ISO 14520-1-2000 附录 B 得到。最小设计浓度比 ISO 14520-1-2000 的 7. 5. 1 所列的最小设计浓度有所增加。

IG541 灭火系统的海拔高度及修正系数见表 8-4。

表 8-4　IG541 灭火系统的海拔高度及修正系数

海拔高度/m	修正系数
−1000	1. 130
0	1. 000
1000	0. 885
1500	0. 830
2000	0. 785
2500	0. 735

续表

海拔高度/m	修正系数
3000	0.690
3500	0.650
4000	0.610
4500	0.565

设计用量也可按单位防护区体积灭火剂设计用量乘以防护区体积计算。单位防护区体积 IG541 灭火剂设计用量见表 8-5。

表 8-5 每立方米防护区体积 IG541 灭火剂设计用量 单位：m^3

温度/℃	IG541 比容/(m^3/kg)	对空气中的浓度							
		34%	38%	42%	46%	50%	54%	58%	62%
−25	0.598	0.014	0.016	0.018	0.021	0.023	0.026	0.029	0.032
−20	0.610	0.014	0.016	0.018	0.020	0.023	0.025	0.028	0.032
−15	0.622	0.013	0.015	0.018	0.020	0.022	0.025	0.028	0.031
−10	0.634	0.013	0.015	0.017	0.019	0.022	0.024	0.027	0.031
−5	0.646	0.013	0.015	0.017	0.019	0.021	0.024	0.027	0.030
0	0.658	0.013	0.015	0.017	0.019	0.021	0.024	0.026	0.029
5	0.670	0.012	0.014	0.016	0.018	0.021	0.023	0.026	0.029
10	0.682	0.012	0.014	0.016	0.018	0.020	0.023	0.025	0.028
15	0.694	0.012	0.014	0.016	0.018	0.020	0.022	0.025	0.028
20	0.706	0.012	0.014	0.015	0.017	0.020	0.022	0.025	0.027
25	0.718	0.012	0.013	0.015	0.017	0.019	0.022	0.024	0.027
30	0.730	0.011	0.013	0.015	0.017	0.019	0.021	0.024	0.026
35	0.742	0.011	0.013	0.015	0.017	0.019	0.021	0.023	0.026
40	0.754	0.011	0.013	0.014	0.016	0.018	0.021	0.023	0.026
45	0.765	0.011	0.012	0.014	0.016	0.018	0.020	0.023	0.025
50	0.777	0.011	0.012	0.014	0.016	0.018	0.020	0.022	0.025
55	0.789	0.011	0.012	0.014	0.016	0.018	0.020	0.022	0.025
60	0.801	0.010	0.012	0.014	0.015	0.017	0.019	0.022	0.024
65	0.813	0.010	0.012	0.013	0.015	0.017	0.019	0.021	0.024
70	0.825	0.010	0.012	0.013	0.015	0.017	0.019	0.021	0.023
75	0.837	0.010	0.011	0.013	0.015	0.017	0.019	0.021	0.023
80	0.849	0.010	0.011	0.013	0.015	0.016	0.018	0.020	0.023
85	0.861	0.010	0.011	0.013	0.014	0.016	0.018	0.020	0.022
90	0.873	0.010	0.011	0.012	0.014	0.016	0.018	0.020	0.022
95	0.885	0.009	0.011	0.012	0.014	0.016	0.018	0.020	0.022

注：t℃＝5/9(t℉−32)。

2. 系统剩余量

系统剩余量应按下式计算：

$$W_S = 1.80V_0 + 1.52V_p \tag{8-12}$$

式中　W_S——系统灭火剂剩余量，kg；

V_0——喷放前全部储存容器内的气相总容积，m^3；

V_p——系统管网管道容积，m^3。

3. 系统储存量

IG541 灭火系统灭火剂储存量，应为防护区灭火剂设计用量与系统剩余量之和。

四、七氟丙烷灭火系统灭火剂用量

（一）设计灭火用量

设计灭火用量是指整个防护区达到设计浓度所需的灭火剂量，是灭火剂总用量的主体组成部分，可按下式计算：

$$W = K_C \frac{\varphi}{1-\varphi} \frac{V}{\mu_{min}} \tag{8-13}$$

式中　W——七氟丙烷灭火剂设计灭火用量，kg；

K_C——海拔高度修正系数；

φ——七氟丙烷灭火剂设计浓度，体积分数，%；

V——防护区最大净容积，m^3；

μ_{min}——防护区最低环境温度下，七氟丙烷灭火剂气体比容，m^3/kg。

设计灭火用量简化计算：

根据式（8-13），有：

$$W = \frac{\varphi}{1-\varphi} \frac{1}{\mu_{min}} V = W'V \tag{8-14}$$

式中　W'——单位体积防护区的灭火剂设计灭火用量，kg/m^3。

七氟丙烷单位体积防护区的灭火剂设计灭火用量见表 8-6。

表 8-6　七氟丙烷单位体积防护区的灭火剂设计灭火用量 单位：kg/m^3

温度/℃	设计浓度(体积分数)							
	6	7	8	9	10	11	12	13
0	0.5034	0.5936	0.6858	0.7800	0.8763	0.9748	1.0755	1.1785
5	0.4932	0.5816	0.6719	0.7642	0.8586	0.9550	1.0537	1.1546
10	0.4834	0.5700	0.6585	0.7490	0.8414	0.9360	1.0327	1.1316
15	0.4740	0.5589	0.6457	0.7344	0.8251	0.9178	1.0126	1.1069
20	0.4650	0.5486	0.6335	0.7205	0.8094	0.9004	0.9934	1.0886

续表

温度/℃	设计浓度(体积分数)							
	6	7	8	9	10	11	12	13
25	0.4564	0.5382	0.6217	0.7071	0.7944	0.8837	0.9750	1.0684
30	0.4481	0.5284	0.6104	0.6943	0.7800	0.8676	0.9573	1.0490
35	0.4401	0.5190	0.5996	0.6819	0.7661	0.8522	0.9402	1.0303
40	0.4324	0.5099	0.5891	0.6701	0.7528	0.8374	0.9239	1.0124
45	0.4250	0.5012	0.5790	0.6586	0.7399	0.8230	0.9080	0.9950
50	0.4180	0.4929	0.5694	0.6476	0.7276	0.8093	0.8929	0.9784

式（8-13）已经考虑到门、窗等缝隙可能造成的灭火剂泄漏，并且认为在喷射时间过程中灭火剂始终以浓度 φ 泄漏。而实际上，泄漏的混合气体中灭火剂浓度是从零增加到 φ。因此，按式（8-13）计算出的结果是偏于安全的。

1. 灭火剂设计浓度 φ 的确定

有爆炸危险的防护区设计浓度应采用设计惰化浓度，无爆炸危险的防护区设计浓度可采用设计灭火浓度。防护区是否有爆炸危险性，不仅要考虑着火前，而且更重要的是在扑灭火灾后，从剩余的燃料中放出或蒸发出的可燃气体，是否有爆炸危险性。确定防护区是否有爆炸危险性，主要根据燃料的数量、挥发性及防护区的使用条件，当防护区内可燃气体或蒸气的最大浓度小于燃烧下限的一半或防护区内可燃液体的闪点超过防护区的最高环境温度时，可认为防护区不存在爆炸危险性。

灭火浓度或惰化浓度应通过试验确定。可燃物的设计灭火浓度不应小于该可燃物灭火浓度的 1.3 倍，可燃物的设计惰化浓度不应小于该可燃物惰化浓度的 1.1 倍，且不小于 7.5%。设计浓度取灭火浓度或惰化浓度的一定倍数，主要考虑两个因素。一是测定可燃固体灭火浓度没有标准实验装置，很难测出临界灭火浓度值，而且发生火灾时，各种影响因素又很多，所以从安全角度考虑，乘以安全系数；二是考虑到灭火剂气体在空间分布的不均匀性，乘以安全系数后，可以确保空间各点的灭火剂浓度均可达到灭火浓度或惰化浓度。另外，考虑到火灾发生不仅局限于保护对象，建筑构件、室内摆设、装修材料、电气线路等，均可能着火或被引着，而这些物体有一个最低设计浓度，因此，尽管保护对象的灭火浓度值较低，但考虑到上述原因，其设计浓度不小于 7.5%。

几种可燃物共存或混合时，设计浓度应按最大者考虑。对于可燃液体、可燃气体混合存放的情形，设计浓度是介于最大者和最小者之间。有条件的话，混合物的灭火浓度或惰化浓度也可以通过实验直接测定。

常见的甲、乙、丙类液体和可燃气体的灭火剂设计浓度，有关设计规范中已给出。表 8-7、表 8-8 分别列出了其中部分物质的七氟丙烷灭火剂的设计灭火浓度和设计惰化浓度。

表 8-7　七氟丙烷灭火剂设计灭火浓度（0.1MPa 压力和 25℃ 空气中）

可燃物	灭火浓度/%
丙酮	6.8
乙腈	3.7
AV 汽油	6.7
丁醇	7.1
丁基乙酸酯	6.6
环戊酮	6.7
2 号柴油	6.7
乙烷	7.5
乙醇	8.1
乙基乙酸酯	5.6
乙二醇	7.8
汽油(无铅,7.8%乙醇)	6.5
庚烷	5.8
1 号水力流体	5.8
异丙醇	7.3
JP-4	6.6
JP-5	6.6
甲烷	6.2
甲醇	10.2
甲乙酮	6.7
甲基异丁酮	6.6
吗啉	7.3
硝基甲烷	10.1
丙烷	6.3
Pyrolidine(吡咯烷)	7.0
四氢呋喃	7.2
甲苯	5.8
变压器油	6.9
涡轮液压油 23	5.1
二甲苯	5.3

表 8-8　七氟丙烷灭火剂设计惰化浓度（0.1MPa 压力和 25℃ 空气中）

可燃物	惰化浓度/%
1-丁烷	11.3
1-氯-1.1-二氟乙烷	2.6
1.1-二氟乙烷	8.6
二氯甲烷	3.5

续表

可燃物	惰化浓度/%
乙烯氧化物	13.6
甲烷	8.0
戊烷	11.6
丙烷	11.6

对于图书、档案、文物资料库等防护区，七氟丙烷灭火剂设计浓度宜采用10.0%；

变配电室、通信机房、电子计算机房等防护区，七氟丙烷灭火剂设计浓度宜采用8.0%；

油浸变压器室、带油开关的配电室和燃油发电机房等防护区，七氟丙烷设计灭火浓度宜采用9%；

各防护区实际应用所采用的浓度，不应大于设计灭火浓度或设计惰化浓度的1.1倍，最大限度地避免毒性危害。

2. 灭火剂气体比容 μ_{min} 的确定

灭火剂气体比容可按下式计算：

$$\mu = K_C(X_1 + X_2 t) \tag{8-15}$$

式中 μ——七氟丙烷灭火剂气体比容，m^3/kg；

K_C——海拔高度修正系数；

X_1，X_2——系数，分别为0.1269、0.000513；

t——防护区环境温度，℃。

在20℃和0.1MPa大气压力下，七氟丙烷灭火剂气体比容为0.14m^3/kg。

七氟丙烷灭火系统的海拔高度修正系数同IG541灭火系统，见表8-3。

防护区净容积指可能完全由灭火气体充满的房间容积。在计算净容积时，要扣除建筑物永久固定的凸出构件和永久固定的工艺设备所占有的体积。

[**例8-3**] 某易燃液体储存间，长、宽、高为10m、6m、2.8m，储存物品为甲醇和丙酮，环境温度按20℃考虑，所处地区海拔高度为1500m，采用全淹没七氟丙烷灭火系统保护，求设计灭火用量。若海拔高度为零，则设计灭火用量又为多少？

解：（1）确定设计浓度　查表8-7，甲醇10.2%，丙酮6.8%。取$\varphi=10.2\%$

（2）防护区净容积

$$V = 10\times6\times2.8 = 168m^3$$

（3）七氟丙烷气体比容

$$\mu_{min} = K_C(0.1269+0.000513t)$$
$$=0.83(0.1269+0.000513\times20)=0.83\times0.137=0.113(m^3/kg)$$

(4)设计灭火用量 $W=\frac{\varphi}{1-\varphi}\times\frac{V}{\mu_{min}}=\frac{0.102}{1-0.102}\times\frac{168}{0.113}=169(kg)$

(5) 若海拔高度为零，$\mu_{min}=0.137$，则

$$W=\frac{\varphi}{1-\varphi}\frac{V}{\mu_{min}}=\frac{0.102}{1-0.102}\cdot\frac{168}{0.137}=139(kg)$$

从例题可以看出，海拔高度变化比较大时，应校正设计灭火用量，切实做到经济合理、安全可靠。

（二）系统剩余量

系统剩余量指在灭火剂喷射时间内不能释放到防护区空间而残留在灭火系统中的灭火剂量，包括灭火剂储存容器剩余量和管网剩余量两部分。

1. 储存容器内灭火剂剩余量

喷射时间终了时残留在储存容器内的灭火剂量可按下式计算：

$$W'_1=\rho V_d \tag{8-16}$$

式中　W'_1——储存容器内灭火剂剩余量，kg；

ρ——灭火剂液态密度，kg/m^3；

V_d——储存容器导液管入口以下部分容器的容积，m^3。

一般生产厂家在产品出厂时，对储存容器内灭火剂剩余量进行测定，为用户提供出该储存容器灭火剂剩余量。

2. 管网内灭火剂剩余量

在灭火剂释放后期储存容器内灭火剂液面降到导液管下端入口时，驱动气体进入导液管继续推动灭火剂液体流动，此时有一个气液分界点。该气液分界点遇到分支管时，分成两个或更多个气液分界点。当气液分界点到达第一个喷嘴或同时到达几个喷嘴时，驱动气体从喷嘴迅速排出，系统泄压，此时残留在后边管道中的灭火剂已无足够推动力，不能在喷射时间内喷出参与灭火，只能挥发后进入防护区，这部分量称为管网内灭火剂剩余量。

均衡系统管网内灭火剂剩余量很少或为零，一般不需考虑。非均衡系统管网内灭火剂剩余量应予以考虑，但准确计算较复杂，可以估算确定。

五、储存容器数量确定

储存容器数量应根据气体灭火剂的储存量和灭火剂充装率（充装密度）由计算确定：

$$N=\frac{W_h}{\rho_C V_p} \tag{8-17}$$

式中　N——气体灭火剂储存容器数量；

W_h——灭火剂储存量，kg；

ρ_C——气体灭火剂的最大充装率，kg/m^3；

V_p——单个储存容器的容积，m^3。

在按上式计算灭火剂储存容器数量时，首先初选一个灭火剂充装率，待灭火剂储存容器数量确定后，要反算确定系统真实的灭火剂充装率，作为系统设计依据。

第四节 防护区与储瓶间

一、防护区

防护区是指由全淹没气体灭火系统保护的封闭空间。要发挥气体灭火系统的作用，确保灭火的可靠性，并最大限度减少气体灭火剂的毒性危害，防护区应满足一定的要求。

（一）防护区建筑要求

1. 防护区的大小及划分

(1) 防护区的大小 防护区不宜太大，若房间太大，应分成几个小的防护区。IG541灭火系统和七氟丙烷灭火系统防护区，当采用管网灭火系统时，一个防护区的面积不宜大于800m^2，容积不宜大于3600m^3；当采用预制灭火装置时，一个防护区的面积不应大于100m^2，容积不应大于400m^3。

(2) 防护区的划分 防护区应以固定的封闭空间来划分。几个相连的房间是各自作为独立的防护区还是几个房间作为一个防护区考虑，应视其是否符合对防护区的要求而定。

2. 防护区的结构

(1) 防护区承压能力 防护区围护结构及门、窗的允许压强不宜小于1.2kPa，使其能够承受住气体灭火系统启动后，房间内的气压增加。

(2) 防护区结构耐火要求 防护区围护结构及门、窗的耐火极限不应低于0.5h，吊顶的耐火极限不应低于0.25h。试验和大量的火场实践证明，完全扑灭火灾所需时间一般在15min内。因此，二氧化碳扑救固体火灾的抑制时间为20min，这就要求防护区围护结构的耐火极限应在20min以上。

(3) 防护区的开口规定 防护区不宜有敞开的孔洞，存在的开口应设置自动关闭装置。对可能发生气体、液体、电气设备和固体表面火灾的二氧化碳灭火系统防护区，若设自动关闭装置有困难，允许存在不能自动关闭的开口，但其面积不应大于防护区内表面积的3%，且开口不应设在底面。

开口的存在对灭火浓度的维持影响很大，不利于有效地扑灭火灾。因此对开口问题一定要谨慎对待，一般情况下应遵循以下原则：防护区不宜开口，如必须开口应设自动关闭装置，当设置自动关闭装置有困难时，应使开口面积减小到最低限度，考虑灭火剂的补偿。

3. 泄压口的设置

防护区应有泄压口，防止气体灭火剂从储存容器释放出来后对建筑结构造成破坏。

① 泄压口宜设在防护区的外墙上，其高度应大于防护区净高的2/3。

② 二氧化碳灭火系统防护区泄压口面积可按下式计算：

$$A_X = 0.0076 \frac{Q_t}{\sqrt{p_t}} \tag{8-18}$$

式中 A_X——泄压口面积，m^2；

Q_t——二氧化碳喷射率，kg/min；

p_t——围护结构的允许压强，Pa。

IG541灭火系统防护区泄压口面积可按下式计算：

$$A_X = 1.1 \frac{Q_t}{\sqrt{p_t}} \tag{8-19}$$

式中 Q_t——IG541灭火剂喷射率，kg/s。

七氟丙烷灭火系统防护区泄压口面积可按下式计算：

$$A_X = 0.15 \frac{Q_t}{\sqrt{p_t}} \tag{8-20}$$

式中 Q_t——七氟丙烷灭火剂在防护区的平均喷射率，kg/s。

[**例8-4**] 某防护区围护结构的最低允许压强1.2kPa，二氧化碳喷射率为150kg/min，求泄压口面积。

解：

$$A_X = 0.0076 \frac{Q_t}{\sqrt{p_t}} = 0.0076 \frac{150}{\sqrt{1200}} = 0.033\text{m}^2$$

当防护区设有防爆泄压孔或门窗缝隙没设密封条时，可不单独设置泄压口。

4. 防护区联动要求

防护区用的通风机（包括空调）、通风管道的防火阀及影响灭火效果的生产操作，在系统启动喷放灭火剂前应自动关闭。以避免造成气体灭火剂大量流失，保证所需气体灭火剂灭火浓度的形成和维持。

5. 局部应用气体灭火系统对保护对象的要求

局部应用气体灭火系统的保护对象，应符合下列要求。

① 保护对象周围的空气流动速度不宜大于3m/s，必要时，应采取挡风措施。

② 在喷头与保护对象之间，喷头喷射角范围内不应有遮挡物。

③ 当保护对象为甲、乙、丙类液体，液面至容器缘口距离不得小于150mm。

（二）防护区安全要求

为防止灭火剂对停留在防护区内的人产生毒性危害。设置全淹没气体灭火系统的防护区应采取一定的安全措施。

1. 报警

防护区应有火灾报警和灭火剂释放报警，并符合下列要求。

① 防护区内应设火灾声报警器，必要时，防护区的入口处应设光报警器，其报警时间不宜少于灭火过程所需的时间，并应以手动方式解除报警信号。

② 防护区入口处应设灭火剂喷放指示灯，提示人们不要误入防护区。

2. 标志

防护区入口处应设灭火系统防护标志，防护标志应标明灭火剂释放对人的危害，遇到火灾应采取的自我保护措施以及其他注意事项。

3. 疏散

① 防护区应有能在30s内使该区域人员疏散完毕的走道与出口。在疏散走道与出口处，应设火灾事故照明和疏散指示标志。

② 防护区的门应向疏散方向开启，并能自行关闭，且保证在任何情况下均能从防护区内打开。

4. 通风

灭火后的防护区应通风换气，地下防护区和无窗或固定窗扇的地上防护区，应设机械排风装置。排风口宜设在防护区的下部并应直通室外。

5. 应急切断

在经常有人的防护区内设置的无管网灭火系统，应有切断自动控制系统的手动装置。

6. 电气防火

① 凡经过有爆炸危险及变电、配电室等场所的管网系统，应设防静电接地。

② 气体灭火系统的组件与带电部件之间的最小间距，应符合表8-9的规定。

表 8-9 系统组件与带电部件之间的最小间距

标称线路电压/kV	最小间距/m
≤10	0.18
35	0.34
110	0.94
220	1.90
330	2.90
500	3.60

7. 其他

① 设有气体灭火系统的建筑物应配备专用的空气呼吸器或氧气呼吸器。

② 有人工作的防护区，其灭火设计浓度或实际使用浓度，不应大于 LOAEL（最小可见损害作用水平）浓度。

③ 储瓶间的门应向外开启，储瓶间内应设应急照明。储瓶间应具备通风条件，地下储瓶间应设机械排风装置，排风口应设在下部直通室外。

二、储瓶间

气体灭火系统应有专用的储瓶间，放置系统设备，以便于系统的维护管理。储瓶间应靠近防护区，房间的耐火等级不应低于二级，房间出口应直接通向室外或疏散走道。气体灭火系统储瓶间的室内温度应在表 8-10 的给定范围，并应保持干燥和良好通风。设在地下的储瓶间应设机械排烟装置，排风口应通往室外。

表 8-10　气体灭火系统储瓶间的室内温度

系统类型	温度范围/℃
高压二氧化碳灭火系统	0～49
低压二氧化碳灭火系统	－23～49
IG541 灭火系统	－10～50
七氟丙烷灭火系统	－10～50

第五节　系统组件的安装与调试

一、系统部件、组件（设备）安装前检查

1. 外观检查

气体灭火系统组件的外观质量要求：

① 系统组件无碰撞变形及其他机械性损伤。

② 组件外露非机械加工表面保护涂层完好。

③ 储存容器外表正面标注灭火剂名称，字迹明显、清晰，标志铭牌牢固且设置在系统明显部位（图 8-13），选择阀、单向阀标有介质流动方向的标志。

④ 同一规格的灭火剂储存容器，其高度差不宜超过 20mm。

⑤ 同一规格的驱动气体储存容器，其高度差不宜超过 10mm。

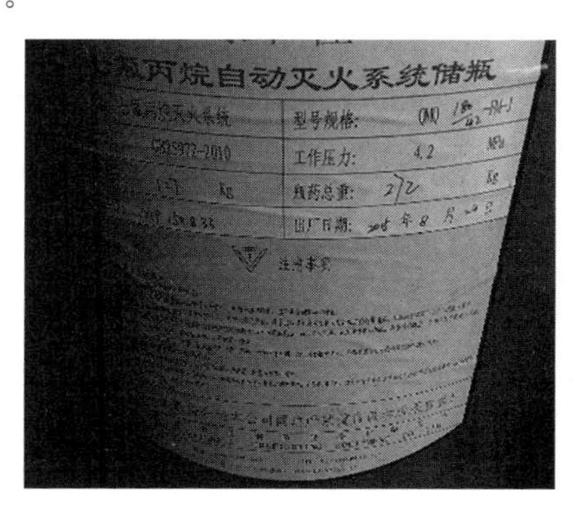

图 8-13　气体钢瓶铭牌

2. 灭火剂储存容器检查

① 灭火剂储存容器的充装量、充装压力符合设计要求，充装系数或装量系数符合设计规范规定。

② 不同温度下灭火剂的储存压力按相应标准确定。

3. 阀驱动装置检查要求

① 电磁驱动器的电源电压符合系统设计要求。通电检查电磁铁芯，其行程能满足系统启动要求，且动作灵活，无卡阻现象，见图 8-14。

(a) 电磁驱动器　　(b) 铁芯

图 8-14　阀驱动装置

② 气动驱动装置储存容器内气体压力不低于设计压力，且不得超过设计压力的 5%，气体驱动管道上的单向阀启闭灵活，无卡阻现象。

③ 机械驱动装置传动灵活，无卡阻现象。

二、设备组件的安装

1. 灭火剂储存装置安装

① 灭火剂储存装置安装后泄压装置的泄压方向不应朝向操作面。低压二氧化碳灭火系统的安全阀要通过专用的泄压管接到室外。

② 储存装置上压力计、液位计、称重显示装置的安装位置便于人员观察和操作。

③ 储存容器和集流管应采用支（框）架固定，固定应牢靠，并做防腐处理。

④ 安装集流管前检查内腔，确保清洁。

⑤ 集流管上的泄压装置的泄压方向不应朝向操作面。

⑥ 连接储存容器与集流管间的单向阀的流向指示箭头应指向介质流动方向。

2. 选择阀及信号反馈装置的安装

① 选择阀操作手柄安装在操作面一侧，当安装高度超过 1.7m 时采取便于操作的措施，见图 8-15。

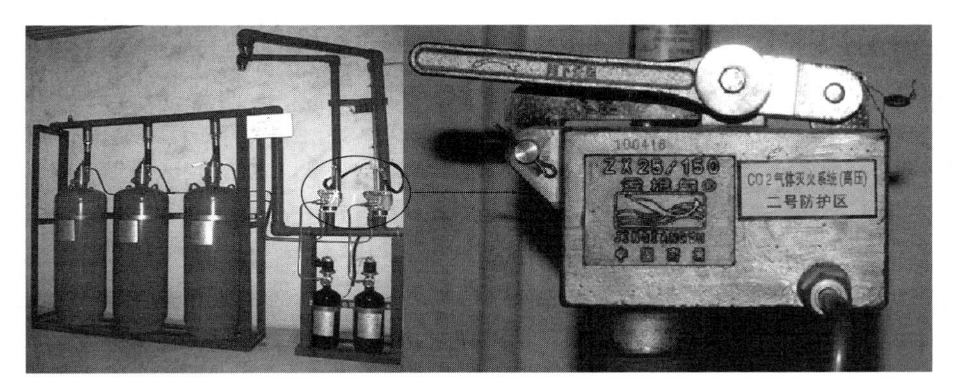

图 8-15　选择阀

② 采用螺纹连接的选择阀，其与管网连接处宜采用活接。

③ 选择阀的流向指示箭头要指向介质流动方向。

④ 选择阀上要设置标明防护区或保护对象名称或编号的永久性标志牌，并应便于观察。

⑤ 信号反馈装置的安装符合设计要求。

3. 阀驱动装置的安装

(1) 气动驱动装置的安装规定

① 驱动气瓶的支架、框架或箱体固定牢靠，并做防腐处理。

② 驱动气瓶上有标明驱动介质名称、对应防护区或保护对象名称或编号的永久性标志，并便于观察。

(2) 气动驱动装置的管道安装规定

① 管道布置符合设计要求。

② 竖直管道在其始端和终端设防晃支架或采用管卡固定。

③ 水平管道采用管卡固定。管卡的间距不宜大于 0.6m。转弯处应增设 1 个管卡。

(3) 气压严密性试验　气动驱动装置的管道安装后要进行气压严密性试验。

4. 灭火剂输送管道的安装

(1) 灭火剂输送管道连接要求

① 采用螺纹连接时，安装后的螺纹根部应有 2～3 条外露螺纹；连接后，将连接处外部清理干净并做防腐处理。

② 采用法兰连接时，衬垫不得凸入管内，其外边缘宜接近螺栓，不得放双垫或偏垫。连接法兰的螺栓，直径和长度符合标准，拧紧后，凸出螺母的长度不

大于螺杆直径的 1/2 且应有不少于 2 条外露螺纹。

③ 已防腐处理的无缝钢管不宜采用焊接连接，与选择阀等个别连接部位需采用法兰焊接连接时，要对被焊接损坏的防腐层进行二次防腐处理。

（2）管道穿越墙壁、楼板处要安装套管　套管公称直径比管道公称直径至少大 2 级，穿越墙壁的套管长度应与墙厚相等，穿越楼板的套管长度应高出地板 50mm。管道与套管间的空隙采用防火封堵材料填塞密实。当管道穿越建筑物的变形缝时，要设置柔性管段。

（3）气压严密性试验　灭火剂输送管道安装完毕后，要进行强度试验和气压严密性试验。强度试验要求，见表 8-11。

表 8-11　强度试验要求

试验内容	试验要求		
	二氧化碳	IG541	七氟丙烷
水压强度试验压力	高压:15MPa 低压:4MPa	14MPa	1.5 倍最大工作压力
水压强度试验测试	进行水压强度试验时,以不大于 0.5MPa/s 的升压速率缓慢升压至试验压力,保压 5min,检查管道各处无渗漏、无变形为合格		
气压强度试验压力(当水压强度试验条件不具备时,可采用气压强度试验代替)	80%水压强度试验压力	10.5MPa	1.15 倍最大工作压力
气压强度试验测试	宜以 0.2MPa 进行预试验;试验时应逐步缓慢增加压力,当压力升至试验压力的 50%时,如未发现异状或泄漏,继续按试验压力的 10%逐级升压,每级稳压 3min,直至试验压力值。保持压力,检查管道各处无变形,无泄漏为合格。		

气压严密性试验要求如下：

① 灭火剂输送管道经水压强度试验合格后还应进行气密性试验，经气压强度试验合格且在试验后未拆卸过的管道可不进行气密性试验。

② 灭火剂输送管道在水压强度试验合格后，或气密性试验前，应进行吹扫。吹扫管道可采用压缩空气或氮气。管道末端气体流速大于等于 20m/s。

③ 气密性试验压力应按下列规定取值：

a. 对灭火剂输送管道，应取水压强度试验压力的 2/3。

b. 对气动管道，应取驱动气体储存压力。

④ 进行气密性试验时，应以不大于 0.5MPa/s 的升压速率缓慢升压至试验压力，关断试验气摞 3min 内压力降不超过试验压力的 10%为合格。

5. 控制组件的安装

① 灭火控制装置的安装符合设计要求，防护区内火灾探测器的安装符合国家标准《火灾自动报警系统施工及验收规范》（GB 50166）的规定。

② 设置在防护区处的手动、自动转换开关要安装在防护区入口便于操作的部位，安装高度为中心点距地（楼）面 1.5m。

③ 手动启动、停止按钮安装在防护区入口便于操作的部位，安装高度为中心点距地（楼）面 1.5m；防护区的声光报警装置安装符合设计要求，并安装牢固，不倾斜，见图 8-16。

④ 气体喷放指示灯宜安装在防护区入口的正上方。

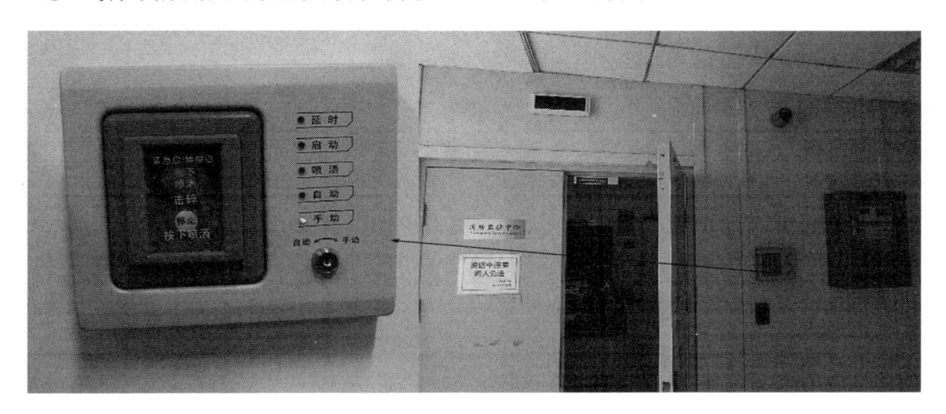

图 8-16　防护区入口处设置

三、系统调试

气体灭火系统的调试在系统安装完毕，相关的火灾报警系统、开口自动关闭装置、通风机械和防火阀等联动设备的调试完成后进行。

调试项目包括模拟启动试验、模拟喷气试验和模拟切换操作试验。调试完成后将系统各部件及联动设备恢复正常工作状态。

（一）系统调试准备

① 气体灭火系统调试前要具备完整的技术资料，并符合相关规范的规定。

② 调试前按规定检查系统组件和材料的型号、规格、数量以及系统安装质量，并及时处理所发现的问题。

（二）系统调试要求

1. 模拟启动试验

（1）调试要求　调试时，对所有防护区或保护对象按规范规定进行手动、自动模拟启动试验，并合格。

（2）模拟启动试验方法

① 手动模拟启动试验按下述方法进行：按下手动启动按钮，观察相关动作信号及联动设备动作是否正常（如发出声、光报警），启动输出端的负载响应，关闭通风空调、防火阀等手动启动压力信号反馈装置，观察相关防护区门外的气

体喷放指示灯是否正常。

② 自动模拟启动试验按下述方法进行：

a. 将灭火控制器的启动输出端与灭火系统相应防护区驱动装置连接。驱动装置与阀门的动作机构脱离。也可用 1 个启动电压、电流与驱动装置的启动电压、电流相同的负载代替。

b. 人工模拟火警使防护区内任意 1 个火灾探测器动作，观察单一火警信号输出后，相关报警设备动作是否正常（如警铃、蜂鸣器发出报警声等）。

c. 人工模拟火警使该防护区内另一个火灾探测器动作，观察复合火警信号输出后，相关动作信号及联动设备动作是否正常（如发出声、光报警，启动输出端的负载响应，关闭通风空调、防火阀等）。

③ 模拟启动试验结果要求：

a. 延迟时间与设定时间相符，响应时间满足要求；

b. 有关声、光报警信号正确；

c. 联动设备动作正确；

d. 驱动装置动作可靠。

2. 模拟喷气试验

（1）调试要求　调试时，对所有防护区或保护对象进行模拟喷气试验，并合格。预制灭火系统的模拟喷气试验宜各取 1 套进行试验，试验按产品标准中有关“联动试验”的规定进行。

（2）模拟喷气试验方法

① 模拟喷气试验的条件：拟气试验宜采用自动启动方式，试验要求见表 8-12。

表 8-12　模拟喷气试验要求

模拟气体	试验范围	试验量
IG541 混合气体灭火系统及高压二氧化碳灭火系统	选定试验的防护区	保护对象设计用量所需容器总数的 5%，且不少于 1 个
低压二氧化碳灭火系统	选定输送管道最长的防护区或保护对象进行	喷放量不小于设计用量的 10%
卤代烷灭火系统（采用氮气进行）	选定试验的防护区	氮气储存容器数不少于灭火剂储存容器数的 20%，且不少于 1 个

② 模拟喷气试验结果要符合下列规定：

a. 延迟时间与设定时间相符，响应时间满足要求；

b. 有关声、光报警信号正确；

c. 有关控制阀门工作正常；

d. 信号反馈装置动作后，气体防护区门外的气体喷放指示灯工作正常；

e. 储存容器间内的设备和对应防护区或保护对象的灭火剂输送管道无明显晃动和机械性损坏；

f. 试验气体能喷入被试防护区内或保护对象上，且能从每个喷嘴喷出。

3. 模拟切换操作试验

（1）调试要求　设有灭火剂备用量且储存容器连接在同一集流管上的系统应进行模拟切换操作试验，并合格。

（2）模拟切换操作试验方法

① 按使用说明书的操作方法，将系统使用状态从主用量灭火剂储存容器切换为备用量灭火剂储存容器的使用状态。

② 按本节方法进行模拟喷气试验。

③ 试验结果符合上述模拟喷气试验结果的规定

第六节　系统的检测与验收

气体灭火系统安装调试完成后，应委托具有相应资质的消防设施检测机构进行技术检测。系统部件及功能检测要全数进行检查。检查内容包括直观检查、安装检查和功能检查等。

一、系统检测

（一）储瓶间检查要求

① 储瓶间门外侧中央贴有“气体灭火储瓶间”的标牌。

② 管网灭火系统的储存装置宜设在专用储瓶间内，其位置应符合设计文件，如设计无要求，储瓶间宜靠近防护区。

③ 储存装置间内设应急照明，其照度应达到正常工作照度。

（二）高压储存装置

1. 直观检查要求

① 储存容器无明显碰撞变形和机械性损伤缺陷，储存容器表面应涂红色，防腐层完好、均匀，手动操作装置有铅封，组件应完整，部件与管道连接处无松动、脱落等。

② 储存装置间的环境温度为－10～50℃；高压二氧化碳储存装置的环境温度为 0～49℃。

2. 安装检查要求

① 储存容器的规格和数量符合设计文件要求，且同一系统的存容器的规格、尺寸要一致，其高度差不超过 20mm。

② 储存容器必须固定在支（框）架上，支（框）架与建筑构件固定，要牢固可靠，并做防腐处理；操作面距墙或操作面之间的距离不宜小于1.0m，且不小于储存容器外径的1.5倍。

③ 容器阀上的压力表无明显机械损伤，在同一系统中的安装方向要一致，其正面朝向操作面。同一系统中容器阀上的压力表的安装高度差不宜超过10mm，相差较大时，允许使用垫片调整；二氧化碳灭火系统要设检漏装置。

④ 灭火剂储存容器的充装量和储存压力符合设计文件，见表8-13。

表8-13 灭火剂储存容器充装量要求

灭火系统	充装量要求
灭火剂储存容器	不超过设计充装量1.5%
卤代烷灭火剂储存容器	灭火剂储存容器内的实际压力不低于相应温度下的储存压力，不超过该储存压力的5%
储存容器中充装的二氧化碳	质量损失不大于10%

⑤ 灭火剂总量、每个防护分区的灭火剂量符合设计文件，备用量要求，见表8-14。

表8-14 灭火剂备用量要求

灭火系统	保护范围	备用量
组合分配的二氧化碳气体灭火系统保护	5个及5个以上的防护区或保护对象时，或在48h内不能恢复时	100%设置备用量
其他灭火系统	72h内不能重新充装恢复工作	

（三）低压储存装置

1. 直观检查要求

与高压储存装置直观检查要求相同。

2. 安装检查要求

① 与高压储存装置直观检查要求相同。

② 低压系统制冷装置的供电要采用消防电源。

③ 储存装置要远离热源，其位置要便于再充装，其环境温度宜为−23～49℃。

3. 功能检查要求

① 制冷装置采用自动控制，且设手动操作装置。

② 低压二氧化碳灭火系统储存装置的报警功能正常，高压报警压力设定值应为2.2MPa，低压报警压力设定值为1.8MPa，见图8-17。

图 8-17　低压二氧化碳灭火系统

（四）阀驱动装置直观检查要求

① 气动驱动装置应无明显变形，表面防腐层完好，手动按钮上有完整铅封。

② 气动管道应平整光滑，弯曲部分应规则平整。

（五）选择阀及压力信号器

1. 直观检查要求

① 有出厂合格证及法定机构的有效证明文件。

② 现场选用产品的数量、规格、型号符合设计文件要求。

③ 组件完整，无碰撞变形或其他机械性损伤，铭牌清晰、牢固，方向正确。

2. 安装检查要求

① 选择阀的安装位置靠近储存容器，安装高度宜为 1.5～1.7m。选择阀操作手柄应安装在便于操作的一面，当安装高度超过 1.7m 时应采取便于操作的措施。

② 选择阀上应设置标明防护区或保护对象名称或编号的永久性标志牌，并便于观察。

③ 选择阀上应标有灭火剂流动方向的指示箭头，箭头方向应与介质流动方向一致

（六）单向阀安装检查要求

① 单向阀的安装方向应与介质流动方面一致。

② 七氟丙烷、三氟甲烷、高压二氧化碳灭火系统在容器阀和集流管之间的管道上应设液流单向阀，方向与灭火剂输送方向一致。

③ 气流单向阀在气动管路中的位置、方向必须完全符合设计文件。

（七）泄压装置安装检查要求

① 在储存容器的容器阀和组合分配系统的集流管上，应设安全泄压装置。

② 泄压装置的泄压方向不应朝向操作面。

③ 低压二氧化碳灭火系统储存容器上至少应设置 2 套安全泄压装置，低压

二氧化碳灭火系统的安全阀应通过专用泄压管接到室外，其泄压动作压力应为(2.38±0.12)MPa。

（八）防护区和保护对象

① 防护区围护结构及门窗的耐火极限均不宜低于0.50h；吊顶的耐火极限不宜低于0.25h。防护区围护结构承受内压的允许压强，不宜低于1200Pa。

② 两个或两个以上的防护区采用组合分配系统时，一个组合分配系统所保护的防护区不应超过8个。

③ 防护区应设置泄压口。泄压口宜设在外墙上，并应设在防护区净高的2/3以上。

④ 喷放灭火剂前，防护区内除泄压口外的开口应能自行关闭。

⑤ 防护区的入口处应设防护区采用的相应气体灭火系统的永久性标志牌；防护区的入口处正上方应设灭火剂喷放指示灯，入口处应设火灾声、光报警器；防护区内应设火灾声报警器，必要时，可增设闪光报警器；防护区应有保证人员在30s内疏散完毕的通道和出口，疏散通道及出口处，应设置应急照明装置与疏散指示标志。

（九）喷嘴安装检查要求

① 安装在吊顶下的不带装饰罩的喷嘴，其连接管端螺纹不应露出吊顶，安装在吊顶下的带装罩喷嘴，其装饰罩应紧贴吊顶；设置在有粉尘、油雾等防护区的喷头，应有防护装置。

② 喷头的安装间距应符合设计文件，喷头的布置应满足喷放后气体灭火剂在防护区内均匀分布的要求。当保护对象属可燃液体时，喷头射流方向不应朝向液体表面。

③ 喷头的最大保护高度不宜大于6.5m，最小保护高度不应小于300mm。

（十）预制灭火装置

1. 直观检查要求

① 与选择阀等直观检查要求相同。

② 一个防护区设置的预制灭火系统，其装置数量不宜超过10台。

2. 安装检查要求

① 同一防护区设置多台装置时其相互间的距离不得大于10m。

② 防护区内设置的预制灭火系统的充压压力不应大于2.5MPa。

3. 功能检查要求

同一防护区内的预制灭火系统装置多于10台时，必须能同时启动，其动作响应时差不得大于2s。

（十一）操作与控制

1. 安装检查

① 管网灭火系统应设自动控制、手动控制和机械应急操作三种启动方式。

预制灭火系统应设自动控制和手动控制两种启动方式。

② 灭火设计浓度或实际使用浓度大于无毒性反应浓度的防护区，应设手动与自动控制的转换装置。手动、自动转换开关应安装在防护区入口便于操作的部位，安装高度为中心点距地（楼）面1.5m。

③ 手动启动、停止按钮应安装在防护区入口便于操作的部位，安装高度为中心点距地（楼）面1.5m，手动启动、停止按钮处应有防止误操作的警示显示与措施。

④ 机械应急操作装置应设在储瓶间内或防护区疏散出口门外便于操作的地方，并应设置防止误操作的警示显示与措施。

二、系统验收

气体灭火系统经验收合格才能使用。在验收时，应特别注意对审核中提出的问题，是否贯彻到系统的设计安装中去。验收应根据《气体灭火系统施工及验收规范》的要求进行。

1. 技术资料审查

竣工验收前，建设单位应向当地公安消防监督机构提出竣工验收申请报告，并提供有关的技术资料供审查。这些技术资料包括：

① 施工竣工图、设计说明书、设计计算说明书、系统及主要组件的使用说明书；

② 各个组件的检验合格证书；

③ 安装时对灭火剂输送管网进行管件及管道的水压试验和气密性试验记录，这些记录应符合安装要求；

④ 符合要求的调试开通报告；

⑤ 管理、维护人员登记表。

2. 防护区与储瓶间的验收检查

① 检查防护区的划分、防护区的位置、防护区的开口和通风情况，以及防护区围护构件的耐火等级是否和设计说明一致，是否符合有关规定。

② 检查防护区是否采取必要的安全措施，这些措施是否符合有关要求。例如：检查防护区是否有疏散通道、疏散指示标志、事故照明装置；防护区内和入口处是否有声光报警装置、入口处有无安全标志；无窗或固定窗扇的地上防护区和地下防护区有无排气装置；门窗设有密封条的防护区有无泄压装置；有无专用的空气呼吸器或氧气呼吸器。

③ 检查储瓶间的位置、大小、耐火等级及地下储瓶间的机械排风装置是否和设计说明一致，是否符合有关要求。

3. 标志检查

① 是否有下列安全标志：入口前的永久警告标志牌；报警标志、启动释放

标志、注意事项标志等；

② 是否有性能标志，主要指储存容器、选择阀、喷嘴等部件应设置的标志。

4. 设备安装质量检查

检查系统的安装是否与设计相符，设备是否遭到损坏，型号和质量是否符合要求。主要检查以下内容：

① 储存装置的设置、管道、喷嘴的布置，管道的走向是否符合要求；

② 各部件的型号、规格、数量及材料是否符合要求；

③ 管网的连接是否符合要求；

④ 系统各部件的安装是否便利操作；

⑤ 系统的安装是否固定可靠；

⑥ 灭火剂充装量是否符合要求；

⑦ 安全泄压装置是否符合要求；

⑧ 管网的防腐处理质量如何；

⑨ 管道穿过楼板、墙和变形缝的外形处理。

5. 功能验收

① 系统功能验收时，应进行模拟启动试验，并合格。

② 检查数量：按防护区或保护对象总数（不足 5 个按 5 个计）的 20%检查。

系统功能验收时，应进行模拟喷气试验，并合格。

检查数量：组合分配系统不应少于 1 个防护区或保护对象，柜式气体灭火装置、热气溶胶灭火装置等预制灭火系统应各取 1 套。

③ 系统功能验收时，应对设有灭火剂备用量的系统进行模拟切换操作试验，并合格。

检查数量：全数检查

④ 系统功能验收时，应对主、备用电源进行切换试验，并合格。

6. 验收报告

气体灭火系统竣工验收后应提交竣工验收报告。

第七节 系统维护管理

气体灭火系统应由经过专门培训，并经考试合格的专职人员负责定期检查和维护，应按检查类别规定对气体灭火系统进行检查，并做好检查记录，检查中发现问题应及时处理。

设备维护时需执行的技术规程如下：

① 低压二氧化碳灭火剂储存容器的维护管理应按国家现行《压力容器安全技术监察规程》的规定执行；

② 钢瓶的维护管理应按国家现行《气瓶安全监察规程》的规定执行；

③ 灭火剂输送管道耐压试验周期应按《压力管道安全管理与监察规定》的规定执行。

气体灭火系统的每日巡检和周期性检查维护要求见表8-15。

表8-15　气体灭火系统的每日巡检和周期性检查维护要求

检查内容	检查周期
每日应对低压二氧化碳储存装置的运行情况、储存装置间的设备状态进行检查并记录	每日巡检
低压二氧化碳灭火系统储存装置的液位计检查，灭火剂损失10%时应及时补充。 高压二氧化碳灭火系统、七氟丙烷管网灭火系统及IG541灭火系统等系统的检查内容及要求应符合下列规定： 灭火剂储存容器及容器阀、单向阀、连接管、集流管、安全泄放装置、选择阀、阀驱动装置、喷嘴、信号反馈装置、检漏装置、减压装置等全部系统组件应无碰撞变形及其他机械性损伤，表面应无锈蚀，保护涂层应完好，铭牌和保护对象标志牌应清晰，手动操作装置的防护罩、铅封和安全标志应完整。 灭火剂和驱动气体储存容器内的压力，不得小于设计储存压力的90%。 预制灭火系统的设备状态和运行状况应正常	月检
可燃物的种类、分布情况，防护区的开口情况，应符合设计规定。 储存装置间的设备、灭火剂输送管道和支、吊架的固定，应无松动。 连接管应无变形、裂纹及老化。必要时，送法定质量检验机构进行检测或更换。 各喷嘴孔口应无堵塞。 对高压二氧化碳储存容器逐个进行称重检查，灭火剂净重不得小于设计储存量的90%。 灭火剂输送管道有损伤不堵塞现象时，应按规定进行严密性试验和吹扫	季检
每年对每个防护区进行1次模拟启动试验和1次模拟喷气试验	年检
五年后，每三年应对金属软管(连接管)进行水压强度试验和气密性试验，性能合格方能继续使用，如发现老化现象，应进行更换； 五年后，对释放过灭火剂的储瓶、相关阀门等部件进行一次水压强度和气体密封性试验，试验合格方可继续使用	五年后的维护保养工作(由专业维修人员进行)

第九章　干粉灭火系统

导读

灭火系统的原理、特点及应用。

第一节　系统分类和组成

干粉灭火系统由干粉供应源通过输送管道连接到喷射装置处，由其喷放干粉灭火剂灭火。作为卤代烷系统替代技术的组成部分，干粉灭火系统应用于某些特定场合。近些年来，随着超细干粉灭火剂应用技术的日渐成熟，扩大了干粉灭火系统的使用范围。

一、系统类型

1. 全淹没灭火系统

全淹没灭火系统是指在规定的时间内，向防护区喷射一定浓度的干粉，并使其均匀地充满整个防护区的灭火系统。防护区应符合下列要求：喷放干粉时不能自动关闭的开口总面积不应大于该防护区总内表面积的15%，且开口不应设在底面；防护区的围护结构及门、窗的耐火极限不应小于0.50h，吊顶的耐火极限不应小于0.25h。

2. 局部应用灭火系统

局部应用灭火系统是指将灭火剂直接喷放到着火物上或设计保护区域的一种灭火系统。为保证灭火效果，保护对象周围的空气流动速度不应大于2m/s；在喷头和保护对象之间，喷头喷射角范围内不应有遮挡物；当保护对象为可燃液体时，液面至容器缘口的距离不得小于150mm。

3. 组合分配系统

用一套灭火剂储存装置同时保护两个及以上防护区或保护对象的灭火系统。每个防护区或保护对象应设选择阀；灭火剂储存量按所需储存量最多的防护区或保护对象考虑；防护区或保护对象不超过8个，当防护区或保护对象超过5个时，或者在喷放后 48h 内不能恢复到正常工作状态时，灭火剂应有备用量。备用量不应小于系统设计的储存量，主、备干粉储存容器应与系统管网相连，并能方便切换使用。

4. 单元独立系统

单元独立系统是指用一套干粉储存装置保护一个防护区或保护对象的灭火系统。

目前应用的干粉灭火系统多属于预制式，即按一定的应用条件，将灭火剂储存装置和喷嘴等部件预先组装起来的成套灭火装置。预制式灭火装置灭火剂储存量不大于 150kg；管道长度不得大于 20m；工作压力不得大于 2.5MPa。一个防护区或保护对象所用预制灭火装置最多不应超过 4 套，并应同时启动，或其动作响应时间差不大于 2s。

二、系统组成和要求

干粉灭火系统在组成上与气体灭火系统相类似，由灭火剂储存装置、输送灭火剂管网、干粉喷射装置、火灾探测与控制启动装置等组成，如图 9-1 所示。

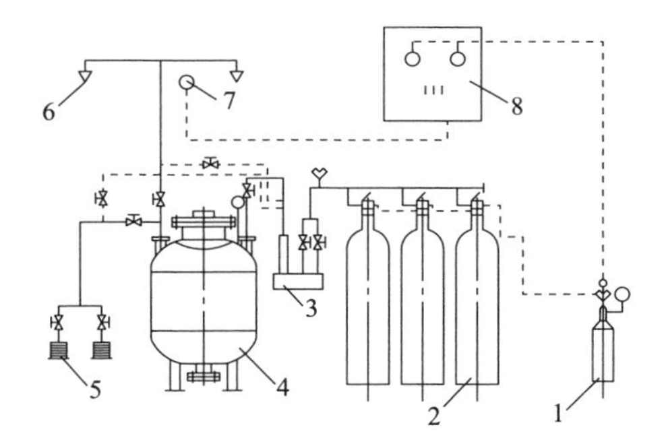

图 9-1　干粉灭火系统组成示意图

1—启动气体瓶组；2—高压驱动气体瓶组；3—减压阀；4—干粉储存装置；
5—干粉枪及卷盘；6—喷射装置；7—火灾探测器；8—启动控制装置

1. 灭火剂储存装置

灭火剂储存装置包括干粉储存容器、容器阀、安全泄压装置、驱动气体储瓶、瓶头阀、集流管、减压阀、压力报警及控制装置等。干粉储存容器应满足驱动气体系数、干粉储存量、干粉输送速率和压力的要求。驱动气体宜选用氮气，驱动压力不得大于干粉储存容器的最高工作压力。

灭火剂储存装置宜设在专用的储存装置间内。专用储存装置间应靠近防护区，出口应直接通向室外或疏散通道；耐火等级不应低于二级；宜保持干燥和良好通风，并应设应急照明灯具；当采取防湿、防冻、防火等措施后，局部应用灭火系统的储存装置可设置在固定的安全围栏内。

2. 喷射装置

喷射装置主要是指喷嘴或干粉枪、干粉炮。喷嘴的作用是将粉气流均匀地喷出，将着火物表面完全覆盖，以实现灭火。喷嘴的单孔直径不得小于6mm。喷嘴应有防止灰尘或异物堵塞喷孔的防护装置，防护装置在灭火剂喷放时能被自动吹掉或打开。全淹没式干粉灭火系统喷嘴的布置，应能使干粉均匀分布，以保证整个封闭空间内干粉灭火浓度不低于设计浓度。局部应用式干粉灭火系统喷嘴的布置，应保证干粉喷射面能够覆盖保护表面，且在整个喷射时间内，保证保护对象表面的任一处能够形成要求的干粉灭火剂设计浓度。若保护易燃液体，喷嘴的布置位置还应防止产生易燃液体的飞溅，以避免火灾蔓延扩大。

3. 火灾探测和控制启动装置

干粉灭火系统应设有自动控制、手动控制和机械应急操作三种启动方式。当局部应用灭火系统用于经常有人的保护场所时可不设自动控制启动方式。设有火灾自动报警系统时，灭火系统的自动控制应在收到两个独立火灾探测信号后才能启动，并应延迟喷放，延迟时间不应大于30s，且不得小于干粉储存容器的增压时间。

全淹没灭火系统的手动启动装置应设置在防护区外邻近出口或疏散通道便于操作的地方；局部应用灭火系统的手动启动装置应设在保护对象附近的安全位置。手动启动装置的安装高度宜距离地面1.5m。所有手动启动装置都应明确标示出其对应的防护区或保护对象的名称。在紧靠手动启动装置的部位应设置手动紧急停止装置，其安装高度应与手动启动装置相同。手动紧急停止装置应确保灭火系统能在启动后和喷放灭火剂前的延迟阶段中止。在使用手动紧急停止装置后，应保证手动启动装置可以再次启动。

4. 管道及附件

管道及附件应能承受最高环境温度下工作压力。管道及附件应进行内外表面热镀锌防腐处理，并宜采用符合环保要求的防腐方式。管道应采用无缝钢管。对防腐层有腐蚀的环境，管道及附件可采用不锈钢、铜管或其他耐腐蚀的不燃材料。

输送启动气体的管道，宜采用铜管。管道可采用螺纹连接、沟槽（卡箍）连接、法兰连接或焊接。公称直径等于或小于80mm的管道，宜采用螺纹连接；公称直径大于80mm的管道，宜采用沟槽（卡箍）或法兰连接。管道应设置固定支、吊架。在可能产生爆炸的场所，管网宜吊挂安装并采取防晃措施。

三、工作原理

干粉灭火系统的工作原理是：利用氮气瓶组内的高压氮气经减压阀减压后，使氮气进入干粉罐，其中一部分被送到罐的底部，起到松散干粉灭火剂的作用。随着罐内压力的升高，使部分干粉灭火剂随氮气进入出粉管被输送到干粉炮、干粉枪或固定干粉喷嘴的出口阀门处，当压力到达一定值，阀门打开（或者定压爆破膜片自动爆破），高速的气粉流便从干粉炮（或干粉枪，固定喷嘴）喷出灭火。

四、干粉灭火系统适用范围

1. 适用于扑救下列火灾

① 灭火前可切断气源的气体火灾；

② 易燃、可燃液体和可熔化固体火灾；

③ 可燃固体表面火灾；

④ 带电设备火灾。

干粉灭火系统所采用的干粉类型不同，扑救火灾的对象也有区别。通常ABC干粉用于扑救固体火灾、可燃液体火灾、可燃气体火灾、电气火灾以及某些金属火灾；BC干粉可以扑救可燃液体火灾、可燃气体火灾以及电气火灾。

2. 不得用于扑救下列物质的火灾

① 硝化纤维、炸药等无空气仍能迅速氧化的化学物质与强氧化剂；

② 钾、钠、镁、钛、锆等活泼金属及其氢化物。

由于干粉没有冷却作用，灭火后如果留有余火易发生复燃。对于精密仪器也有一定的危害，不能扑救深度阴燃的火灾。

3. 主要应用场所

干粉灭火系统应用的主要场所有：港口、列车栈桥输油管线，甲类可燃液体生产线，石油化工生产线，天然气储罐，储油罐，汽车机组及淬火油槽，大型变压器场所等。

第二节　设计参数

干粉灭火系统是依靠驱动气体（惰性气体）驱动干粉的，干粉固体所占体积与驱动气体相比小得多，宏观上类似气体灭火系统，因此，可采用二氧化碳灭火系统设计数据。防护区围护结构具有一定耐火极限和强度是保证灭火的基本条件。

一、一般规定

干粉灭火系统按应用方式可分为全淹没灭火系统和局部应用灭火系统。扑救封闭空间内的火灾应采用全淹没灭火系统；扑救具体保护对象的火灾应采用局部应用灭火系统。

1. 采用全淹没灭火系统的防护区应符合的规定

① 喷放干粉时不能自动关闭的防护区开口，其总面积不应大于该防护区总内表面积的15%，且开口不应设在底面。

② 防护区的围护结构及门、窗的耐火极限不应小于0.50h，吊顶的耐火极限不应小于0.25h；围护结构及门、窗的允许压力不宜小于1200Pa。

2. 采用局部应用灭火系统的保护对象应符合的规定

① 保护对象周围的空气流动速度不应大于2m/s，必要时，应采取挡风措施。

② 在喷头和保护对象之间，喷头喷射角范围内不应有遮挡物。

③ 当保护对象为可燃液体时，液面至容器缘口的距离不得小于150mm。

当防护区或保护对象有可燃气体和易燃、可燃液体供应源时，启动干粉灭火系统之前或同时，必须切断气体、液体的供应源。

可燃气体和易燃、可燃液体和可熔化固体火灾宜采用碳酸氢钠干粉灭火剂；可燃固体表面火灾应采用磷酸铵盐干粉灭火剂。

组合分配系统的灭火剂储存量不应小于所需储存量最多的一个防护区或保护对象的储存量。

组合分配系统保护的防护区与保护对象之和不得超过8个。当防护区与保护对象之和超过5个时，或者在喷放后48h内不能恢复到正常工作状态时，灭火剂应有备用量。备用量不应小于系统设计的储存量。

备用干粉储存容器应与系统管网相连，并能与主用干粉储存容器切换使用。

二、干粉灭火剂用量计算

（一）全淹没灭火系统灭火剂用量计算

全淹没式干粉灭火系统干粉灭火剂用量可按下式计算：

$$M=\varphi_1\times V+\sum(K_{oi}\times A_{oi}) \tag{9-1}$$

式中 M——干粉设计用量，kg；

φ_1——灭火剂设计浓度，kg/m^3，不小于$0.65kg/m^3$；

V——防护区净容积m^3；

K_{oi}——开口补偿系数，kg/m^2；

$K_{oi}=0$　　$A_{oi}<1\%A_v$

$K_{oi}=2.5$　$1\%A_v\leqslant A_{oi}<5\%A_v$

$K_{oi}=5$　　$5\%A_v\leqslant A_{oi}\leqslant 15\%A_v$

A_{oi}——不能自动关闭的防护区开口面积，m^2；

A_v——防护区的内侧面、底面、顶面（包括其中开口）的总内表面积，m^2。

全淹没灭火系统的喷嘴布置，应使防护区内灭火剂分布均匀。全淹没灭火系统的干粉喷射时间不应大于 30s。

（二）局部应用干粉灭火系统灭火剂用量计算

1. 采用面积法

当保护对象的着火部位是比较平直的表面时，宜采用面积法设计。干粉设计用量可按下式计算：

$$M = N \times Q_i \times t \tag{9-2}$$

式中　N——喷头数量；

Q_i——单个喷头的干粉输送速率，kg/s；

t——干粉喷射时间，s，室内不小于 30s，室外或有复燃危险的室内不小于 60s。

① 保护对象计算面积应取被保护表面的垂直投影面积。

② 架空型喷头应以喷头的出口至保护对象表面的距离确定其干粉输送速率和相应保护面积；槽边型喷头保护面积应由设计选定的干粉输送速率确定。

③ 喷头的布置应使喷射的干粉完全覆盖保护对象。

2. 采用体积法

当采用面积法不能做到使所有表面被完全覆盖时，应采用体积法设计。干粉设计用量可按下式计算：

$$M = V_1 \times q_v \times t \tag{9-3}$$

其中

$$q_v = 0.04 - 0.006 A_p / A_t \tag{9-4}$$

式中　V_1——保护对象的计算体积，m^3；

q_v——单位体积的喷射速率，$kg/(s \cdot m^3)$；

A_p——在假定封闭罩中存在的实体墙等实际围封面面积，m^2；

A_t——假定封闭罩的侧面围封面面积，m^2。

保护对象的计算体积应采用假定的封闭罩的体积。封闭罩的底应是实际底面；封闭罩的侧面及顶部当无实际围护结构时，它们至保护对象外缘的距离不应小于 1.5m。

第三节　系统组件（设备）安装前检查

一、干粉储存容器的现场检查

干粉储存容器是用来储存干粉灭火剂的容器，一般为圆柱形，由两端为标准椭圆形封头与中部直立圆筒焊接而成。干粉储存容器上设有充装干粉口、出粉管、法兰口、安全阀、压力表、进气排气接口及清扫口等，见图 9-2。

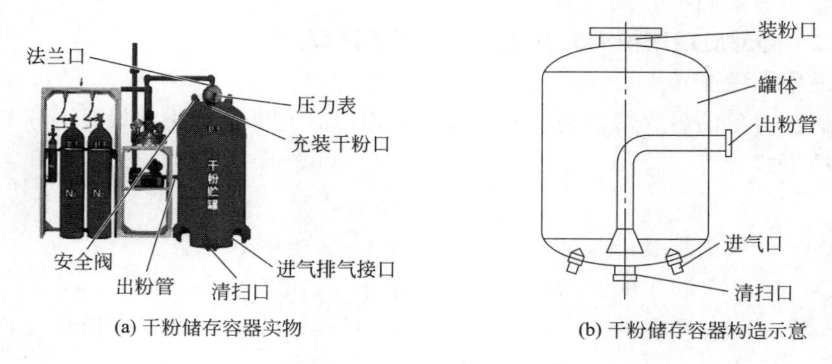

(a) 干粉储存容器实物　　(b) 干粉储存容器构造示意

图 9-2　干粉储存容器

二、气体储瓶、减压阀、选择阀、信号反馈装置、喷头、安全防护装置、压力报警及控制器等的现场检查

启动气体储瓶是用来储存启动容器阀、选择阀等组件的启动气体的储瓶，启动气体储瓶上一般设有压力表和检漏装置；驱动气体储瓶用于储存输送干粉灭火剂的气体，同启动气体储瓶一样，驱动气体储瓶上设有压力计和检漏装置。

选择阀用于组合分配系统中，安装在灭火剂释放管道上，由它控制释放到相应的保护区。选择阀平时关闭，启动方式有气动式和电动式，但无论电动式或是气动式选择阀，均应设手动执行机构，以便在自动失灵时仍能将阀门打开；信号反馈装置设置在选择阀的出口部位，对于单元独立系统则设置在集流管或释放管网上。当灭火剂释放时，压力开关动作，送出灭火剂释放信号给控制中心，起到反馈灭火系统动作状态的作用。

1. 外观检查

① 铭牌清晰、牢固、方向正确。

② 无碰撞变形及其他机械性损伤。

③ 外露非机械加工表面保护涂层完好。

④ 品种、规格、性能等符合国家现行产品标准和设计标准要求。

⑤ 对同一规格的干粉储存容器，其高度差不超过 20mm。

⑥ 对同一规格的启动气体储瓶，其高度差不超过 10mm。

⑦ 驱动气体储瓶容器阀具有手动操作机构。

⑧ 选择阀在明显部位永久性标有介质的流动方向。

2. 密封面检查

① 外露接口均设有防护堵、盖，且封闭良好。

② 接口螺纹和法兰密封面无损伤。

三、阀驱动装置的现场检查

1. 外观检查

① 铭牌清晰、牢固、方向正确；

② 无碰撞变形及其他机械性损伤；

③ 外露非机械加工表面保护涂层完好。

④ 所有外露接口均设有防护堵、盖，且封闭良好，接口螺纹和法兰密封面无损伤。

2. 功能检查

① 电磁驱动器的电源电压符合设计要求。电磁铁心通电检查后行程能满足系统启动要求，且动作灵活，无卡阻现象。

② 启动气体储瓶内压力不低于设计压力，且不超过设计压力的5%，设置在启动气体管道的单向阀启闭灵活，无卡阻现象。

③ 机械驱动装置传动灵活，无卡阻现象。

第四节　系统组件安装调试与检测验收

一、系统设备组件安装

1. 干粉输送管道

① 经过防腐处理的无缝钢管不采用焊接连接，当与选择阀等个别连接部位需采用法兰焊接连接时，要对被焊接损坏的防腐层进行二次防腐处理。

② 管道穿过墙壁、楼板处需安装套管。套管公称直径比管道公称直径至少大2级，穿墙套管长度与墙厚相等，穿楼板套管长度需高出地板50mm。管道与套管间的空隙采用防火封堵材料填塞密实。当管道穿越建筑物的变形缝时，需设置柔性管段。

③ 管道末端采用防晃支架固定，支架与末端喷头间的距离不大于500mm。

2. 喷头

喷头安装要求见表9-1。

表9-1　喷头安装要求

应用方式	储压型系统	储气瓶型系统
全淹没	7m	8m
局部应用	6m	7m

3. 选择阀安装要求

① 在操作面一侧安装选择阀操作手柄，当安装高度超过1.7m时，要采取便

于操作的措施。

② 选择阀的流向指示箭头与介质流动方向指向一致。

③ 选择阀采用螺纹连接时，其与管网连接处采用活接或法兰连接。

④ 选择阀上需设置标明防护区或保护对象名称或编号的永久性标志牌。

二、系统调试与现场功能测试

1. 模拟自动启动试验方法

① 将灭火控制器的启动信号输出端与相应的启动驱动装置连接，启动驱动装置与启动阀门的动作机构脱离。对于燃气型预制灭火装置，可以用一个启动电压、电流与燃气发火装置相同的负载代替启动驱动装置。

② 人工模拟火警使防护区内任意一个火灾探测器动作。

③ 观察火灾探测器报警信号输出后，防护区的声光报警信号及联动设备动作是否正常。

④ 人工模拟火警使防护区内两个独立的火灾探测器动作。观察灭火控制器火警信号输出后，防护区的声光报警信号及联动设备动作是否正常。

2. 模拟手动启动试验方法

① 将灭火控制器的启动信号输出端与相应的启动驱动装置连接，启动驱动装置与启动阀门的动作机构脱离。

② 分别按下灭火控制器的启动按钮和防护区外的手动启动按钮。观察防护区的声光报警信号及联动设备动作是否正常。

③ 按下手动启动按钮后，在延时时间内再按下紧急停止按钮，观察灭火控制器启动信号是否终止。

3. 模拟喷放试验要求

模拟喷放试验采用干粉灭火剂和自动启动方式，干粉用量不少于设计用量的30%；当现场条件不允许喷放干粉灭火剂时，可采用惰性气体；采用的试验气瓶需与干粉灭火系统驱动气体储瓶的型号规格、阀门结构、充装压力、连接与控制方式一致。试验时应保证出口压力不低于设计压力。

第五节 系统维护管理

系统周期性检查维护的要求如下。

1. 日检查内容

(1) 检查项目及周期　下列项目至少每日检查一次。

① 干粉储存装置外观。

② 灭火控制器运行情况。

③ 启动气体储瓶和驱动气体储瓶压力。

（2）检查内容

① 干粉储存装置是否固定牢固，标志牌是否清晰等。

② 启动气体储瓶和驱动气体储瓶压力是否符合设计要求。

2. 月检查内容

（1）检查项目及周期　下列项目至少每月检查一次。

① 干粉储存装置部件。

② 驱动气体储瓶充装量。

（2）检查内容

① 检查干粉储存装置部件是否有碰撞或机械性损伤，防护涂层是否完好；铭牌、标志、铅封应完好。

② 对驱动气体储瓶逐个进行称重检查。

第十章　灭火器

导读

1. 灭火器选型与配置。

2. 灭火器的送修与报废。

灭火器是扑救初起火灾的有效工具，在工业与民用建筑物内，必须配置灭火器。灭火器还广泛应用于汽车、火车、轮船、飞机等交通工具和军用装备等。

第一节　灭火器概述

灭火器是由人操作的能在其自身内部压力作用下，将所充装的灭火剂喷出实施灭火的器具。在火灾的初起阶段消防队到达之前且固定灭火系统尚未启动之际，火灾现场人员可使用灭火器及时有效地扑灭建筑初起火灾，防止火灾蔓延形成大火，降低火灾损失，同时还可减轻消防队的负担，节省灭火系统启动的耗费。

一、灭火器的类型

1. 按操作使用方法分类

（1）手提式灭火器　灭火剂充装量一般小于20kg，可手提移动灭火。这类灭火器的应用较为广泛，绝大多数建筑物配置该类型灭火器。

（2）推车式灭火器　灭火器装有轮子，可由一人推（或拉）至着火点附近实施灭火。这类灭火器总装量较大，灭火剂充装量一般在20kg以上，其操作一般需两人协同进行。灭火能力较大，适应于火灾危险性较大的场所使用。

（3）背负式灭火器　人员能肩背着实施灭火，灭火剂充装量较大，一般供专业消防人员使用。

（4）手抛式灭火器　灭火器可做成各种形状，内部充装干粉灭火剂，需要时将其抛掷到着火点，灭火剂散开实施灭火，一般作为辅助灭火器材。

(5) 悬挂式灭火器 灭火器悬挂在保护场所内，火灾时依靠火焰将其引爆，自动实施灭火，是仓库类场所的补充灭火器材。

2.按充装的灭火剂分类

(1) 水基型灭火器 主要充装水作为灭火剂，另加少量添加剂，如湿润剂增稠剂、阻燃剂或发泡剂等。其又可分为水型灭火器和泡沫型灭火器。

(2) 干粉灭火器 充装干粉灭火剂，利用二氧化碳或氮气携带干粉喷出实施灭火，是目前使用灭火器的主要类型。其又分为碳酸氢钠（BC类）干粉灭火器、钾盐干粉灭火器、氨基干粉灭火器和磷酸铵盐（ABC类）干粉灭火器、D类火专用干粉灭火器等。

(3) 二氧化碳灭火器 充装的灭火剂是加压液化的二氧化碳，具有对保护对象无污损的特点，但灭火能力较差，使用时要注意避免对操作者的冻伤危害。

(4) 洁净气体灭火器 现在应用的洁净气体灭火器充装的是六氟丙烷灭火剂，可用于扑救可燃固体的表面火灾、可熔固体火灾、可燃液体及灭火前能切断气源的可燃气体火灾，还可扑救带电设备火灾。

3.按驱动压力形式分类

(1) 储压式灭火器 这类灭火器中的灭火剂是由与其同储于一个容器内的压缩气体或灭火剂蒸气的压力所驱动喷射的。

(2) 储气瓶式灭火器 这类灭火器中的灭火剂是由一个专门的内装或外装压缩气体储气瓶释放气体加压驱动的，因其安全性不如储压式灭火器，逐步被取代。

4.简易式灭火器

简易式灭火器是指可移动的、灭火剂充装量小于1000mL（或g），由一只手开启，不可重复充装使用的一次性储压式灭火器。手抛式灭火器就是一种简易式灭火器。

二、灭火器的结构

灭火器的结构虽有差别，但基本组成、外形大体相同，手提储压式灭火器如图10-1所示。有些部件要适应喷射灭火剂的需要，如气体灭火器的虹吸管较细，而干粉灭火器的虹吸管较粗；二氧化碳灭火器的开启机构多为手轮式，泡沫灭火器的喷射器具为喷嘴处有空气吸口的泡沫喷枪。推车式灭火器增加了推车架和行走机构。

灭火器本体为一柱状球头圆筒，由钢板卷筒焊接或拉伸成圆筒焊接而成（二氧化碳灭火器本体由无缝钢管闷头制成），用以盛装灭火剂（或驱动气体）。器头是灭火器操作机构，其性能直接影响灭火器的使用效能，主要含下列部件。

(1) 保险装置 保险销或保险卡，作为启动机构的限位器，防止误动作。

(2) 启动装置 起释放灭火剂（或释放驱动气体）的开关作用。

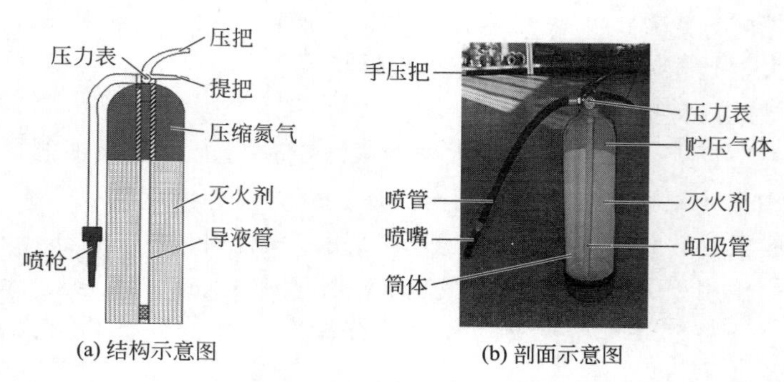

(a) 结构示意图　　(b) 剖面示意图

图 10-1　手提储压式灭火器

（3）安全装置　为安全膜片或安全阀，在灭火器超压时启动，防止灭火器超压爆裂伤人。

（4）压力反应装置　可以是显示灭火器内部压力的压力表，也可以是压力检测仪的连接器，用以显示灭火器内部压力。

（5）密封装置　为一密封膜或密封垫，起密封作用，防止灭火剂或驱动气体的泄漏。

（6）喷射装置　为灭火剂输送通道，包括接头、喷射软管、喷射口、防尘（防潮）堵塞（灭火剂喷射时可自动脱落或碎裂），在水型或泡沫灭火器喷射通道的最小截面前，还需加滤网。凡是充装灭火剂质量大于 3kg（3L）的灭火器必须要安装喷射软管，其长度不应小于 400mm（不包括接头和喷嘴长度）。

（7）卸压装置　应用于水、泡沫、干粉灭火器上，以使灭火器能安全拆卸。

（8）间歇喷射装置　应用于灭火剂量大于等于 4kg 的干粉、卤代烷、二氧化碳灭火器。

三、灭火器的型号代码和图形标注

1. 灭火器的型号编制

灭火器的型号编制方法如图 10-2 所示，灭火剂代号和特征代号，见表 10-1。

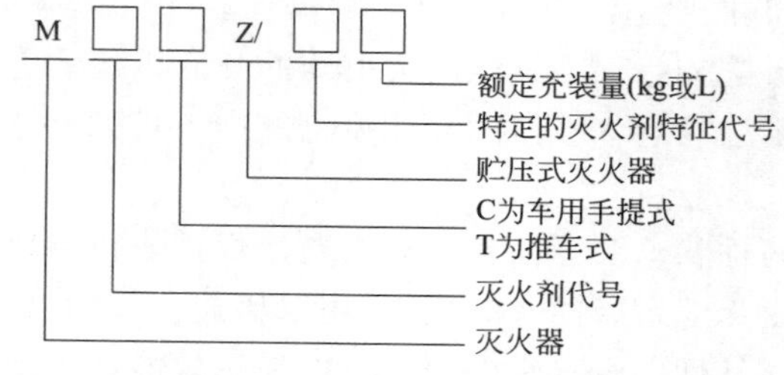

图 10-2　灭火器型号编制方法

示例：型号 MPTZ/AR45 含义为 45L 推车储压式抗溶性泡沫灭火器。

表 10-1　灭火剂代号和特征代号

分类	灭火剂代号	灭火剂代号含义	特征代号	特征代号含义
水基型灭火器	S	清水或带添加剂的水	AR（不具有此性能不写）	具有扑灭水溶性液体燃料火灾的能力
	P	泡沫灭火剂（P、FP、AR、AFFF、FFFP）	AR（不具有此性能不写）	具有扑灭水溶性液体燃料火灾的能力
干粉灭火器	F	干粉灭火剂（BC 型、ABC 型）	ABC（BC 干粉灭火剂不写）	具有扑救 A 类火灾的能力
二氧化碳灭火器	T	二氧化碳灭火剂	—	—
洁净气体灭火器	J	卤代烷气体、惰性气体和混合气体	—	—

2. 灭火器图形标注

灭火器的设置在图纸上应用符号表示出来，建筑灭火器配置设计图例如表 10-2 所示。

表 10-2　建筑灭火器配置设计图例

序号	图例		名称
1	灭火器基本图例		手提式灭火器（portable fire extinguisher）
2			推车式灭火器（wheeled fire extinguisher）
3	灭火器种类图例		水（water）
4			泡沫（foam）
5			含有添加剂的水（water with additive）
6			BC 类干粉（BC powder）
7			ABC 类干粉（ABC powder）
8			二氧化碳［carbon dioxide（CO_2）］
9			非卤代烷和二氧化碳类气体灭火剂（extinguishing gas other than Halon or CO_2）

续表

序号	图例		名称
10	灭火器图例举例		手提式清水灭火器 (ater portable extinguisher)
11			手提式ABC类干粉灭火器 (ABC powder portable extinguisher)
12			手提式二氧化碳灭火器 (carbon dioxide portable extinguisher)
13			推车式BC类干粉灭火器 (wheeled BC powder extinguisher)

四、灭火器的主要性能

1. 灭火器的喷射性能

（1）有效喷射时间　灭火器保持在最大开启状态下，自灭火剂从喷嘴喷出至喷射流的气态点出现的这段时间。为保证灭火效果，规定了各类灭火器的最小有效喷射时间。

（2）喷射滞后时间　灭火器的控制阀开启或达到相应的开启状态时起至灭火剂从喷嘴开始喷出的时间。在灭火器使用温度范围内，要求不大于5s，间歇喷射的滞后时间不大于3s。

（3）喷射距离　灭火器喷射了50%的灭火剂量时，喷射流的最远点至灭火器喷嘴之间的距离。灭火器在20℃时的最小有效喷射距离应符合要求。

（4）喷射剩余率　额定充装的灭火器在喷射至内部压力与外界环境压力相等时，内部剩余的灭火剂量相对于喷射前灭火剂充装量的质量百分比，手提式灭火器不大于15%，推车式灭火器不大于10%。

2. 灭火器的灭火性能

反映灭火器扑灭火灾的能力，用灭火级别表示。灭火级别由数字和字母组成，数字表示灭火级别的大小，字母表示灭火级别的单位和适于扑救的火灾种类。灭火器的灭火能力通过实验测定，一般体现为灭火剂充装量，见表10-3、表10-4。

表10-3　手提式灭火器类型、规格和灭火级别

灭火器类型	灭火剂充装量(规格)		灭火器类型规格代码(型号)举例	灭火级别	
	L	kg		A类	B类
水基型	2		MSZ/2、MSZ/AR2	1A	55B
	3		MSZ/3、MSZ/AR3	1A	55B
	6		MSZ/6、MSZ/AR6	1A	55B
	9		MSZ/9、MSZ/AR9	2A	89B

续表

灭火器类型	灭火剂充装量(规格)		灭火器类型规格代码(型号)举例	灭火级别	
	L	kg		A类	B类
泡沫	2		MPZ/2、MPZ/AR2	1A	55B
	3		MPZ/3、MPZ/AR3	1A	55B
	6		MPZ/6、MPZ/AR6	1A	55B
	9		MPZ/9、MPZ/AR9	2A	89B
BC类干粉(碳酸氢钠)		1	MFZ/l		21B
		2	MFZ/2		21B
		3	MFZ/3		34B
		4	MFZ/4		55B
		5	MFZ/5		89B
		6	MFZ/6		89B
		8	MFZ/8		144B
		9	MFZ/9		144B
		12	MFZ/12		144B
ABC类干粉(磷酸铵盐)		1	MFZ/ABC1	1A	21B
		2	MFZ/ABC2	lA	21B
		3	MFZ/ABC3	2A	34B
		4	MFZ/ABC4	2A	55B
		5	MFZ/ABC5	3A	89B
		6	MFZ/ABC6	3A	89B
		8	MFZ/ABC8	4A	144B
		9	MFZ/ABC9	4A	144B
		12	MFZ/ABC12	6A	144B
洁净气体(1211)		1	MJ/lCMYl)		21B
		2	MJ/2(MY2)		2lB
		4	MJ/4(MY4)	1A	34B
		6	MJ/6(MY6)	lA	55B
二氧化碳		2	MT/2		21B
		3	MT/3		21B
		5	MT/5		34B
		7	MT/7		55B

表 10-4 推车式灭火器的类型、规格和灭火级别

灭火器类型	灭火剂充装量(规格)		灭火器类型规格代码(型号)举例	灭火级别	
	L	kg		A类	B类
水基型	20		MSTZ/20 MSTZ/AR20	4A	
	45		MSTZ/15 MSTZ/AR45	4A	
	60		MSTZ/60 MSTZ/AR60	4A	
	125		MSTZ/125 MSTZ/AR125	6A	
泡沫	20		MPTZ/20 MPTZ/AR20	4A	113B
	45		MPTZ/45 MPTZ/AR45	4A	144B
	60		MPTZ/60 MPTZ/AR60	4A	233B
	125		MPTZ/125 MPTZ/AR125	6A	297B
BC类干粉（碳酸氢钠）		20	MFTZ/20		183B
		50	MFTZ/50		297B
		100	MFTZ/100		297B
		125	MFTZ/125		297B
ABC类干粉（磷酸铵盐）		20	MFTZ/ABC20	6A	183B
		50	MFTZ/ABC50	8A	297B
		100	MFTZ/ABC100	10A	297B
		125	MFTZ/ABC125	10A	297B
洁净气体（1211）		10	MJT/10(MYT10)		70B
		20	MJT/20(MYT20)		144B
		30	MJT/30(MYT30)		183B
		50	MJT/50(MYT50)		297B
二氧化碳		10	MTT/10		55B
		20	MTT/20		70B
		30	MTT/30		113B
		50	MTT/50		183B

3. 灭火器的安全可靠性能

（1）密封性能　指灭火器在喷射过程中各连接处的密封性能和长期保存时驱动气体不泄漏的性能。

（2）抗腐蚀性能　指外部表面抗大气腐蚀、内部表面抗灭火剂腐蚀的性能。

（3）抗振动性能　指灭火器在运输或使用过程中不显著变形、不开裂或无裂纹等现象。

（4）安全性能 灭火器安全性能包括结构强度、抗振动、抗冲击等性能。结构强度是为确保使用时的安全，抗振动、抗冲击是要求灭火器具有抵抗使用过程中振动、冲击的能力。

五、灭火器的设置要求

灭火器的设置要求不仅与灭火器本身的放置有关，而且还关系到灭火器的使用及相关的疏散等安全问题。因此，灭火器的位置一旦设定后，不得随意改变。如果场所发生变化，需要改变灭火器位置的，应重新进行设计确定。

1. 设置位置

灭火器应设置在位置明显和便于取用的地点，且不得影响安全疏散。对有视线障碍的灭火器设置点，应设置指示其位置的发光标志。通常，在建筑场所（室）内，应沿经常有人路过的通道、楼梯间、电梯间和出入口等处设置灭火器，不应有遮挡物。灭火器箱的箱门及灭火器的挂钩、托架操作空间不应占据疏散通道。灭火器箱的箱体正面和灭火器简体/铭牌应粘贴发光标志。

2. 放置方式

手提式灭火器应放置在挂钩上、托架上或灭火器箱内，并应稳固摆放，其铭牌（包括操作方式、扑救的火灾种类、警告标记等内容）应朝外、可见，灭火器箱不得上锁。推车式灭火器放在室外时，应采取遮阳挡雨的措施。

3. 设置高度

手提式灭火器的顶部离地面一般为1～1.5m，不应大于1.50m；底部离地面高度不宜小于0.08m。对于环境条件较好的场所，如洁净室、专用电子计算机房等，可以直接放置在干燥、洁净的地面上。

4. 设置环境

设置环境对灭火器的使用和保存有很大的影响。实际应用中，多数推车式灭火器和部分手提式灭火器设置在室外，其设置环境应满足要求。

防潮湿：潮湿的地点一般不宜设置灭火器。灭火器如果长期设置在潮湿的地点，会因锈蚀而严重影响灭火器的使用性能和安全性能。

防腐蚀：灭火器不宜放置在腐蚀性强的空气中或可能被腐蚀性液体浸泡的地方。

环境温度：灭火器不得设置在超出其使用温度范围的地点。

第二节 灭火器的选用

灭火器配置场所可以是建筑物内的一个房间，如办公室、资料室、配电室、厨房、餐厅、歌舞厅、厂房、库房、观众厅、舞台以及计算机房和网吧等，也可以是构筑物所占用的一个区域，如可燃物露天堆场、油罐区等。

一、灭火器配置场所火灾种类和危险等级

1. 灭火器配置场所火灾种类

A类火灾场所：固体物质如木材、棉、毛、麻、纸张及其制品等燃烧的火灾场所。

B类火灾场所：液体或可熔化固体物质如汽油、甲醇、石蜡等燃烧的场所。

C类火灾场所：气体如煤气、天然气、甲烷、乙烷、丙烷、氢气等燃烧的场所。

D类火灾场所：金属如钾、钠、镁、钛、锆、锂、铝镁合金等燃烧的场所。

E类（带电）火灾场所：燃烧时仍带电的物体如发电机、变压器、配电盘、开关箱、仪器仪表、电子计算机等带电物体燃烧的场所。但对于那些仅有常规照明线路和普通照明灯具，而且也没有上述电气设备的普通建筑场所，可不按E类火灾场所考虑。

2. 灭火器配置场所危险等级

为了使灭火器配置更趋合理、科学，将灭火器配置场所的危险等级划分为严重危险级、中危险级、轻危险级三类。

（1）工业建筑　工业建筑灭火器配置场所的危险等级，根据其生产、使用、储存物品的火灾危险性、可燃物数量、火灾蔓延速度、扑救难易程度等因素划分。

① 严重危险级：火灾危险性大，可燃物多，起火后蔓延迅速，扑救困难，容易造成重大财产损失的场所。一般对应甲、乙类物品生产和储存场所。

② 中危险级：火灾危险性较大，可燃物较多，起火后蔓延较迅速，扑救较难的场所。一般对应丙类物品生产和储存场所。

③ 轻危险级：火灾危险性较小，可燃物较少，起火后蔓延较缓慢，扑救较易的场所。一般对应丁、戊类物品生产和储存场所。

（2）民用建筑　民用建筑灭火器配置场所的危险等级，根据其使用性质、人员密集程度、用电用火情况、可燃物数量、火灾蔓延速度、扑救难易程度等因素划分。

① 严重危险级：使用性质重要，人员密集，用电用火多，可燃物多，起火后蔓延迅速，扑救困难，容易造成重大财产损失或人员群死群伤的场所。

② 中危险级：使用性质较重要，人员较密集，用电用火较多，可燃物较多，起火后蔓延较迅速，扑救较难的场所。

③ 轻危险级：使用性质一般，人员不密集，用电用火较少，可燃物较少，起火后蔓延较缓慢，扑救较易的场所。

二、灭火器的选用

① 扑救 A 类火灾应选用水型、泡沫型、磷酸铵盐干粉型和洁净气体型灭火器。

② 扑救 B 类火灾应选用干粉、泡沫、洁净气体和二氧化碳型灭火器。

③ 扑救 C 类火灾应选用干粉、洁净气体和二氧化碳型灭火器。

④ 扑救带电设备火灾应选用洁净气体、二氧化碳和干粉型灭火器。

⑤ 扑救可能发生 A、B、C、E 类火灾应选用磷酸铵盐干粉和洁净气体型灭火器。

⑥ 扑救 D 类火灾应选用专用干粉灭火器。

三、灭火器选用时注意事项

(1) 在同一配置场所，当选用同一类型灭火器时，宜选用相同操作方法的灭火器　这样可以为培训灭火器使用人员提供方便，为灭火器使用人员熟悉操作和积累灭火经验提供方便，也便于灭火器的维护保养。

(2) 根据不同种类火灾，选择相适应的灭火器　每一类灭火器都有其特定的扑救火灾类别，如普通水型灭火器不能灭 B 类火灾，碳酸氢钠干粉灭火器对扑救 A 类火灾无效等。

(3) 配置灭火器时，宜在手提式或推车式灭火器中选用　因为这两类灭火器有完善的设计计算方法。其他类型的灭火器可作为辅助灭火器使用，如某些类型的微型灭火器作为家庭使用效果也很好。

(4) 灭火器的灭火效能和通用性　适用于扑救同一种类的不同灭火器，在灭火剂用量和灭火速度上有较大的差异，如一具 7kg 二氧化碳灭火器的灭火能力不如一具 2kg 干粉灭火器的灭火能力。另外在同一配置场所，当选用两种或两种以上类型灭火器时，应选用灭火剂相容的灭火器，以便充分发挥各自灭火器的作用。灭火剂不相容性见表 10-5。

表 10-5　灭火剂不相容性

类型	相互间不相容灭火剂	
干粉与干粉	磷酸铵盐	碳酸氢钠
	磷酸铵盐	碳酸氢钾
干粉和泡沫	碳酸氢钠	蛋白泡沫、化学泡沫
	碳酸氢钾	蛋白泡沫、化学泡沫

(5) 灭火器的使用温度应符合环境温度的要求　灭火器设置点的环境温度对灭火器的喷射性能和安全性能均有影响。各类灭火器的使用温度范围见表 10-6。

表 10-6 各类灭火器的使用温度范围

灭火器类型		使用温度范围/℃
水型灭火器	不加防冻剂	+5～+55
	添加防冻剂	−10～+55
泡沫型灭火器	不加防冻剂	+5～+55
	添加防冻剂	−10～+55
干粉型灭火器	二氧化碳驱动	−10～+55
	氮气驱动	−20～+55
洁净气体灭火器		−20～+55
二氧化碳灭火器		−10～+55

(6) 灭火剂对保护物品的污损程度 不同种类的灭火剂在灭火时不可避免地要对被保护的物品产生不同程度的污渍，泡沫、水和干粉灭火器较为严重，而气体灭火器则非常轻微。

(7) 使用灭火器人员的体能情况 在选择灭火器时还应该考虑配置场所内工作人员的年龄、性别、职业等情况以适应他们的体能要求。如在民用建筑场所内，中、小规格的手提式灭火器应用较广。在工业建筑场所的车间及古建筑的大殿内，则可考虑选用大、中规格的手提式或推车式灭火器。

第三节 灭火器的配置

一、灭火器的配置基准

灭火器配置基准系以单位灭火级别（1A 或 1B）的最大保护面积为定额，见表 10-7、表 10-8。以此计算出配置场所需要的灭火级别的折合值。

表 10-7 A 类场所灭火器最低配置基准

危险等级	严重危险级	中危险级	轻危险级
单具灭火器最小配置灭火级别	3A	2A	1A
单位灭火级别最大保护面积(m^2/A)	50	75	100

表 10-8 B 类场所灭火器最低配置基准

危险等级	严重危险级	中危险级	轻危险级
单具灭火器最小配置灭火级别	89B	55B	21B
单位灭火级别最大保护面积(m^2/B)	0.5	1.0	1.5

C类场所可按照B类场所的配置基准执行。

D类场所灭火器的配置基准，根据金属的种类、物态及其特性等因素研究确定。

E类场所灭火器的配置基准可按A类或B类火灾场所灭火器的配置基准执行。

二、灭火器配置设计计算

1. 计算单元的划分

建筑灭火器配置设计计算按计算单元进行。计算单元是灭火器配置设计的计算区域，可按照以下四个原则划分：

① 当一个楼层或一个水平防火分区内各场所的危险等级和火灾种类相同时，可将其作为一个计算单元。

② 当一个楼层或一个水平防火分区内各场所的危险等级和火灾种类不相同时，应将其分别作为不同的计算单元。

③ 同一计算单元不得跨越防火分区和楼层。

④ 住宅楼宜以每层的公共部位作为一个计算单元。对于住宅楼，如果有条件在公用部位设置灭火器而又能进行有效管理，则可将每个楼层的公用部位，包括走廊、通道、楼梯间、电梯间等，作为一个计算单元。如果灭火器要求设置在住房内时，则可将每户作为一个计算单元。

2. 计算单元的保护面积

① 建筑物应以其建筑面积作为灭火器的保护面积。

② 可燃物露天堆场，甲、乙、丙类液体储罐区及可燃气体储罐区，应按堆垛、储罐的占地面积来确定其灭火器保护面积。

3. 计算单元需配灭火级别计算

计算单元最小需配灭火级别按下式计算：

$$Q = K_1 K_2 \frac{S}{U} \tag{10-1}$$

式中 Q——计算单元的最小需配灭火级别A或B；

S——计算单位的保护面积，m^2；

U——A类或B类场所单位灭火器级别最大保护面积，m^2/A或m^2/B；

K_1——增配系数，歌舞娱乐放映游艺场所、网吧、商场、寺庙以及地下场所等计算单元的$K_1=1.3$；其他场所$K_1=1.0$；

K_2——减配系数，设有灭火设施的场所，仍需配置灭火器，但可进行适当减配，减配系数K_2见表10-9。

表 10-9　灭火器的减配系数

计算单元	K_2
未设室内消火栓系统和灭火系统	1.0
设有室内消火栓系统	0.9
设有灭火系统(不包括水幕系统)	0.7
同时设有消火栓和灭火系统	0.5
可燃物露天堆场 甲乙丙类液体储罐区 可燃气体储罐区	0.3

4. 设置点需配灭火级别计算

计算单元中每个灭火器设置点的最小需配灭火级别应按下式计算：

$$Q_e = Q/N \tag{10-2}$$

式中　Q_e——计算单元中每个灭火器设置点的最小需配灭火级别（A 或 B）；

N——计算单元中的灭火器设置点数，个。

三、灭火器配置要求

1. 灭火器的最大保护距离

灭火器的最大保护距离是指在灭火器配置场所内，灭火器设置点到最不利点的直线行走距离，与场所火灾种类、危险等级和灭火器选型有关，见表 10-10、表 10-11。

表 10-10　A 类火灾场所的灭火器最大保护距离　单位：m

危险等级	灭火器类型	
	手提式	推车式
严重危险级	15	30
中危险级	20	40
轻危险级	25	50

表 10-11　B 类火灾场所的灭火器最大保护距离　单位：m

危险等级	灭火器类型	
	手提式	推车式
严重危险级	9	18
中危险级	12	24
轻危险级	15	30

2. 灭火器配置数量

（1）在一个计算单元内配置的灭火器数量不得少于 2 具　考虑到在发生火灾

时，若能同时使用两具灭火器共同灭火，则对迅速、有效地扑灭初起火灾非常有利。同时，两具灭火器还可起到相互备用的作用。

（2）每个灭火器设置点的灭火器配置数量不宜多于5具 这样要求一是便于管理，若灭火器数量太多，会造成灭火器箱、挂钩、托架等的尺寸过大，对正常办公、生产、生活有影响；二是间接限制灭火器不要过小，大一点的灭火器有利于灭火。

（3）住宅楼公共部位 住宅楼每层的公共部位建筑面积超过100m^{2}时，应配置1具1A的手提式灭火器；每增加100m^{2}时，增配1具1A的手提式灭火器。

3. 灭火器设置点数的确定与定性

灭火器设置点的位置和数量应根据灭火器的设置要求、灭火器的最大保护距离和灭火器配置数量的规定综合确定，并应保证最不利点至少有1具灭火器保护。

（1）在选择、定位灭火器设置点时的要求

① 灭火器设置点应均衡布置，既不过于集中，也不宜过于分散；

② 灭火器设置点应避开门窗、风管和工艺设备，设在房间的内边墙或走廊的墙壁上较适宜，必要时，可设置在车间中央或墙角处；

③ 如果房间面积较小，在房中或内边墙处，仅选一个设置点即可使房间内所有部位都在该点灭火器的保护范围之内，允许设置点数为1；

④ 充分考虑灭火器最大保护距离在所有房间、走廊和楼梯间等范围内均有效。

（2）灭火器设置点数的设计方法 有保护圆设计法、实际折线测量设计法以及保护圆结合实际测量设计法三种。在可能有的多种选定设置点的方案中，通常应采用设置点数比较少的设计方案。通常，设计时先用保护圆设计法，仅当碰到门、墙等阻隔而使保护圆设计法不适用时，再采用折线测量设计法。在实际设计中，往往是将这两种设计方法结合起来使用。

保护圆是指以灭火器设置点为圆心，以灭火器的最大保护距离为半径，所形成的保护范围。在采用保护圆设计法时，若保护圆不能将配置单元或场所完全包括进去，需增加设置点数。

实际折线测量设计法中，在设计平面图上或建筑物内，用尺测量任一点（通常取若干个最远点）与最近灭火器设置点的距离，看其是否在最大保护距离之内，否则，需调整或增设灭火器设置点。

[例10-1] 某电子计算机房，墙内尺寸如图10-3所示：长边为30m，宽边为15m，房内的电子计算机等工艺设备的占地面积均小于4m^2，没有安装消火栓和灭火系统。为保证初期防护的消防安全，用户要求设计者为该电子计算机房配置灭火器。

解：（1）确定该灭火器配置场所的危险等级和火灾种类 严重危险等级；A类和E类火

（2）划分计算单元，计算各计算单元的保护面积

$$S=30\times15=450\text{m}^2$$

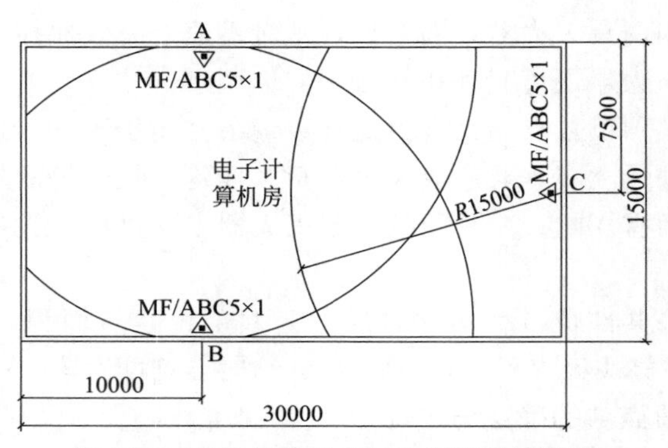

图 10-3 电子计算机房灭火器配置示意图

(3) 计算各计算单元的最小需配灭火级别 $K_1=1.0$，$K_2=1.0$，$U=50\text{m}^2/\text{A}$。所以，

$$Q=K_1K_2\frac{S}{U}=1.0\times1.0\times\frac{450}{50}=9\text{A}$$

(4) 确定各计算单元中的灭火器设置点的位置和数量 为满足最大保护距离的要求，拟定 A、B、C 三个设置点。

(5) 计算每个灭火器设置点的最小需配灭火级别

$$Q_e=Q/N=9/3=3\text{A}$$

(6) 确定每个设置点灭火器的类型、规格与数量 每个灭火器配置点选配 1 具磷酸铵盐干粉灭火器 MF/ABC5，灭火级别 3A，符合要求。整个房间共配置 3 具 5kg 磷酸铵盐干粉灭火器 MF/ABC5。

(7) 确定每具灭火器的设置方式和要求 根据电子计算机房的使用性质和工艺要求，灭火器的设置方式应为全嵌入式的嵌墙式灭火器箱，即在 A、B、C 三个设置点处的内墙壁上预埋三只灭火器箱，每只灭火器箱内放置 1 具灭火器，这种设置方式具有以下几个优点。

① 不影响人员走路、工作及安全疏散；

② 有利于灭火器防潮、防碰撞及防止随意挪动；

③ 保持机房布局整齐、美观。

第四节 安装设置

一、灭火器及灭火器箱现场检查

1. 检查内容

检查灭火器及其附件、灭火器箱符合市场准入规定的证明文件、出厂合格证、使用和维修说明，核查产品与市场准入文件、消防设计文件的一致性。常见灭火器与灭火器箱见图 10-4。

2. 灭火器箱外观质量检查

① 灭火器箱各表面无凹凸不平，箱体无烧穿、焊瘤、毛刺、铆印，冲压件表面无折皱等明显的机械加工缺陷。

② 灭火器箱箱体无歪斜、翘曲等变形，置地型灭火器箱在水平地面上无倾斜、摇晃等现象。

③ 不耐腐蚀金属材料制造的灭火器箱表面防腐涂层光滑平整，色泽均匀，无流痕、龟裂、气泡、划痕、碰伤、剥落和锈迹等缺陷。

④ 开门式灭火器箱的箱门关闭到位后，与四周框面平齐，与箱框之间的间隙均匀平直，不影响箱门开启。经游标卡尺实测检查，其箱门平面度公差不大于 2mm，灭火器箱正面的零部件凸出箱门外表面高度不大于 15mm，其他各面零部件凸出其外表面高度不大于 10mm。经塞尺实测检查，门与框最大间隙不超过 2.5mm。

⑤ 经游标卡尺实测检查，翻盖式灭火器箱箱盖在正面凸出不超过 20mm，在侧面凸出不超过 45mm，且均不得小于 15mm。

3. 箱体结构及箱门（盖）开启性能检查

① 翻盖式灭火器箱正面的上挡板在箱盖打开后能够翻转下落，见图 10-5。

图 10-4 灭火器与灭火器箱

图 10-5 灭火器箱打开过程

② 开门式灭火器箱箱门设有箱门关紧装置，且无锁具。

③ 灭火器箱箱门、箱盖开启操作轻便灵活，无卡阻。

④ 经测力计实测检查，开启力不大于 50N；箱门开启角度不小于 160°，箱盖开启角度不小于 100°。

4. 灭火器及其附件到场质量检查

(1) 外观标志检查

① 灭火器上的发光标识，无明显缺陷和损伤，能够在黑暗中显示灭火器位置。

图 10-6 灭火器标志检查

② 灭火器认证标志、铭牌的主要内容齐全，包括灭火器名称、型号和灭火剂种类，灭火级别和灭火种类，使用温度，驱动气体名称和数量（压力），制造企业名称，使用方法，再充装说明和日常维护说明等。贴花端正平服、不脱落，不缺边少字，无明显皱褶、气泡等缺陷，见图 10-6。

③ 灭火器底圈或者颈圈等不受压位置的水压试验压力和生产日期等永久性钢印标识、钢印打制的生产连续序号等清晰，见图 10-7。

④ 二氧化碳灭火器在其瓶体肩部打制的钢印清晰，排列整齐，呈扇面状排列，钢印标记标注内容齐全。

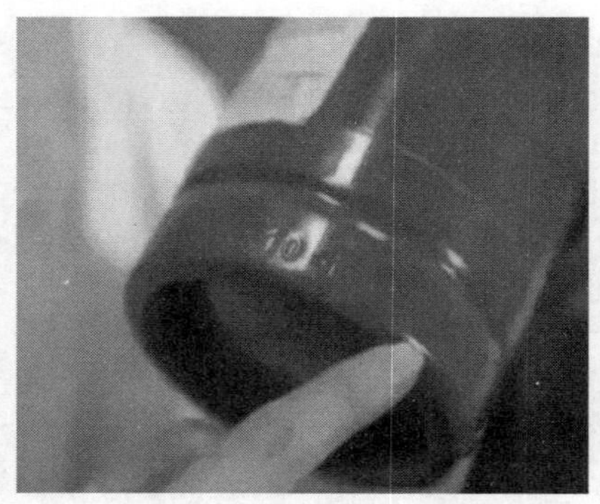

(a) 干粉灭火器底圈钢印

(b) 二氧化碳灭火器肩部钢印

图 10-7 灭火器钢印

⑤ 灭火器压力指示器表盘有灭火剂适用标识（干粉灭火剂用“F”表示，水基型灭火剂用“S”表示，洁净气体灭火剂用“J”表示等）；指示器红区、黄区范围分别标有“再充装”“超充装”的字样，见图 10-8。

⑥ 推车式灭火器采用旋转式喷射枪的，其枪体上标注有指示开启方法的永久性标识。

(2) 外观质量检查

① 灭火器筒体及其零部件，以及挂钩、托架等附件无明显缺陷和机械损伤；二氧化碳灭火器气瓶瓶体（以下简称气瓶）不得有目测可见的裂纹、褶皱、波浪、重皮、夹杂等影响强度的缺陷，见图 10-9。

图 10-8　灭火器压力表

图 10-9　不同种类灭火器

② 灭火器筒体或者气瓶及其挂钩、托架等外表涂层色泽均匀，无龟裂、明显流痕、气泡、划痕、碰伤等缺陷；灭火器的电镀件表面无气泡、明显划痕、碰伤等缺陷。

（3）结构检查

① 灭火器开启机构灵活、性能可靠，不得倒置开启和使用；提把和压把无机械损伤，表面不得有毛刺、锐边等影响操作的缺陷。

② 灭火器器头（阀门）外观完好、无破损，安装有保险机构，保险装置的铅封（塑料带、线封）完好无损，见图 10-10。

③ 除二氧化碳灭火器以外的储压式灭火器装有压力指示器。压力指示器的种类与灭火器种类相符，其指针在绿色区域范围内；压力指示器 20℃ 时显示的工作压力值与灭火器标志上标注的 20℃ 的充装压力相同。

④ 二氧化碳灭火器的阀门能够手动开启、自动关闭，其器头设有超压保护装置，保护装置完好有效。

⑤ 3kg（L）以上充装量的灭火器配有喷射软管，经钢卷尺测量，手提式灭火器喷射软管的长度（不包括软管两端的接头）不得小于 400mm，推车式灭火器喷射软管的长度（不包括软管两端的接头和喷射枪）不得小于 4m。

⑥ 手提式灭火器装有间歇喷射机构。除二氧化碳灭火器以外的推车式灭火器的喷射软管前端，装有可间歇喷射的喷射枪，并设有喷射枪夹持装置，灭火器推行时喷射枪不会脱落。

⑦ 推车式灭火器的推行机构完好，有足够的通过性能，推行时无卡阻；经直尺实际测量，灭火器整体（轮子除外）最低位置与地面之间的间距不小于 100mm，见图 10-11。

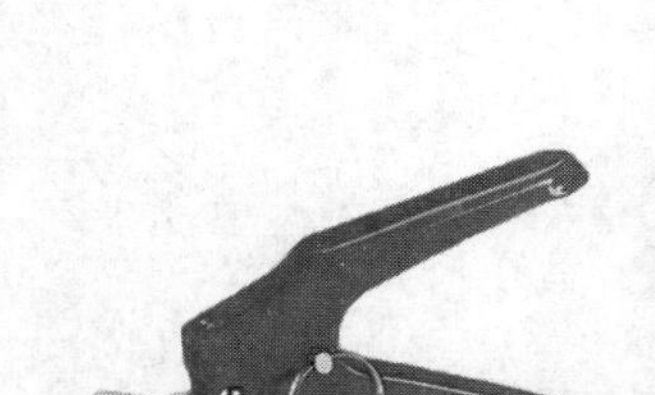

图 10-10 灭火器器头设置

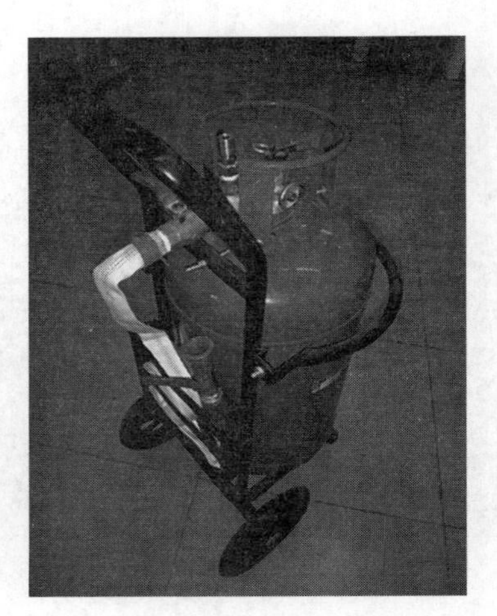

图 10-11 推车式灭火器

二、灭火器安装设置

1. 灭火器及其指示标志安装设置要求

灭火器安装时，要将灭火器铭牌朝外，器头向上；灭火器设置点的环境温度不得超出灭火器使用温度范围；设置在室外的灭火器，采取防湿、防寒、防晒等相应保护措施；灭火器设置在潮湿性或者腐蚀性场所的，采取防湿、防腐蚀措施。

灭火器箱的箱体正面或者灭火器设置点附近的墙面上，按照设计要求设置指示灭火器位置的发光标识；有视线障碍的灭火器设置点，在其醒目部位设置指示灭火器位置的发光标识。

2. 手提式灭火器安装设置要求

（1）灭火器箱的安装

① 灭火器箱不得被遮挡、上锁或者拴系。

② 灭火器箱箱门开启方便灵活，开启后不得阻挡人员安全疏散。开门型灭火器箱的箱门开启角度不得小于 175°，翻盖型灭火器箱的翻盖开启角度不得小于 100°。

③ 嵌墙式灭火器箱的安装高度，按照手提式灭火器顶部与地面距离不大于 1.50m，底部与地面距离不小于 0.08m 的要求确定。

（2）灭火器挂钩、托架等附件安装

① 挂钩、托架安装后，能够承受 5 倍的手提式灭火器（当 5 倍的手提式灭火器质量小于 45kg 时，按照 45kg 设置）的静载荷，承载 5min 不出现松动、脱落、断裂和明显变形等现象。

② 挂钩、托架按照下列要求安装：

a. 保证可用徒手的方式便捷地取用设置在挂钩、托架上的手提式灭火器。

b. 2 具及 2 具以上手提式灭火器相邻设置在挂钩、托架上时，可任意取用其中 1 具。

③ 设有夹持带的挂钩、托架，夹持带的开启方式可从正面看到。当夹持带开启时，灭火器不会坠落。

④ 挂钩、托架的安装高度满足手提式灭火器顶部与地面距离不大于 1.50m，底部与地面距离不小于 0.08m 的要求。

第五节　竣工验收

新建、扩建的建设工程的灭火器安装设置完成后，安装单位提交建筑灭火器配置工程竣工图、配置定位编码表和灭火器的有关质量证明文件、出厂合格证、使用维护说明书等资料。灭火器配置验收由建设单位组织设计、安装、监理等单位按照消防设计文件和国家标准《建筑灭火器配置验收及检查规范》(GB 50444) 实施，填写建筑灭火器配置验收报告。

一、消防产品质量保证文件合法性及产品一致性验收

按照本章第四节“一、灭火器及灭火器箱现场检查”的相关内容、方法和合格判定标准，对灭火器及其附件、灭火器箱的质量保证文件和产品的一致性进行验收检查。

二、灭火器配置验收

（一）验收检查的内容

灭火器现场验收检查主要包括以下内容。

① 查验灭火器选型及基本配置要求。

② 查验灭火器配置点设置、灭火器数量及其保护距离。

（二）验收检查方法

1. 灭火器基本配置

① 对照经消防设计审核、消防设计备案检查合格的消防设计图纸以及《建筑灭火器配置设计规范》，现场核查灭火器配置数量，核对灭火器铭牌，查验灭火器类型、规格、灭火级别等基本配置要求。

② 同一个配置单元内配置有不同类型灭火器时，核实其灭火剂的相容性。

2. 灭火器配置点设置及其保护距离

目测检查灭火器配置点的环境条件和灭火器放置方式，采用卷尺实地测量灭火器配置点之间以及与配置场所最不利点的距离。

（三）合格判定标准

1. 灭火器基本配置

符合下列要求的，灭火器基本配置验收判定为合格。

① 经对照检查，配置单元内的灭火器类型、规格、灭火级别和配置数量符合消防设计审核、备案检查合格的消防设计文件要求。

② 经检查，经备案未确定为检查项目的，其灭火器类型与其场所的火灾种类相匹配；经计算，其配置单元内灭火器铭牌上的规格、灭火级别和配置数量符合国家标准《建筑灭火器配置设计规范》（GB 50140）的规定；每个配置单元内灭火器数量不少于 2 具，每个设置点灭火器不多于 5 具；住宅楼每层公共部位建筑面积超过 100m^2 的，配置 1 具 1A 的手提式灭火器；每增加 100m^2，增配 1 具 1A 的手提式灭火器。

③ 经核对，同一配置单元配置的不同类型灭火器，其灭火剂类型不属于不相容的灭火剂。

2. 灭火器配置点及其保护距离

符合下列要求的，灭火器配置点及其间距验收判定为合格。

① 经目测检查，灭火器配置点设在明显、便于灭火器取用，且不得影响安全疏散的地点；设置在室外的，设有防湿、防寒、防晒等保护措施，设置在潮湿性、腐蚀性场所的，设有防湿、防腐蚀措施。

② 经实际测量，配置单元内灭火器的保护距离不小于本场所相对应的火灾类别、危险等级的场所的灭火器最大保护距离要求。

灭火器配置基本要求、不相容灭火剂举例、不同火灾类型及不同危险性等级场所的灭火器最大保护距离等内容详见本章第三节的相关内容。

三、灭火器安装设置质量验收

灭火器安装设置验收是针对灭火器及其附件、灭火器箱的安装质量实施的验收。

（一）验收检查的内容

灭火器安装设置质量验收检查主要包括以下内容。

① 抽查灭火器及其附件、灭火器箱外观标志和外观质量。

② 抽查灭火器及其附件、灭火器箱安装质量。

（二）验收检查方法

采用目测观察的方法检查灭火器及其附件、灭火器箱的外观标志、外观质量、结构，采用直尺、卷尺、测力计等通用量具测量相关安装尺寸、承重能力等。

（三）合格判定标准

1. 灭火器及其附件、灭火器箱外观标志和外观质量

灭火器及其附件、灭火器箱外观标志和外观质量验收符合本章第四节“一、

灭火器及灭火器箱现场检查”相关要求的，判定为合格。

2. 抽查灭火器及其附件、灭火器箱安装质量

灭火器及其附件、灭火器箱安装质量检查符合本章第四节“二、灭火器安装设置”的各条、款要求进行验收检查，缺陷项分类见表10-12。

表10-12　建筑灭火器缺陷项分类

序号	验收检查项目及要求	缺陷项级别
1	灭火器的类型、规格、灭火级别和配置数量符合建筑灭火器配置要求	严重(A)
2	灭火器的产品质量符合国家有关产品标准的要求	严重(A)
3	同一灭火器配置单元内的不同类型灭火器，其灭火剂能相容	严重(A)
4	灭火器的保护距离符合规定，保证配置场所的任一点都在灭火器设置点的保护范围内	严重(A)
5	灭火器设置点附近无障碍物，取用灭火器方便，且不影响人员安全疏散	重(B)
6	手提式灭火器设置在灭火器箱内或者挂钩、托架上，以及直接摆放在干燥、洁净的地面上	重(B)
7	灭火器(箱)不得被遮挡、拴系或者上锁	重(B)
8	灭火器箱箱门开启方便灵活，开启不阻挡人员安全疏散；开门型灭火器箱箱门开启角度不小于165°，翻盖型灭火器箱的翻盖开启角度应不小于100°(不影响取用和疏散的场合除外)	轻(C)
9	挂钩、托架安装后能承受一定的静载荷，无松动、脱落、断裂和明显变形。以5倍的手提式灭火器的载荷(不小于45kg)悬挂于挂钩、托架上，作用5min	重(B)
10	挂钩、托架安装，保证可用徒手方式便捷地取用手提式灭火器。2具及2具以上的手提式灭火器相邻设置在挂钩、托架上时，保证可任意地取用其中1具	重(B)
11	设有夹持带的挂钩、托架，夹持带的开启方式从正面可以看到。夹持带打开时，手提式灭火器不掉落	轻(C)
12	嵌墙式灭火器箱及灭火器挂钩、托架安装高度，满足手提式灭火器顶部距离地面不大于1.50m，底部距离地面不小于0.08m的要求，其设置点与设计点的垂直偏差不大于0.01m	轻(C)
13	推车式灭火器设置在平坦场地，不得设置在台阶上。在没有外力作用下，推车式灭火器不得自行滑动	轻(C)
14	推车式灭火器的设置和防止自行滑动的固定措施等不得影响其操作使用和正常行驶移动	轻(C)
15	有视线障碍的灭火器配置点，在其醒目部位设置指示灭火器位置的发光标志	重(B)
16	在灭火器箱的箱体正面和灭火器设置点附近的墙面上，应设置指示灭火器位置的标志，这些标志宜选用发光标志	轻(C)
17	灭火器摆放稳固。灭火器的铭牌朝外，灭火器的器头向上	重(B)
18	灭火器配置点设置在通风、干燥、洁净的地方，环境温度不得超出灭火器使用温度范围。设置在室外和特殊场所的灭火器采取相应的保护措施	重(B)

四、建筑灭火器配置验收判定标准

建筑灭火器配置验收按照单栋建筑独立验收，局部验收按照规定要求申报。表 10-12 规定的验收子项，其项目缺陷划分为严重缺陷项（A）、重缺陷项（B）和轻缺陷项（C），灭火器配置验收的合格判定条件为：A=0，且 B≤1，且 B+C≤4；否则，验收评定为不合格。

第六节　维护管理

一、灭火器的日常巡查与检查

灭火器的日常巡查和检查要求，见表 10-13。

表 10-13　灭火器的日常巡查和检查要求

项目	技术要求
灭火器日常巡查	巡查内容：配置点状况，灭火器数量、外观、维修标示以及灭火器压力指示器等。 巡查周期：重点单位每天至少巡查 1 次，其他单位每周至少巡查 1 次。 巡查要求： ① 灭火器配置点符合安装配置图表要求，配置点及其灭火器箱上有符合规定要求的发光指示标识。 ② 灭火器数量符合配置安装要求，灭火器压力指示器指向绿区。 ③ 灭火器外观无明显损伤和缺陷，保险装置的铅封（塑料带、线封）完好无损。 ④ 经维修的灭火器，维修标识符合规定
灭火器检查	灭火器的配置、外观等全面检查每月进行一次。 候车（机、船）室、歌舞娱乐放映游艺等人员密集的公共场所以及堆场、罐区、石油化工装置区、加油站、锅炉房、地下室等场所配置的灭火器每半月检查一次

二、灭火器送修

1. 送修要求

灭火器的维修期限见表 10-14。

表 10-14　灭火器维修期限表

灭火器种类	维修期限
手提式、推车式水基型灭火器	出厂期满 3 年，首次维修以后每满 1 年
手提式、推车式干粉灭火器、洁净气体灭火器、二氧化碳灭火器	出厂期满 5 年；首次维修以后每满 2 年

送修灭火器时，一次送修数量不得超过配置计算单元所配置的灭火器总数量的 1/4。超出时，需要选择相同类型、相同操作方法的灭火器替代，且其灭火级

别不得小于原配置灭火器的灭火级别。

2. 维修程序及其技术要求

灭火器维修按照拆卸灭火器、灭火剂回收处理、水压试验、更换零部件、再充装、维修记录等步骤逐次进行。

(1) 拆卸灭火器　灭火器拆卸过程中，维修人员要按照操作规程，采用安全的拆卸方法，采取必要的安全防护措施拆卸灭火器；在确认灭火器内部无压力后，方可拆卸灭火器器头或者阀门，见图 10-12。

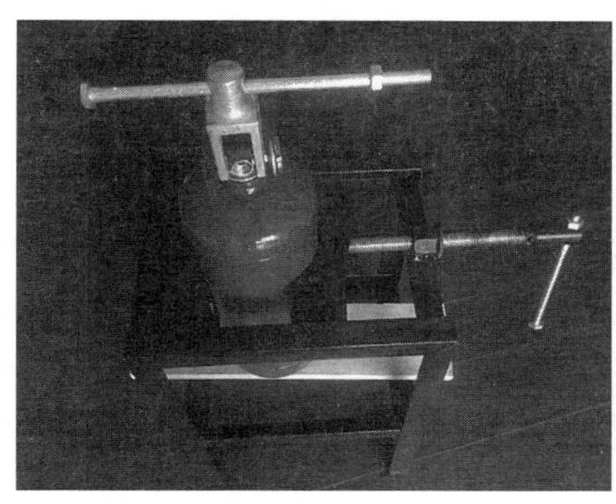
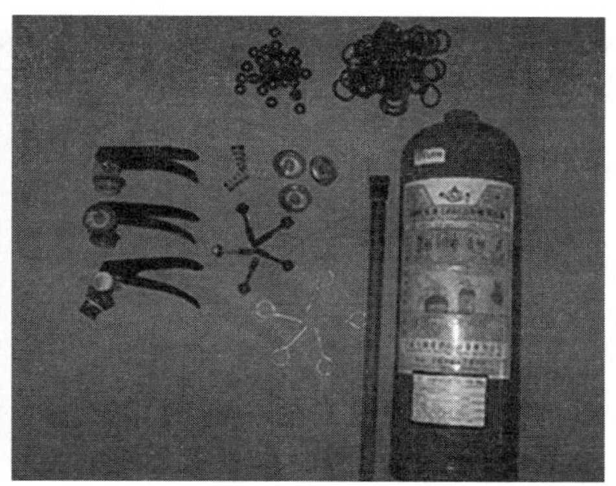

图 10-12　灭火器拆卸

(2) 水压试验　灭火器再充装前，维修机构必须逐具对确认不属于报废范围的灭火器的零部件进行水压试验。

① 试验压力。按照灭火器铭牌标志上规定的水压试验压力进行水压试验，见图 10-13。

② 试验要求。水压试验时，不得有泄漏、部件脱落、破裂、可见的宏观变形；二氧化碳灭火器气瓶的残余变形率不得大于 3%。

图 10-13　水压试验

(3) 更换零部件　经对灭火器零部件检查和水压试验后，维修机构按照原灭火器生产企业的灭火器装配图样和可更换零部件明细表，对具有缺陷需要更换的零部件进行更换，但不得更换灭火器筒体或者气瓶。

(4) 再充装

① 再充装前，经水压试验合格、未更换的零部件进行清洁、干燥处理。清洗时，不得使用有机溶剂洗涤零部件，对所有非水基型灭火器零部件进行干燥处理，以确保灭火器各零部件洁净干燥，见图 10-14。

② 再充装的灭火剂要与原灭火器生产企业提供的灭火剂的特性保持一致。

③ ABC 干粉、BC 干粉灌装设备分别独立使用，充装场地完全独立分隔，以确保不同种类干粉不相互混合、不交叉污染，见图 10-15。

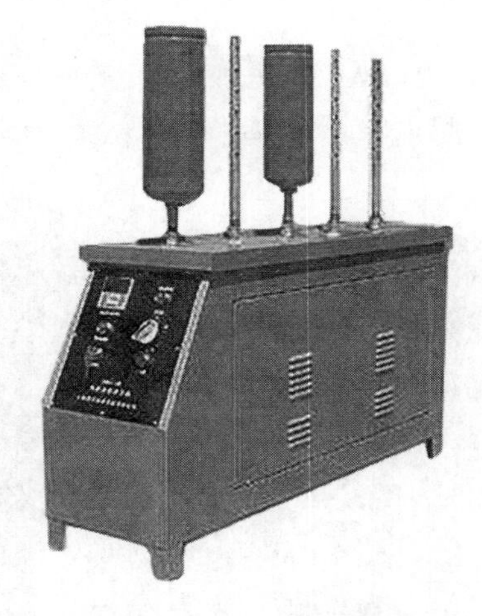

图 10-14 干燥措施

图 10-15 灭火器灌装设备

④ 再充装后的储压式灭火器、储气瓶要逐具进行气密性试验，气密性试验过程中不得有气泡泄漏现象，并做好试验记录，见图 10-16。

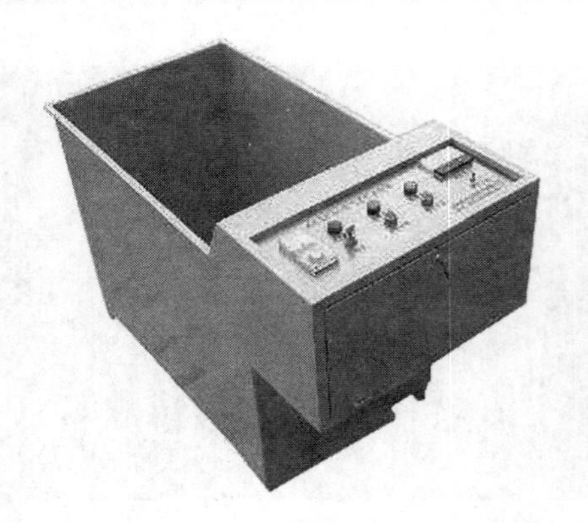

图 10-16 灭火器气密性检查专用仪器与简易检查方法

(5) 维修记录 维修机构需要对维修的灭火器逐具编号，按照编号记录维修信息以确保维修后灭火器的可追溯性。维修记录主要包括维修编号、灭火器规格型号、筒体或者气瓶的生产连续序号、更换的零部件名称、灭火剂充装量、维修后灭火器总质量、维修出厂检验项目、检验记录和判定结果、维修人员、检验人员和项目负责人的签署、维修日期等内容，见图 10-17。再充装采用回收再利用的灭火剂时，维修记录还要增加回收再利用的灭火剂再充装的记录。

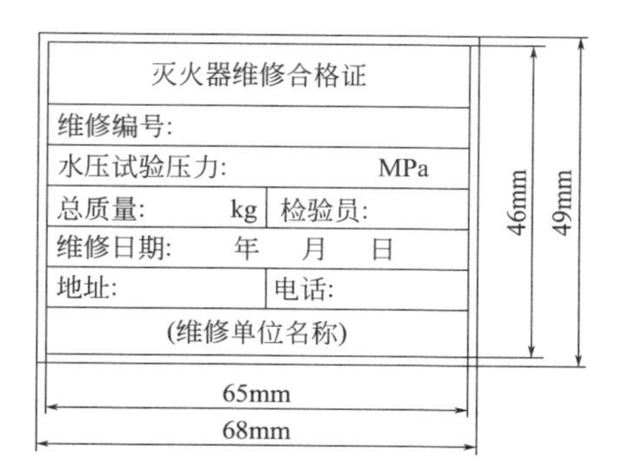

图 10-17　灭火器维修记录

3. 灭火器报废与回收处置

(1) 报废条件　具体报废条件见表 10-15。

表 10-15　报废条件

灭火器报废	报废条件
列入国家颁布的淘汰目录的灭火器	(1)酸碱型灭火器 (2)化学泡沫型灭火器 (3)倒置使用型灭火器 (4)氯溴甲烷、四氯化碳灭火器 (5)1211 灭火器、1301 灭火器 (6)国家政策明令淘汰的其他类型灭火器
报废年限	(1)水基型灭火器出厂期满 6 年 (2)干粉灭火器、洁净气体灭火器出厂期满 10 年 (3)二氧化碳灭火器出厂期满 12 年
存在严重损伤、重大缺陷的灭火器	(1)永久性标志模糊,无法识别 (2)筒体或者气瓶被火烧过 (3)筒体或者气瓶有严重变形 (4)筒体或者气瓶外部涂层脱落面积大于筒体或者气瓶总面积的三分之一 (5)筒体或者气瓶外表面、连接部位、底座有腐蚀的凹坑 (6)筒体或者气瓶有锡焊、铜焊或补缀等修补痕迹 (7)筒体或者气瓶内部有锈屑或内表面有腐蚀的凹坑 (8)水基型灭火器筒体内部的防腐层失效 (9)筒体或者气瓶的连接螺纹有损伤 (10)筒体或者气瓶水压试验不符合维修程序“(3)水压试验”的要求 (11)灭火器产品不符合消防产品市场准入制度 (12)灭火器由不合法的维修机构维修的 (13)法律或法规明令禁止的

(2) 回收处置　报废灭火器的回收处置按照规定要求由维修机构向社会提供回收服务，并做好报废处置记录。

报废气瓶不得采用钻孔或者破坏瓶口螺纹方式进行报废处置。对灭火剂按照灭火剂回收处理的要求进行处理。其余固体废物按照相关的环保要求进行回收利用处置。

（3）报废记录　灭火器报废处置后，维修单位要将处置过程其相关信息进行记录。

三、灭火器的维护管理

1. 灭火器的维护

为在一定长的时期内保持灭火器的有效性和使用安全性，必须在配置期间对其进行正确的维护和保养。为此必须做到以下几点。

① 灭火器安放位置应保持清洁、干燥、通风，附近应无酸、碱等腐蚀物及污染物，并避免日光暴晒及强辐射热。

② 灭火器的存放环境温度应符合要求，避免接近热源和火源等。

③ 灭火器应进行日常检查和定期检查，检查应由经过训练的专人进行。

④ 灭火器一经开启喷射，必须进行再充装。再充装应由专业部门进行，不得随意更换灭火剂品种、重量和驱动气体种类及压力。

⑤ 灭火器应定期（一般为 5 年）进行水压试验，合格者方可继续使用，不准用焊接等方法修复使用。

⑥ 修复的灭火器，应有消防监督部门认可标记，注明维修单位的名称和维修日期。

⑦ 灭火器在搬运过程中应轻拿轻放，防止撞击。

2. 灭火器的检查

① 灭火器设置点的环境检查。设置点环境温度，是否通风、干燥，是否受化学腐蚀品的影响，是否明显、安全和灭火器是否易取。保护区从设置点至保护对象之间是否有畅通无阻的通道。

② 灭火器的外观检查。观察灭火器可见零部件是否完整，器壁有无损坏、变形，装配是否合理，防腐层是否完好，有无脱落，器壁有无裂纹。轻度脱落的应及时修补，脱落面可见金属壁有严重腐蚀或发现器壁有裂纹时，应送消防专修部门做耐压试验。开启机构设有铅封的灭火器，应检查铅封是否完好。灭火器喷嘴有无堵塞，喷射管是否完好无破损。灭火器开启机构的保险机构，当保险机构严重锈蚀，解开很费力时，应及时予以更换。灭火器压力表指针是否指在绿色区域。若指针指在红区或压力表示数低于说明上表明的工作压力，则说明灭火器不能正常使用；检查推车式灭火器车架和行走机构是否完好。长时间未使用过的推车式灭火器要防止车轮的转动部分生锈，应定期给车轴加注润滑油。

参考文献

[1] 张学魁，闫胜利. 建筑灭火设施［M］. 北京：中国人民公安大学出版社，2014.

[2] 李亚峰，蒋白懿，刘强. 建筑消防工程实用手册［M］. 北京：化学工业出版社，2008.

[3] 建筑设计研究院. 建筑给排水设计手册［M］. 北京：建筑工业出版社，2008.

[4] 姜文源. 建筑灭火设计手册［M］. 北京：中国建筑工业出版社，1999.

[5] 郭铁男. 中国消防手册［M］. 上海：上海科学技术出版社，2004.

[6] 徐志嫱，等. 建筑消防工程［M］. 北京：中国建筑工业出版社，2009.

[7] 中国消防协会. 消防安全技术实务［M］. 北京：中国人事出版社，2019.

[8] 中国消防协会. 消防安全技术综合能力［M］. 北京：中国人事出版社，2019.

[9] 中国消防协会. 消防安全案例分析［M］. 北京：中国人事出版社，2019.

[10] 中国建筑设计研究院有限公司. 建筑给水排水设计手册［M］. 3 版. 北京：中国建筑工业出版社，2018.